JN312661

これでわかる
静音化対策

騒音に応じて最適方法を学ぶ

一宮 亮一 [著]

丸善出版

● はじめに ●

　小鳥のさえずり，虫の音，音楽などを聞くと，人々は緊張から開放され心が和らぐものである。また，小川のせせらぎや木の葉に当たる風の音など，自然界の音も人々に安らぎを与えてくれる。このような音は生活するうえで好ましく歓迎されている。
　しかし，人々は生活するなかで自動車の音，電気製品の音，鉄道車両の音，機械の音などさまざまな音にさらされている。これらのなかには人々にとって不快で好ましくない音が多い。このような騒音が大きくなり長時間継続する環境にいると，難聴のほか，胃腸の調子が悪くなったり，交感神経の緊張などの内科疾患を生ずることになり，人々の生活にとって好ましくない状態となる。
　そこで，静かな環境のもとで生活し，仕事をすることが大切であり，そのために音の発生を含めた基礎的な知識を十分に修得し，発生している騒音に最も適した静音化の方法を選ぶことによってより良い環境を創造してゆくことができる。
　法律に定められている7つの典型公害のうち苦情が最も多いのは騒音である。騒音は大気汚染や水質汚濁などの公害に比べると，被害の及ぶ範囲が比較的狭い。しかし，規模は小さくても多発的である特徴があり，日常生活のなかでも人々はしばしば騒音にさらされている。
　そこで，騒音に接する人々が音に対する知識を十分に修得し，種々の静音化方法も理解しておけば，人々の周辺に発生する多くの騒音に対して，最適

の静音化方法を選び，騒音を防止することができる。工場・事業場で発生する多くの騒音や，日常生活のなかで出会う騒音源への簡単な対策などにも役立つようにと考え，本書を執筆することにした。

そのため，第Ⅰ編では，音の基礎的な内容と静音化するための条件や具体的な種々の方法について，また第Ⅱ編では，家庭，工場，交通機関，社会生活などにおけるさまざまな機器の発生音の特徴，発生源，静音化の具体的な設計などについて記した。したがって，静音化を基礎から勉強し応用力を身につけたい方は，第Ⅰ編から第Ⅱ編へ読んでいただければよい。また，ある程度基礎知識のある方は第Ⅱ編を最初に読んでも理解できるようになっている。

本書の内容はできるだけ多くの人々に理解しやすいように，また広く応用力が得られるように考慮した。そのため，静音化を担当している技術者，大学や工業高等専門学校で騒音工学を勉強する学生，騒音の知識を広く修得したい人にも理解できるように，数式はできるだけ用いないで，基礎的な範囲にだけ用いた。

本書の執筆にあたり多くの文献を参考にさせて頂いた。巻末に引用させて頂いた文献を記し，著者の方々にお礼申し上げる。

2004年5月

本書は(株)工業調査会から出版されご愛読を賜ってきたが，このたび丸善出版(株)から再出版することになった。

2011年4月

著　者

本書は，2004年7月に工業調査会より出版された同名書籍を再出版したものです。

目　次

はじめに

第Ⅰ編　静音化技術の基礎を知ろう　7

第1章　音の基礎を知る　9
- 1.1　音の発生のしくみ　9
- 1.2　音は空気(媒質)粒子の振動　12
- 1.3　音の速さ・周波数・波長　14
- 1.4　音と圧力との関係　18
- 1.5　液体や固体のなかを伝わる音　22
- 1.6　人に聞こえる音・聞こえない音　24
- 1.7　音はエネルギーに変わる　27

第2章　音の名称と性質を知る　29
- 2.1　音圧と音圧レベル　29
- 2.2　音の大きさと音の大きさのレベル　31
- 2.3　騒音レベル　34
- 2.4　音響出力と音響パワーレベル　35
- 2.5　音の強さと音の強さのレベル　37
- 2.6　音の共鳴　39
- 2.7　音の反射・回折・屈折　45
- 2.8　音源の形状で音はどのように広がるか　53

2.9　音の指向性　60
　2.10　複数の音源が発生する場合　62

第3章　静音化の方法を決める前に調べることはなにか　67
　3.1　音が発生している場所は・音源の数は・音源の形状は　67
　3.2　固体の振動による音か，流体の振動による音かを調べる　70
　3.3　音源の強さはいくらか　73
　3.4　音の大きさはいくらか　75
　3.5　高い音か，低い音か　76
　3.6　どの方向へ音が伝わっているか　79
　3.7　音のレベルがどのように変動しているか　80
　3.8　どの音を静音化するか　83
　3.9　音源や受音点周辺の環境条件は　85

第4章　静音化の具体的な方法　87
　4.1　音源の数を減らそう　87
　4.2　音源を遠ざけよう　89
　4.3　真空を利用しよう　90
　4.4　密度の異なる物質を利用しよう　92
　4.5　振動を小さくしよう　93
　4.6　音のエネルギーを吸収しよう　97
　4.7　音をさえぎろう　105
　4.8　音の伝わる方向を変えよう　111
　4.9　空気の流れに乱れや渦が発生しないようにしよう　111
　4.10　空気の速さや圧力が急に変化しないようにしよう　117
　4.11　音の特性を利用しよう　117
　4.12　音のマスキング効果を利用しよう　120
　4.13　膨張・収縮を利用しよう　121

第Ⅱ編　各種機器の静音化方法　125

第5章　家庭にある機器の静音化　127

- 5.1　家庭の給排水設備　127
- 5.2　コンピュータ　131
- 5.3　電気掃除機　135
- 5.4　電気洗濯機　137
- 5.5　ルームエアコン　141
- 5.6　電気冷蔵庫　146

第6章　交通機関と道路の静音化　149

- 6.1　自動車　149
- 6.2　道　路　156
- 6.3　鉄道車両　163
- 6.4　航空機　171
- 6.5　船　舶　176

第7章　機械の静音化　181

- 7.1　機械要素　181
- 7.2　圧縮機（コンプレッサ）　188
- 7.3　ポンプ　192
- 7.4　送風機（ファン，ブロワ）　196
- 7.5　切削・研削加工機械　199
- 7.6　木材加工機械　208
- 7.7　塑性加工機械　211
- 7.8　印刷機械　219

第8章　動力機関の静音化　223

- 8.1　ボイラ　223
- 8.2　タービン　228

8.3　発電所(機)　232
8.4　ディーゼルエンジン　235
8.5　ガソリンエンジン　239
8.6　ごみ焼却場　245

第9章　社会生活における静音化　251

9.1　強　風　252
9.2　動物の鳴き声　255
9.3　複合建物　257
9.4　スポーツ施設　262
9.5　公共空間　267

参考文献　272
索　引　273

第Ⅰ編　静音化技術の基礎を知ろう

　大きい音が発生すると人はうるさく感じるし，それが長時間継続すると難聴や内科的な障害が発生することがある。そのため騒音を低減させ，より良い環境のもとで生活し仕事をすることが必要である．そこで，発生している音を静音化するためには，その音の特徴を十分に調べて，最適な静音化の方法を選ぶことが大切である。

　第Ⅰ編では静音化の方法を決めるために音の基礎について述べた後，静音化の対象となる騒音のなにを知ればよいか。具体的な静音化の方法としてどのようなものがあるかなどについて説明する。

1. 音の基礎を知る
2. 音の名称と性質を知る
3. 静音化の方法を決める前に調べることはなにか
4. 静音化の具体的な方法

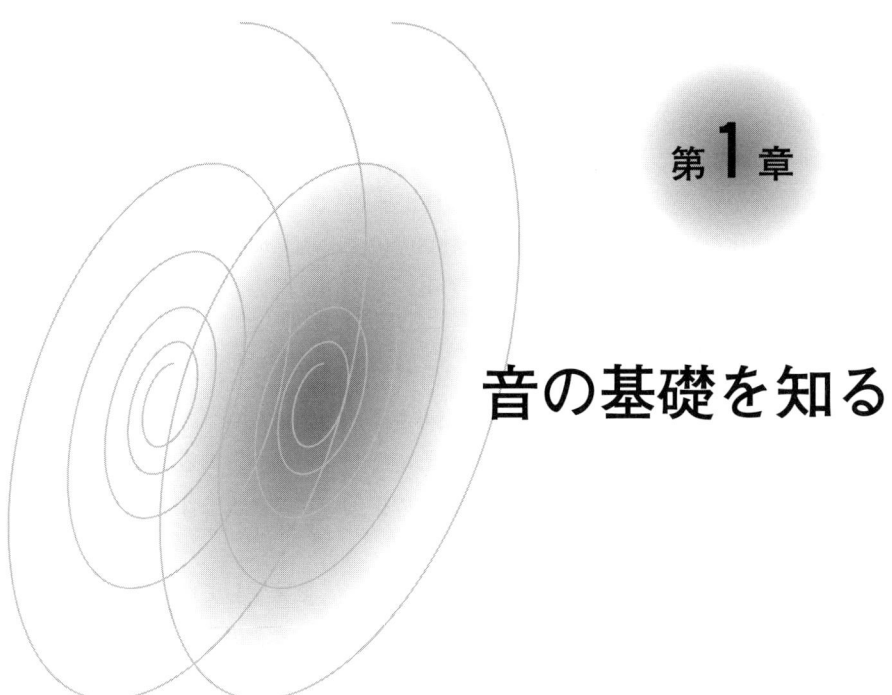

第1章

音の基礎を知る

　音の発生，伝わり方などの基本的な事項を十分に理解していると，最適な静音化の方法を選ぶことができるし，音源が新しく発生したり変化した場合にも適切に対応することができる。そこで，この章ではまず音の発生を含めた音の基本について述べる。

1.1　音の発生のしくみ

　私たちはつねに音の環境のなかで生活している。室内にいても屋外を通る車の音や人々が歩く音，風によって木の葉や枝が動く音，室内の電気製品から出る音など，周辺には多くの音源があり，これらがさまざまな音を出している。その音を出している源をよく観察するとつぎのことがわかる。

(1) 固体が振動している

音を出している源が固体である場合には，その固体になんらかの力が作用して振動している。たとえば，モータが回転していたり，油圧シリンダが往復運動していたり，外力の作用によって固体が振動していたりする。さらに，その振動が物体を伝わって別の固体を振動させ，その固体の振動が周辺の空気の粒子を振動させてそれが人の耳へ伝わり，耳の中の薄い鼓膜を振動させ音として感じている。

図1.1に示すように，物体に外から強い衝撃力が作用すると，物体は左右へ振動し音を発生する。しかし，衝撃力が小さく，物体の左右への振幅も小さく，さらに振動の速さが小さいと，音として感じない場合もある。したがって，人間の耳に音として感じるには，物体の振動が音になる条件を満たしていることが必要となる。

私たちの周辺には，固体が振動することによって音を発生している場合はきわめて多い。屋内を人が歩くことによって床が振動し音を出している。自動車が走行するにはエンジンが稼働し，車体も振動し音を発生している。工場や建設現場などでは，動力源や機械をはじめ多くの物体が振動しているため騒音に対する苦情も多い。

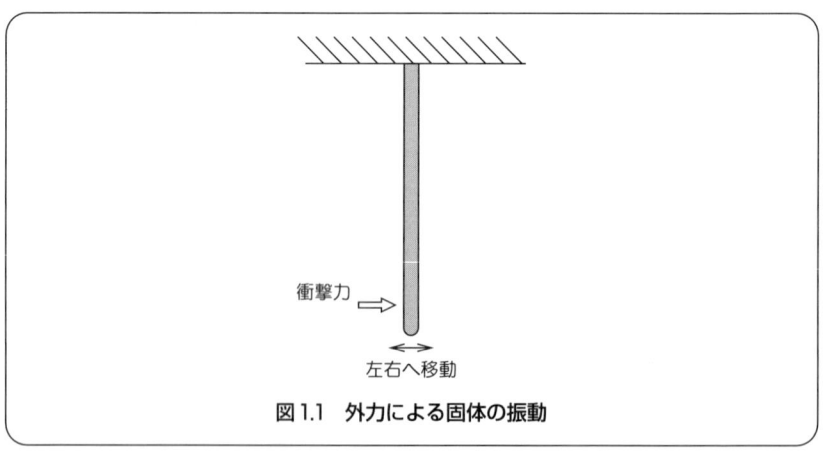

図1.1　外力による固体の振動

公害として法律で定められている大気汚染，水質汚濁，悪臭，土壌汚染，地盤沈下，振動，騒音のなかで，苦情が多いのは騒音である。

固体の振動を次第に小さくしてゆくと，発生する音も次第に小さくなってゆく。固体から空気粒子へ伝わった振動が次第に小さくなると，人の耳に入る空気の振動エネルギーも小さくなり，耳の鼓膜を振動させることができなくなって音として聞こえなくなる。

人が声を出すことができるのも，人が喉にある声帯を振動させているからである。声帯の形状や厚さを変えたり，振動させる速度，持続時間，位置などを変えたりすることによって種々の声を出すことができる。

（2） 流体（空気や水）の流れが乱れている

固体のほかに，空気（気体）や水，油（液体）などの流体が振動し，その流れが乱れて渦を発生し，音を出している場合がある。

流体の流れは大きく分けると層流と乱流である。層流は流体の粒子が流れの方向と直角な方向へ移動することなく，流れの方向へ乱れることなく流れる領域である。これに対して乱流は流体の粒子が流れの方向のみならず，それに直角な方向にも移動し，3次元的な速度分布をして流れが乱れる状態で，次第に大きな渦へ成長すると発生する音も次第に大きくなる。

流体は流れの速さが小さい場合は層流であっても，速さが大きくなるにしたがって次第に乱流へ移行する。さらに，流体が流れている途中で流体の圧力を急速に増加したり，減少したりすると，流れが乱れて渦が発生する。

流体が接する物体の表面が平滑であると層流であるが，表面に凹凸が発生すると乱流になる。このように，流体が流れている表面の状態や形状によって流れの状態が変化するので，静音化を計画する場合には流体と接する壁面についても考慮することが必要となる。

管内を高速度で流れる流体が音を発生している場合をよく見かけるが，この場合は管内で流体が乱流となり，大きく乱れてそれが管を振動させ，さらに空気粒子を振動させて人の耳に伝わっているのである。

煙突や高層建築物に高速度の風が当たると，それらの後方の空気の流れが

乱れて特有の音を発生している。しかし，風の速さが低くなると空気の乱れも小さくなり発生する音も小さくなる。

また，高速度で走る電車のパンタグラフには空気の乱れが発生し音を出しているが，その形状を変えることによって空気の乱れを小さくし音を小さくすることができる。

このように空気や水などの流体の流れが乱れて音が発生する。

以上のように，音が発生するのは固体が振動したり，流体の流れが乱れることによるものである。

音は空気(媒質)粒子の振動

固体に外部から力が作用し振動して音を発生する場合を考えてみよう。いま，振動しやすい固体として太鼓のように周辺を固定した膜を考え，その中央に打撃力が作用すると，図1.2に示すように膜は左右へ振動する。打撃力によって膜が右へ動くと，膜の右側の空気粒子は右へ押されて密となり，時間の経過とともに，さらに右の空気粒子へ影響を及ぼしてゆく。膜は振動するため次の瞬間には左へ動き，膜の左側で空気の粒子が左へ押されて密となり，反対に膜の右側では空気の粒子は疎となる。

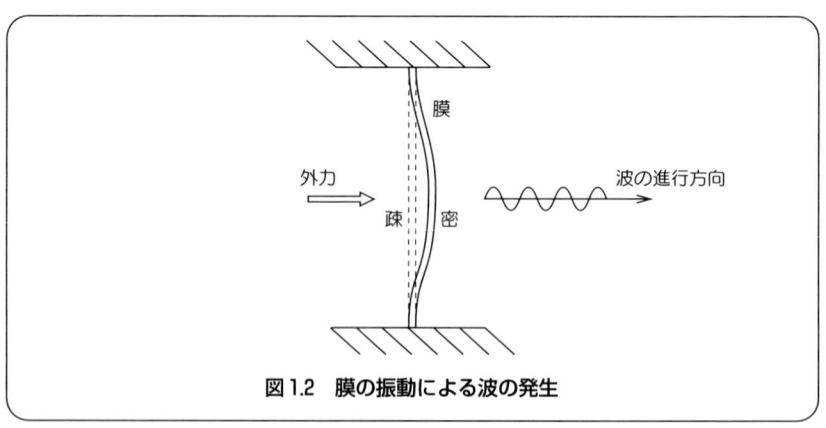

図1.2　膜の振動による波の発生

空気粒子の密なところは圧力が大気圧より高くなり，反対に疎なところは圧力が低くなる。

このように膜の右側も左側も空気粒子の密と疎，つまり圧力の高低が繰り返されて次第に膜の周辺へ波となって広がってゆく。疎と密が交互に繰り返されて波となるので，この波を疎密波とよんでいる。

すなわち，空気（媒体）の粒子が振動し波として伝わってゆくのである。気体に限らず液体の場合も同様である。液体は気体に比べて比重が大きいため，液体の粒子を振動させるには大きな振動エネルギーが必要となる。

図1.3には疎密波を示した。これは基本的な正弦波である。波の高いところは空気の粒子が密で，波の低いところは疎である。空気の粒子が密なところは圧力が高く，疎なところは圧力が低く，両者の中間の0の位置が大気圧を示している。

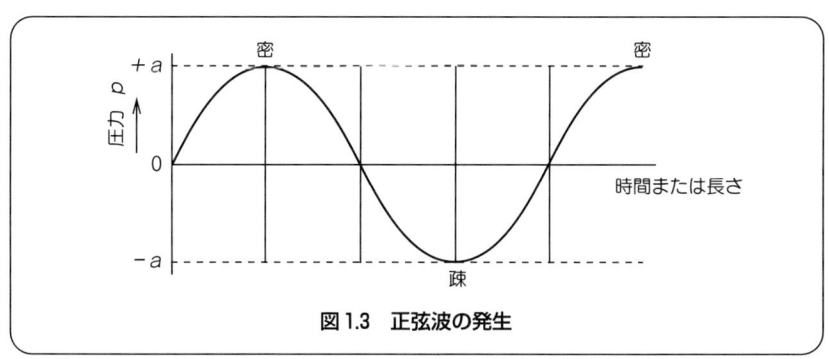

図1.3　正弦波の発生

音はこのように波となって伝わってゆくのであるが，一般に騒音となっている音は図1.3のような単純な正弦波となって発生する場合は少なく，きわめて複雑な形の波となっている場合が多い。

図1.3に示す正弦波は縦軸を圧力pとすると

$$p = a \sin \Theta \tag{1・1}$$

で示すことができる。

このような正弦波が複数発生してそれらが重なり合うと，図1.3に示す正

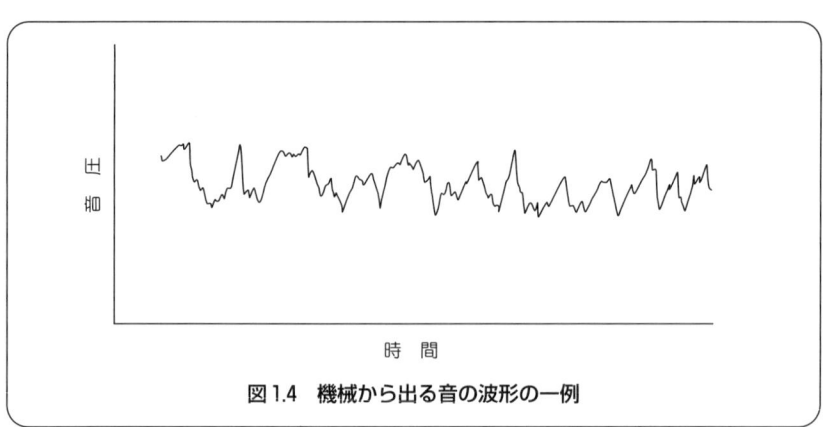

図1.4 機械から出る音の波形の一例

弦波とはならないで複雑な波形となる。

　一般に工場や事業場で発生している音は，複数の音源から出る音が重なり合っているため，波形は複雑な形状をしている場合が多い。たとえば，**図1.4**は機械から出ている音の波形の一例である。きわめて複雑な形状であり，これを一見しただけでこのなかから規則性を見いだすことは困難である。

　空気が固体振動体の周辺に存在すると，図1.2に示したように空気の疎・密が発生し，それが次々と隣へ影響を及ぼし，空気の疎・密が膜の振動方向と同じ方向へ伝わってゆく。このような波を縦波とよんでいる。液体中を伝わる波も縦波である。

　これに対して，振動部分が振動するとその振動方向と直角にその影響が伝わってゆく波が横波である。

1.3　音の速さ・周波数・波長

　音は気体，液体および固体の中を伝わるが，その伝わる速さはそれぞれの材質によって大きく異なる。一般に固体の中を伝わる音の速さは，気体や液

体の中を伝わる速さより大きく，気体の中を伝わる速さは液体の場合よりも小さい。

　私たちが生活し活動する空間では，音は気体とくに空気中の音である。空気中を伝わる音の速さは，大気圧，空気の密度，比熱比によって影響を受ける。大気圧が高くなるほど音は速くなり，比熱比が大きいほど速く，密度が小さいほど速くなる。したがって，正確な音の速さが必要なときは，その時の大気圧を測定することが必要となる。音の速さは大気圧の平方根に比例するので，たとえば大気圧が10％増加すると，音の速さは約4.88％増加することになる。

　0℃の空気中を伝わる音の速さは約331.5 m/sであるが，気体の中でも密度の小さい水素の中を伝わる速さは1269.5 m/sと，気体の中ではきわめて大きい。

　比熱比は定圧比熱と定積比熱との比であると定義されている。これは気体によって決まるもので，単原子気体（He, Arなど）では1.67，2原子気体（H_2, O_2など）では1.40，3原子気体（CO_2など）では1.33で，比熱比の平方根に比例して速さは大きくなる。

　空気中を伝わる音の速さは，空気の温度が高くなるほど速くなる。音の速さと空気の温度との関係は次の式で示される。

$$C = C_0 \sqrt{1 + \frac{\theta}{273}}$$
$$\fallingdotseq 331.5 + 0.61\theta \ \mathrm{[m/s]} \tag{1・2}$$

　C ：音の伝わる速さ［m/s］
　C_0 ：0℃における音の伝わる速さ C_0 = 331.5 m/s
　θ ：空気の温度［℃］
　空気の温度が20℃のとき C = 343.7 m/s

　このような音の速さは，空気が流動しない，障害物のない広い空間（これを自由空間とよぶ）内での音の伝わる速さである。

　しかし，現実には空気が流動しない場合はほとんどなく，むしろ風が吹いている場合が多い。風が吹く方向に音が伝わる場合には，(1.2)式で求まる

音の速さに風の速さを加算した値が音の伝わる速さとなる。しかし，反対に風の吹く方向に向かって音が伝わる場合には，風の速さを減じた値が音の伝わる速さとなるので，音の速さは小さくなる。さらに，夏と冬では気温に差があり，1日のうちでも時間によって気温が変化するので音の速さは変化する。このように音の速さは，厳密には場所によって変化すると考えておいた方がよい。

0℃，1 atmの状態で気体内を伝わる音の速さを，**表1.1**に示した。気体の密度によってかなり異なることがわかる。

音の発生によって生ずる圧力は，時間とともに高くなったり低くなったりして変化する。**図1.5**は，正弦波の音波の波形である。点Aが一定の速さで円周を回転しているときにその動きを投影したのが図1.5(a)の右の図で，Aは$+a$と$-a$の間を上下に動くだけである。しかし，円周を一定速度で回転しているときに，投影面が一定の速さで移動すると図1.5の(b)の右の図のように正弦波となる。円周を1回転すると投影面の波形は0からTまでの波の1つの単位の形を描く。0からTまでは1つの単位波形であり，1秒間に存在する単位波形の個数が周波数である。単位はヘルツ［Hz］である。

表1.1 気体内を伝わる音の速さ（0℃，1atm）

物　質	密度 [kg/m³]	音の速さ [m/s]
空気（乾燥）	1.293	331.5
アンモニア	0.771	415
アルゴン	1.784	319
一酸化炭素	1.250	337
塩素	3.214	205.3
酸素	1.429	317.2
水素	0.08988	1,269.5
水蒸気（100℃）	0.5980	404.8
窒素	1.2505	337
ネオン	0.9003	435
ヘリウム	0.1785	970
メタン	0.7168	430
硫化水素	1.539	289

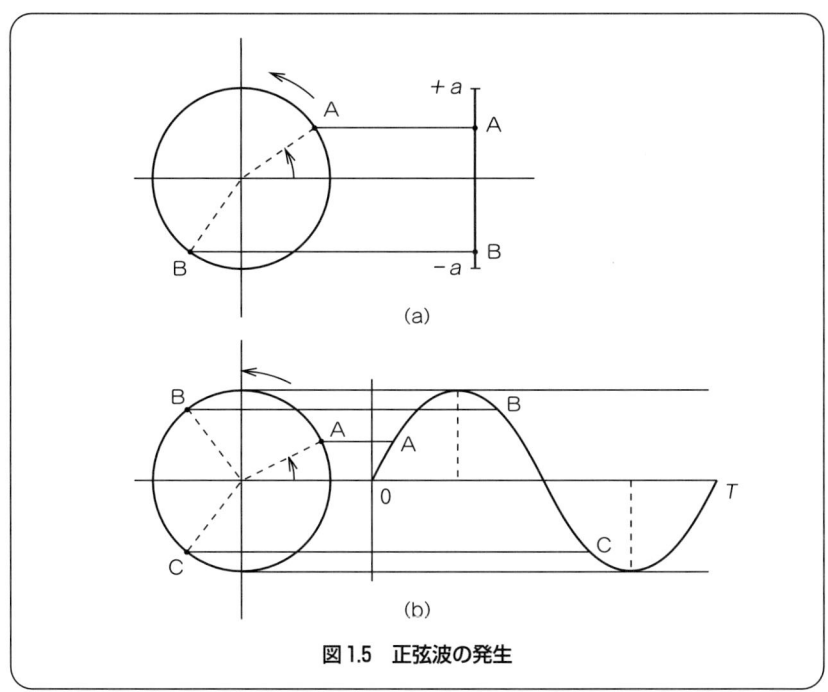

図1.5　正弦波の発生

1秒間に単位波が1,000個ある音波の周波数は1,000 Hzである。Tは周期である。図1.5で横軸は時間であるが，これを長さで示したときの波の山から山，または谷から谷の間の長さが波長である。周波数fと周期Tとの間には

$$f = \frac{1}{T} = \frac{\omega}{2\pi} \tag{1・3}$$

の関係が成立する。

ωは$\omega = \frac{2\pi}{T} = 2\pi f$からわかるように，0から$2\pi$の間に波が繰り返す回数を示しているので，この$\omega$を角振動数または角周波数とよんでいる。

音の波長は1つの単位波の長さであるから，単位時間に存在する波の数である周波数との積が音の速さとなる。したがって，音の速さCは次の式となる。

$$C = \lambda f \tag{1・4}$$

λ：波長

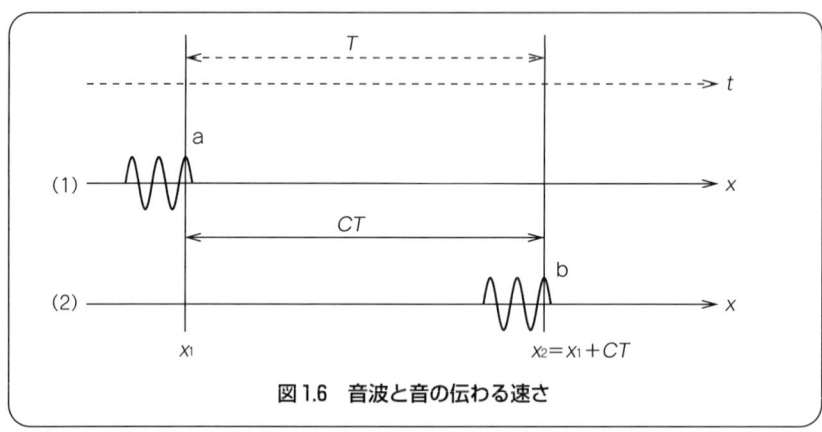

図1.6　音波と音の伝わる速さ

　音が空気中を伝わる場合には空気の粒子がなんらかの力によって振動し、圧力の高低を生じ、疎密波となって空気中を伝わってゆくので、図1.6に示すように、位置x_1に発生している波がT時間後には位置x_2へ移動する。このx_1とx_2との距離はCTである。この波の伝わる速さCが音の伝わる速さである。

1.4　音と圧力との関係

　空気中を伝わる音波は、空気の粒子の疎なところは圧力が低く、反対に粒子の密なところは圧力が高いことはすでに述べた。その圧力は、図1.3に示したように$+a$から$-a$の間に分布している。圧力は音が発生すると大気圧より高くなったり低くなったりしているのである。
　いま、大気中に音が全く発生していないときの大気圧をP_0とし、音が発生して圧力が変化しP_1となったとすると、その圧力の差が音圧である。音圧pは次の式となる。

$$p = P_1 - P_0 \qquad (1\cdot5)$$

　この音圧pは時間とともにつねに変動していて次の式で示すことができる。

$$p = a\sin(\omega t + \theta_0) \tag{1・6}$$

$\sin(\omega t + \theta_0) = 1$ のときが p は最大で a となるので,圧力は $-a \leq p \leq a$ となり,主として a の値によって決まる範囲内を変化するので,これが振幅である。ω が一定,すなわち周波数が一定の正弦波の波をもつ音を純音という。純音は音響の物理的解析や利用などによく使用されるが,一般に騒音となっている音や屋内外に発生している音などには純音は少なく,多くの音は広い周波数範囲にわたって音圧が分布し,いくつかの音源からの音が重なっている場合が多い。

複雑な形状の波をもつ音を解析する場合には,それをいくつかの単純な形の波,すなわちいくつかの正弦波に変換して行う場合が多い。これをフーリエ変換とよんでいる。音の解析にはフーリエ変換器が使われている。

図1.7は,片振幅1,周波数600 Hzの音の正弦波形である。いまこの600 Hzの波形に対し,同じ振幅で周波数610 Hzの正弦波の音波が重なると,図1.8のようになる。

それに620 Hzの正弦波が加わって3つの波が重なると図1.9となる。さらにそれに650 Hzと660 Hzの5つの正弦波が重なると図1.10となり,さらに

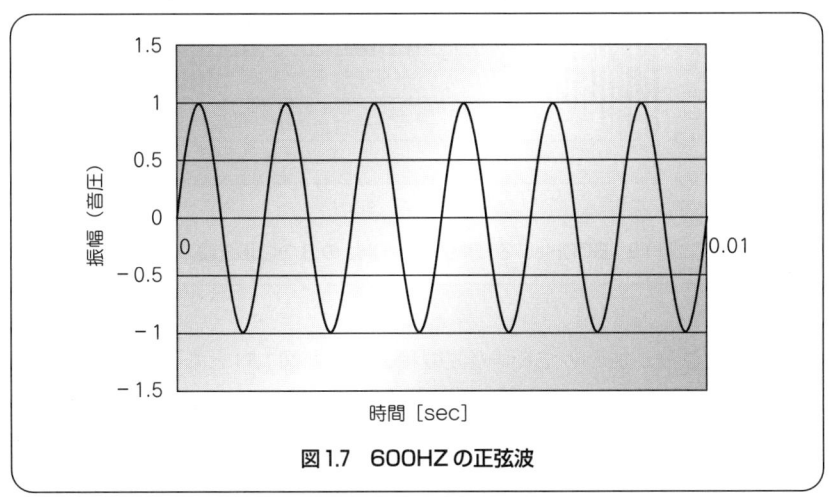

図1.7　600HZの正弦波

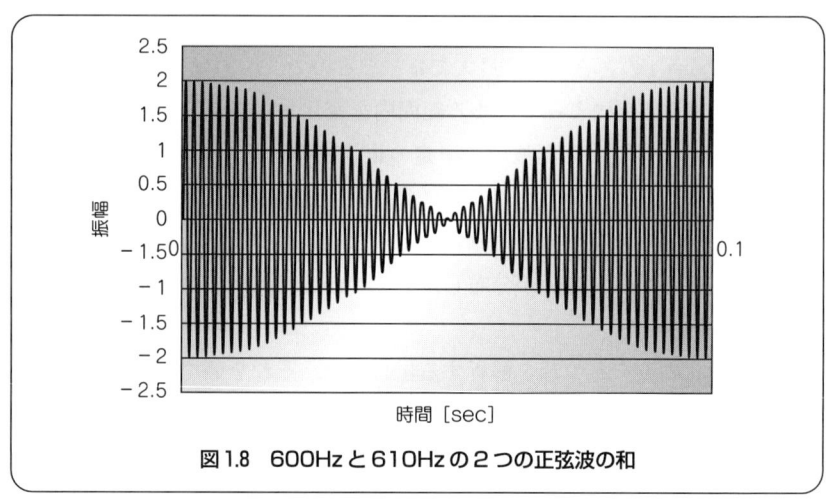

図1.8　600Hzと610Hzの2つの正弦波の和

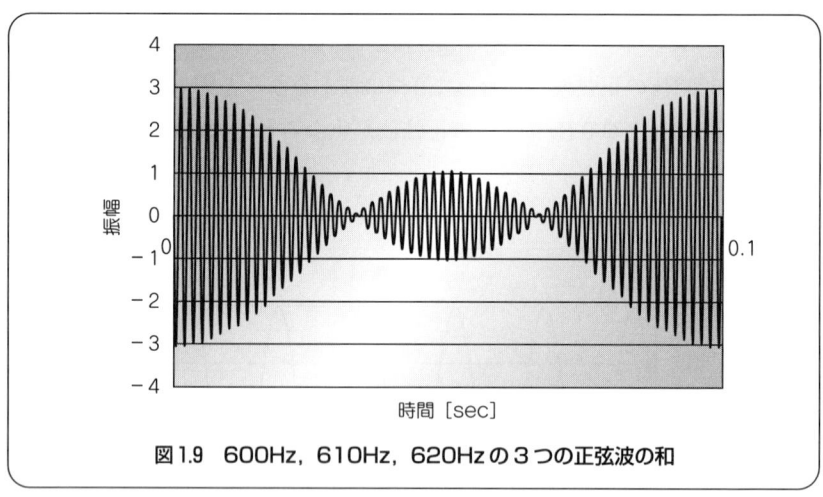

図1.9　600Hz，610Hz，620Hzの3つの正弦波の和

700 Hzの正弦波が加わって6つの波の和となると図1.11となる。

　これらの図を見ると，正弦波の数が多くなるほど波の形は次第に複雑となり，単一の正弦波から次第に離れてゆくことがわかる。逆にいえば複雑な波形も多くの正弦波の集まりと見なすことができる。

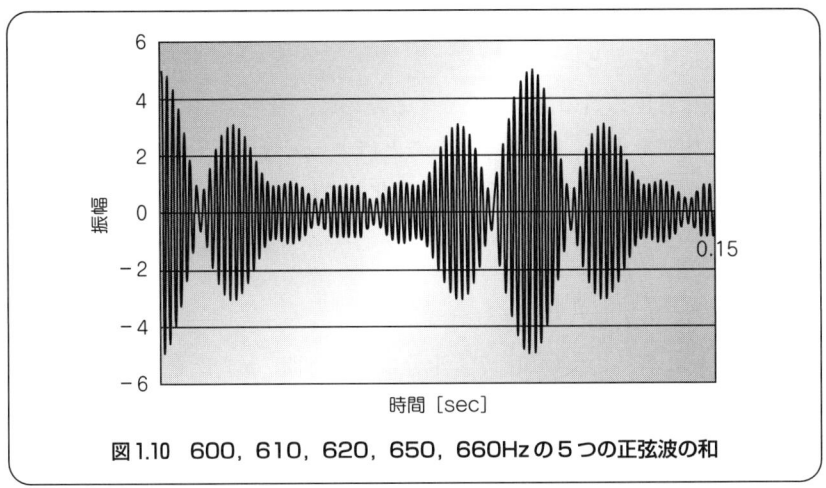

図1.10　600, 610, 620, 650, 660Hzの5つの正弦波の和

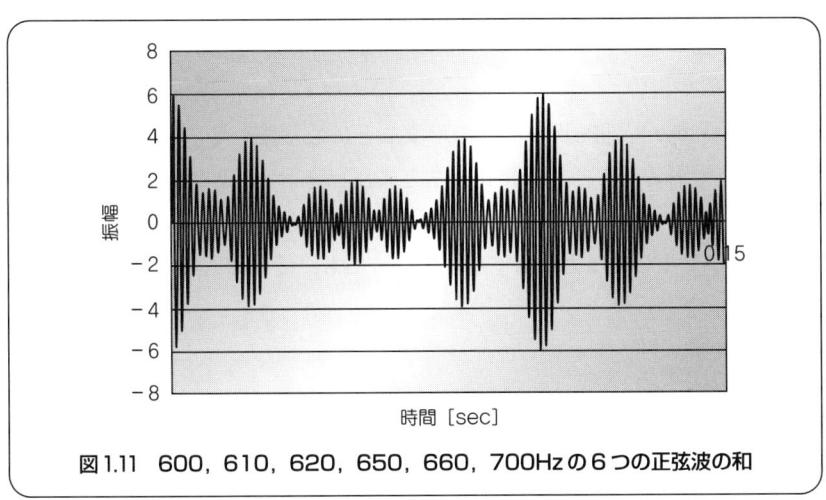

図1.11　600, 610, 620, 650, 660, 700Hzの6つの正弦波の和

　図1.7に示したように，音圧は時間tの関数であるから，tによって正から負へつねに変動している．このように変動する場合には，一般に次のような表示方法がある．すなわち，変動量のピーク値，p–p（peak to peak）値，実効値および平均値がある．図1.3では音圧のピーク値はa, p–p値は$2a$である．

時間によって変動している音圧の表示方法は，電圧を決める場合と同様に実効値で表示することになっている。
　この方法は音圧の負の部分をなくするために，音圧を2乗して一定の時間範囲内の平均値を求め，平方根を取ることによって音圧を求めるものである。したがって，この音圧は時間によって変化しないで一定値で示すことができる。これを式で示すと次のようになる。

$$p_e = \sqrt{\frac{1}{T}\int_0^T p^2 dt} \tag{1・7}$$

　　　　p_e：音圧の実効値，T：十分に長い時間，p：音圧
　周波数が一定の正弦波音圧の実効値は

$$p_e = \frac{1}{\sqrt{2}}a \fallingdotseq 0.71a \tag{1・8}$$

となる。今後の音圧の表示はすべて実効値で表示するので

$$p = p_e \tag{1・9}$$

である。
　音圧はパスカル［Pa］の単位で示すことになっている。大気圧はおよそ1×10^5 Paであるから，これに比べると音圧はきわめて小さく，人が大きな音と感じるものでも2 Pa程度，小さい音は2×10^{-4} Pa程度である。したがって，音が発生して圧力が高くなるといっても，それは人の肌に感じるような圧力ではない。

1.5　液体や固体のなかを伝わる音

　大気中に発生する音はきわめて多く，人に好ましくない騒音を発生する源もほとんど大気中に存在している。
　一方，液体内で振動を発生させると，液体内を音が伝わってゆく。液体内の音の伝わり方は空気の場合とよく似ている。空気は圧力を加えると体積が減少する圧縮性であるが，液体は圧力を加えても体積が変化しない非圧縮性

である。さらに，空気は密度が小さいが，液体は密度が気体より10^3倍程度大きいので，振動させて音を発生させるには大きな振動エネルギーが必要となる。

音の発生機構からみると気体も液体も縦波であるから，その点では類似している。

しかし，固体の場合はその内部に振動部分があると，気体の場合に発生した疎・密のように，固体内には膨張・圧縮が発生して振動方向と同じ方向へ伝わってゆく縦波と，振動によって内部にせん断が発生し，その影響が次第に振動方向と直角な方向に伝わってゆく横波とが発生する。そのため固体内部を伝わる音は，空気中を伝わる場合と異なり複雑な伝わり方をする。

表1.2に液体内を伝わる音の速さを示した。どの液体もほぼ1,000～2,000 m/sの範囲に分布しており，表1.1に示した気体内を伝わる音の速さより大きいことがわかる。

表1.2　液体内を伝わる音の速さ

物　質	温度 [℃]	密度 [kg/m³]	音の速さ [m/s]
エチルアルコール	23～27	0.786	1,207
クロロホルム	25	1.49	995
グリセリン	23～27	1.26	1,986
水（蒸留）	23～27	1.00	1,500
水（海水，塩分30/1000）	20	1.021	1,513
水　銀	23～27	13.6	1,450
重　水	20	1.105	1,381
二硫化炭素	23～27	1.26	1,149
ベンゼン	23～27	0.87	1,295

さらに固体内を伝わる音の速さを，縦波と横波についてそれぞれ**表1.3**に示した。これらはいずれも波長に比べて十分大きい固体内を音が伝わる場合である。固体内を伝わる音の速さは，気体や液体に比べて大きいことがわかる。

大きい建造物や機械は固体を連続して構成している場合が多い。このような場合には，打撃などによって一端に発生した振動や音が短時間で他端まで

表1.3　固体内を伝わる音の速さ

物　質	密度 10^3 [kg/m^3]	縦波 [m/s]	横波 [m/s]
鉄	7.86	5,950	3,240
銅	8.96	5,010	2,270
亜　鉛	7.18	4,210	2,440
アルミニウム	2.69	6,420	3,040
黄銅（70Cu, 30Zn）	8.6	4,700	2,100
ガラス（クラウン）	2.4〜2.6	5,100	2,840
金	19.32	3,240	1,220
銀	10.49	3,650	1,660
白　金	21.62	3,260	1,730
氷	0.917	3,230	1,600
ステンレス鋼(SUS347)	7.91	5,790	3,100
大理石	2.65	6,100	2,900
鉛	11.37	1,960	690
ゴム（天然）	0.97	1,500 (1MHz)	120 (1MHz)
ポリエチレン（軟質）	0.90	1,950	540
ポリスチレン	1.056	2,350	1,120
ナイロン-6, 6	1.11	2,620	1,070

伝わり，打撃点（音源）からかなり離れた場所でも振動が伝わっていて，思わぬ音を発生させている場合がある。

　工場や事業場が鉄骨建造物の高い建物になっている場合をよく見かけるが，一階で発生した機械の振動や打撃が上層階へ伝わっているのを経験したことがあると思う。音や振動がどこを伝わっているかを知っておくことは，今後，騒音や振動に対する対策を考える上で大切なことである。

1.6　人に聞こえる音・聞こえない音

　人が音を感じているのは，音源で発生した音が空気中を伝わって人の耳へ入り，外耳道を通って内部にある鼓膜を振動させているからである。鼓膜は薄い弾性膜で，厚さ約0.1 mm，直径1 cm足らずの円形または楕円形である。この鼓膜は振動を，中耳にある槌骨，砧骨および鐙骨が増幅させて聴神経へ

伝えて音を感知している。しかし，鼓膜を損傷している人の場合には，鼓膜に代わって音の振動を薄い膜の振動に変え，それを耳の後ろの突起した骨に伝えて聴神経を刺激して音を感知している。

人の耳の特性によって，聞こえる音と聞こえない音とがある。人の耳に聞こえる音を可聴音という。可聴音は周波数が約20 Hzから20,000 Hzの範囲である。20 Hz以下の音は超低周波音で，人の耳には聞こえないが，その振動は体で感じることができる。一方，20,000 Hz以上の音は超音波や極超音波とよび，人には聞こえないが，いるか，くじら，こうもり，へびなどは聞くことができるし，自らも超音波を出してお互いが交信したり，障害物や餌食を感知している。

図1.12に音波の周波数範囲による名称を示した。

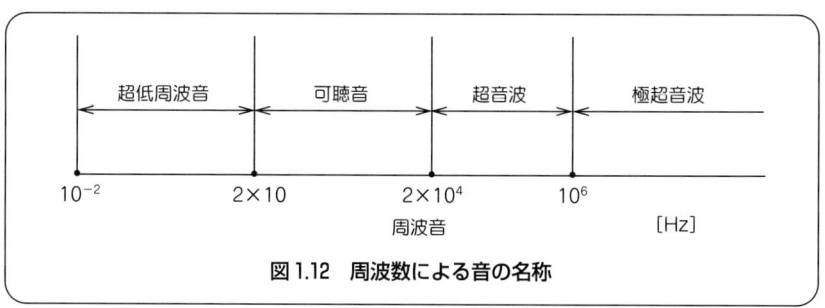

図1.12 周波数による音の名称

人が聞くことのできる音は，周波数によってその感度が異なっている。一般に周波数の低い領域や高い領域は感度が悪く，2,000～5,000 Hzの範囲の感度が良い。

さらに，音が小さいと聞こえなくなってしまうし，大きすぎると耳の鼓膜の損傷をはじめ健康上の障害が発生することになる。20歳前後の健康な人々が最も聴力が良いといわれており，この人々が聞くことのできる最小の音圧の平均値は国際的にも2×10^{-5} Paであるとされている。これを最小可聴音圧という。反対に最大可聴音圧は約2×10^2 Paである。

工場や事業場で常に大きな音にさらされていたり，イヤホンを使って大音

量の音を長時間聞いていると耳が聞こえにくくなることがある。工場に発生している音は，一般に周波数が2,000〜6,000 Hzの範囲で大きな音を出している場合が多い。したがって，この周波数範囲の音のもとで長時間作業するとこの周波数の音が聞こえにくくなる。これを産業性難聴という。

このように音が聞き取りにくくなっても，静かなところへ移りしばらく音から遠ざかると，聴力は回復することが多い。このような難聴を一過性聴力損失または一時性難聴（TTS）という。

しかし，さらに長時間大きな音にさらされていると，静かなところへ移っても聴力がもとの健康な状態へ回復しなくなってしまう。これを永久性聴力損失または永久性難聴（PTS）という。この状態になると耳の機能を失って

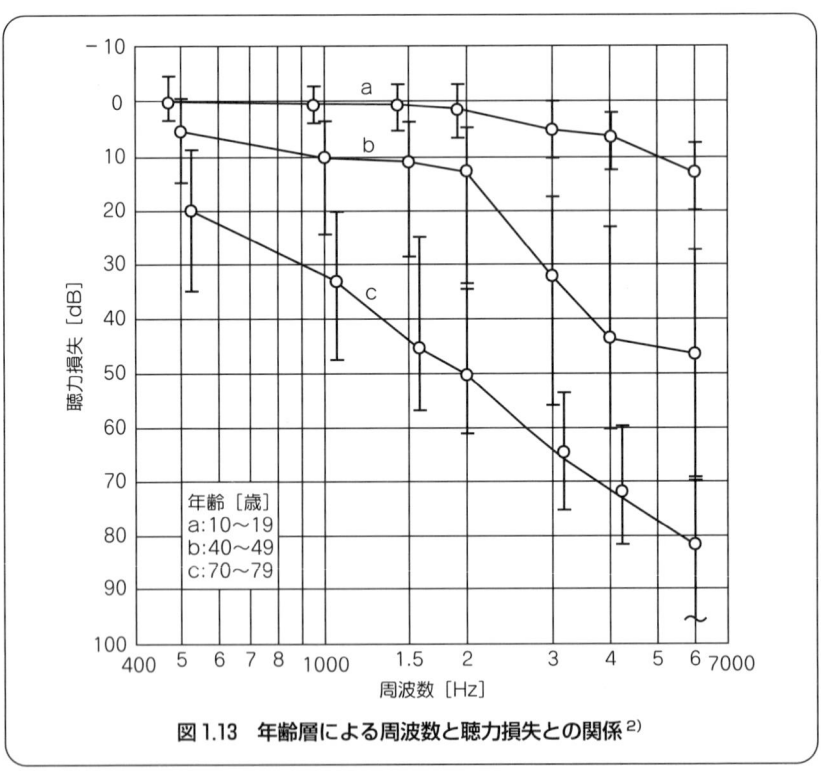

図1.13　年齢層による周波数と聴力損失との関係[2)]

しまうことになる。このような聴力損失を防止するために，日本産業衛生協会によって騒音を防止するための騒音許容基準値[1]が決められている。

工場などで作業をしている人は大きな音から遠ざかったり，時々静かなところへ移るなどの行動をとるとともに，工場にある音源などの静音化対策を実施することが重要である。

人は高齢になるにしたがって高い周波数の音を次第に聞き取りにくくなる。図1.13は，A.Glorigらがオーディオメータを用いて，各年齢層における多くの人々について，年齢と音の周波数によって聴力損失がどのように生じているかを調べた結果である。70~79歳の年齢層では，他の年齢層の人々に比べて周波数が高くなるほど聴力損失が大きいことがわかる。

1.7 音はエネルギーに変わる

音源で発生した振動は空気の粒子を振動させ，その粒子がさらに次々と隣の粒子を振動させて音が伝わってゆく。したがって，空気の粒子はそれぞれある速度をもってそれ自体が振動していることになる。このように粒子が振動している速度を粒子速度とよんでおり，音の伝わる速度とは異なるものである。

1.3節に述べた空気中を伝わる音の速さは，音源で発生した振動が空気の粒子を振動させ，次々と隣の粒子へ振動を伝えてゆく速さであり，粒子が振動している速さ（粒子速度）と異なることを理解しておく必要がある。

空気の粒子は小さいながら質量がある。質量をもつ物質がある速度で移動しているのでエネルギーをもっていることになる。

空気粒子の質量はほとんど変化しないので，音のエネルギーが大きくなるのは粒子速度が大きくなることによるものである。

音が大きい場合に，それを防止するための1つとして，音が伝わる途中で繊維質の吸音材であるグラスウールやロックウールなどを用いて音を吸収する方法がある。これらの吸音材の表面は軟らかく，隙間や穴が多いために音

が内部へ進入し，繊維質を振動させ，さらに内部の空気を振動させている。すなわち，吸音材に到達した音のもつエネルギーを繊維質へ伝え，繊維質を振動させ，それが摩擦によって次第に静止し摩擦熱へ変わり，音として振動していた空気粒子を静止させるのである。

　このように，音のエネルギーつまり空気粒子の振動エネルギーをなんらかの方法によって熱エネルギーへ変換して吸収し，音を小さくしている。この熱エネルギーは空気や吸音材の温度を上昇させることになる。しかし，音のエネルギーそのものは大きくないので，室内で吸音しても室内の温度が肌で感じるほど上昇するものではない。

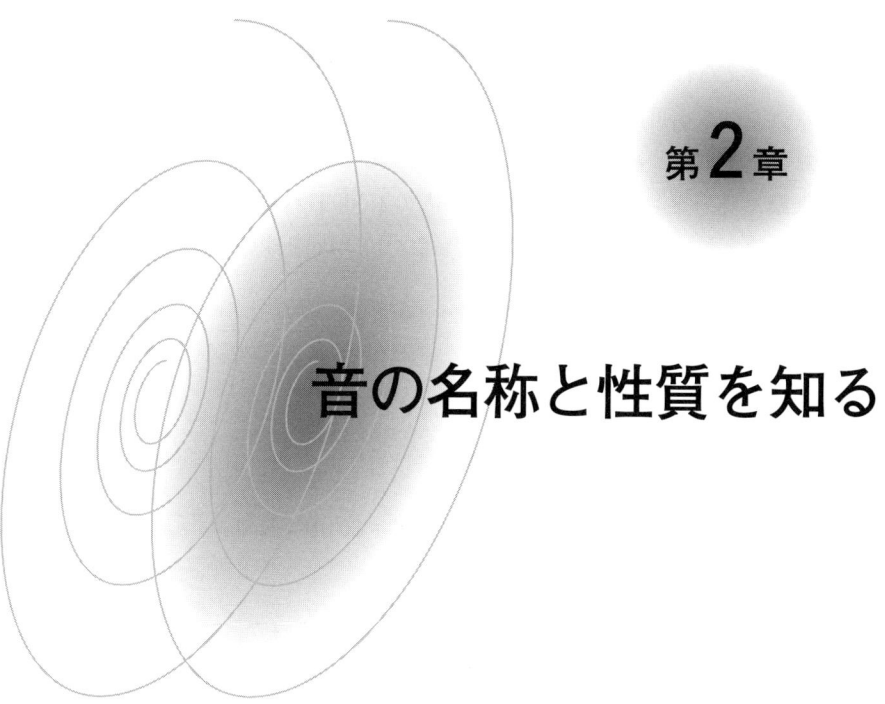

第2章

音の名称と性質を知る

　音が大きいといっても抽象的な表現では比較ができない。音の諸量の表し方が決まっているので，それによって求まる値を比較すると，音に対する判断をすることができる。さらに，音にはいろいろな性質があるので，それらを十分に理解しておくと，騒音に対する適切な静音化対策を選ぶことができる。

2.1　音圧と音圧レベル

　音が大きいと感じたときには，音圧が大きくなっている。音圧を示す単位はSI単位の採用によってパスカル［Pa］が採用されているが，人を対象とすると最小可聴音圧の2×10^{-5} Paから2×10^{2} Paの最大可聴音圧まで10^7もの広い数値の桁数の範囲がある。これでは，桁数の差が大きすぎて表示する

のに大変不便である。そこで，これらを簡単に表示する方法として対数を用いることが考えられる。その表示方法が音圧レベルである。

音圧レベルは最小可聴音圧を音圧の基準値p_0とし，それに対する音圧pとの比の対数をとることによって桁数を小さくすることができる。音圧の基準値は，健康な聴力をもつ20歳前後の若い人の1,000 Hzの周波数の最小可聴音圧の平均値として，国際的に統一し$p_0 = 2 \times 10^{-5}$ Paを採用している。

音圧レベルを式で示すと，

$$L_P = 20 \log_{10} \frac{p}{p_0} \quad [\text{dB}] \quad (2 \cdot 1)$$

となる。

したがって，音圧$p = 2 \times 10^{-1}$ Paの場合には音圧レベルは，

$$L_P = 20 \log_{10} \frac{2 \times 10^{-1}}{2 \times 10^{-5}} = 20 \log_{10} 10^4 = 80 \text{ dB}$$

となる。

しかし，音圧が$p = 2 \times 10^{-5}$ Paの場合には音圧レベルは，

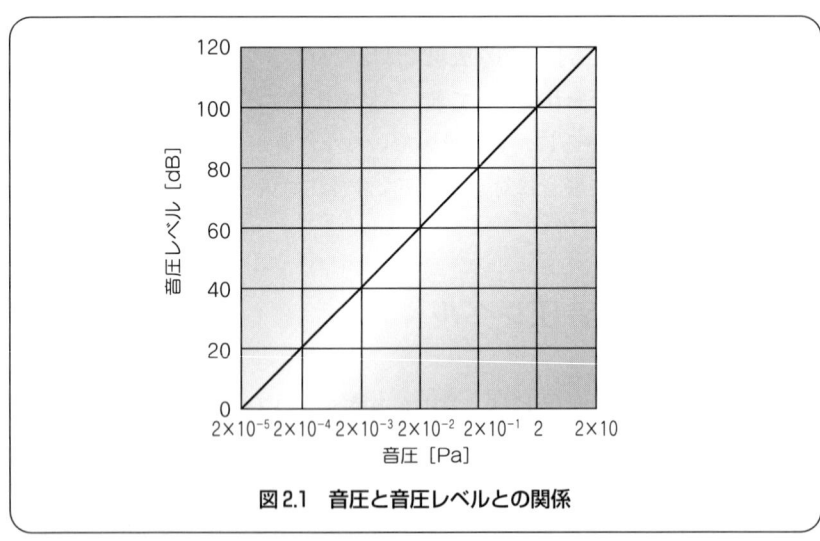

図2.1 音圧と音圧レベルとの関係

$$L_P = 20 \log_{10} \frac{2 \times 10^{-5}}{2 \times 10^{-5}} = 20 \log_{10} 1 = 0 \text{ dB}$$

となる。すなわち，0 dB とは音が存在しないのではなくて，最小可聴音圧の音が存在していることを意味している。

音の圧力の大きさを表示するのに音圧で表示することは少なく，ほとんど音圧レベルで表示することになっている。これはあくまでも音の物理量であり，音響の解析などに用いるもので，騒音のように人を対象としたものには2.3節に示す騒音レベルを用いることが多い。

音圧と音圧レベルとの関係を図に示すと，**図2.1**となる。図は片対数グラフであり，(2.1)式からも両者の間は直線関係になることがわかる。

音の大きさと音の大きさのレベル

さきに記したように音圧や音圧レベルなどは音の物理量であり，発生した音を物理的に測定して求めたものである。しかし，人が音を聞いたときの感覚量の大きさは必ずしも音圧レベルの大きさとは一致しない。この感覚量を音の大きさ（ラウドネス）いう。しかし，一般に音圧レベルが大きくなるほど，音の大きさも大きくなる。

一般に音の大きさは音の大きさのレベル（単位は［phon］）で表わす。

人の耳は可聴周波数域において，周波数が低い領域と高い領域で感度が良くないので，これらの領域では音の大きさのレベルは音圧レベルよりもかなり低い数値となる。周波数が1,000 Hzにおける音圧レベルと，音の大きさのレベルの数値は一致するようになっている。

音の大きさには音圧と周波数が関係している。周波数が変化すると音の大きさも変化する。周波数ごとに等しい音の大きさを示す音圧レベルを求めて，それらを結んでできた曲線を等感曲線または等ラウドネス曲線という。

国際規格ISOに採用されている等感曲線を，**図2.2**に示した。図の中に100 phonと記した曲線は，この曲線上ならどの周波数でも，音の大きさが

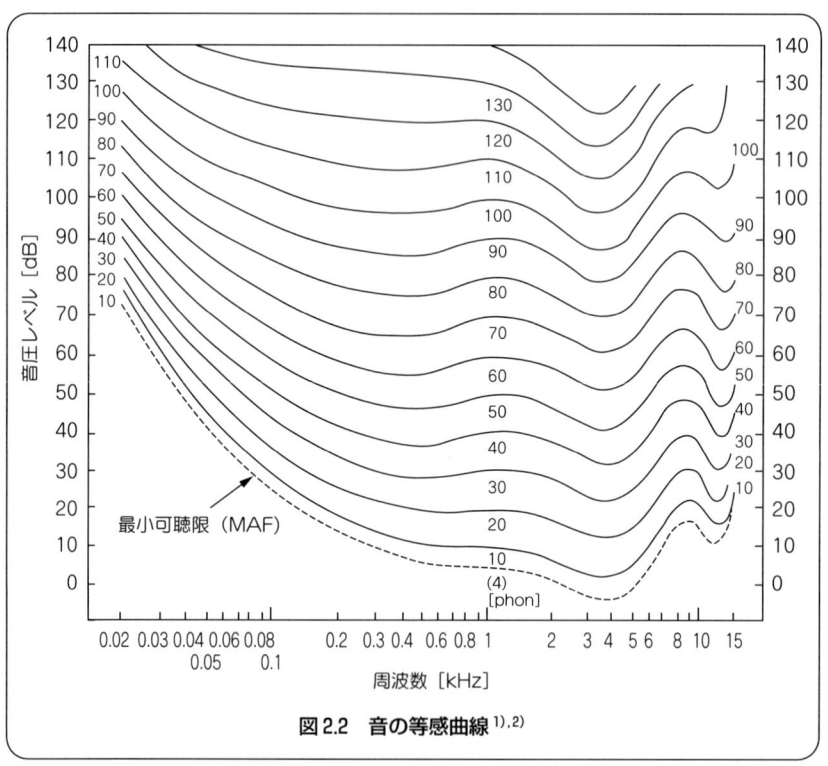

図2.2 音の等感曲線[1),2)]

同じ100 phonであることを意味している。

　同図をみると，1,000 Hzで音圧レベルが70 dBの音は音の大きさのレベルも70 phonである。しかし，周波数が30 Hzになると，同じ70 dBの音圧レベルでも音の大きさのレベルは約30 phon弱であり，小さい音となる。この周波数で70 phonの大きさの音を聞こうとすると，図から約95 dBの音圧レベルが必要となる。

　この図2.2は，年齢が20歳前後の正常な聴力をもつ多くの人々のデータをもとにして作成したものであるから，年齢によって相違があり，高齢になるほど高い周波数域において曲線が上昇し，音圧レベルと音の大きさのレベルの差が大きくなる。

　人は1,000 Hzの純音を聞くと，音圧レベルが10 dB増すごとに感覚的に音

の大きさが2倍になったように感じる。1,000 Hzで音圧レベルが40 dBの音の大きさは40 phonであり，音圧レベル50 dBの音，つまり音の大きさが50 phonになると40 phonより2倍大きいと感じる。さらに60 phonになると感覚的に50 phonより音の大きさは2倍になったと感じる。このように倍数関係で音の大きさを示すと便利なことがある。

　1,000 Hzの純音で40 dBの音圧レベルの音の大きさを1とし，音圧レベルが10 dB増すごとに2倍となるように設定した単位がソーン［sone］である。音圧レベルが40 dBだと1 sone，50 dBだと2 soneである。

　音の大きさ［sone］を対数目盛で示すと，音圧レベルとの間に直線関係が成立する。音の大きさと音圧レベルとの関係を式で示すと，

$$S = 2^{(L-40)/10} \qquad (2\cdot2)$$

　　　S：音の大きさ［sone］
　　　L：音圧レベル［dB］または音の大きさのレベル［phon］

となる。

　(2.2)式の両辺の対数をとることによって，

$$L = 33.2 \log S + 40 \qquad (2\cdot3)$$

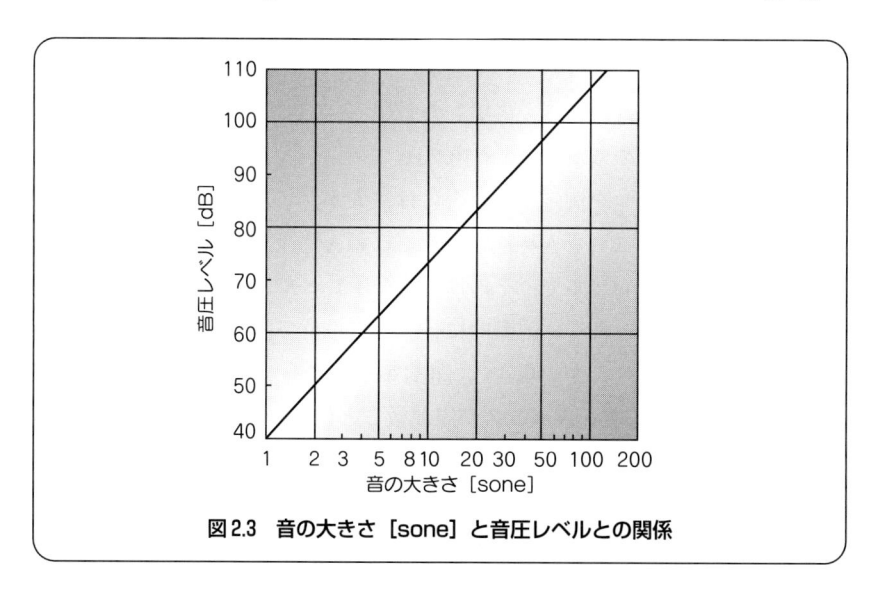

図2.3　音の大きさ［sone］と音圧レベルとの関係

となり，L と $\log S$ との間に直線関係があることがわかる。すなわち，**図2.3** となる。

2.3 騒音レベル

　音は人を対象としたものであり，音が騒音であるか否かを判定するのは人である。騒音は人にとって騒がしい音，わずらわしい音，望ましくない音，生活に傷害や苦痛を与える音，不快な音，邪魔な音など，さまざまな表現の定義がされている。いずれにしても人にとって好ましくない音であるから，発生している音を受ける人の耳の感度や特性を考慮することが大切である。

　2.1節に記した音圧レベルは人の耳の特性とは関係なく，物理量として決まっているので，人を対象とする場合には，この音圧レベルに人の耳の特性を考慮して求めることが必要となる。そのようにして求めたものが騒音レベルである。したがって，騒音レベルを求める式は音圧レベルを求めた式と同じ形となる。騒音レベル L_A は次の式となる。

$$L_A = 20 \log \frac{p_A}{p_0} \quad [\text{dB(A)}] \qquad (2\cdot 4)$$

　　p_A：人の耳の特性を考慮した音圧　[Pa]
　　p_0：音圧の基準値，2×10^{-5} Pa

　騒音計で騒音レベルを測定する場合には，人が感じる音の大きさの周波数特性を用いている。これをA特性という。このA特性を用いて音のレベルを測定したものが騒音レベルで，その単位は音圧レベルと区別するために（A）を付して [dB(A)] と書く。国際的に統一した単位であり，日本では古くから [ホン] を用いていたが，現在は [dB(A)] になっている。

　JISにはA特性の基準レスポンスが周波数ごとに，**表2.1**のように決まっている。この表を用いて音圧レベルから騒音レベルを求めることができる。

　たとえば，250 Hzの音の音圧レベルが100 dBの場合の騒音レベルを求めるには，表2.1から，250 HzにおけるA特性のレスポンスが－8.6 dBである

表2.1 JISに示されているA特性の基準レスポンス

周波数 [Hz]	A特性 [dB]	周波数 [Hz]	A特性 [dB]
20	−50.5	630	−1.9
25	−44.7	800	−0.8
31.5	−39.4	1,000	0
40	−34.6	1,250	0.6
50	−30.2	1,600	1.0
63	−26.2	2,000	1.2
80	−22.5	2,500	1.3
100	−19.1	3,150	1.2
125	−16.1	4,000	1.0
160	−13.4	5,000	0.5
200	−10.9	6,300	−0.1
250	−8.6	8,000	−1.1
315	−6.6	10,000	−2.5
400	−4.8	12,500	−4.3
500	−3.2		

から，100 − 8.6 = 91.4 となり，騒音レベルは 91.4 dB（A）となる。

同様に 100 Hz の場合には 100 − 19.1 = 80.9，騒音レベルは 80.9 dB（A）である。このように，周波数の低い領域では周波数が低くなるほど騒音レベルは音圧レベルより低くなることがわかる。

一般に，工場騒音，自動車騒音，建設作業騒音など，騒音の大きさを測定する場合には，騒音計の A 特性を用いて騒音レベルを測定する。

騒音計で音圧レベルを測定することもできる。普通騒音計では C 特性を用いる。精密騒音計は平坦特性を備えているので，平坦特性を用いて測定する。C 特性や平坦特性は周波数に対してレスポンスの変化がほとんどなく，平坦な特性を有しているためである。C 特性で測定しても単位は［dB（C）］とは書かないで［dB］である。

2.4 音響出力と音響パワーレベル

公害のなかでも騒音は苦情の対象となることが多い。その場合に騒音が発

生している音源から出る音響エネルギーの大きさによって，苦情の出る範囲も広くなったり狭くなったりする。

　固体が振動して音を出している場合は多いが，この場合には固体の振動エネルギーが大きいほど大きな音を出し，周辺の音圧レベルも高くなる。音源の大きさを示すのに音響出力を用いる。これは音源から1秒間に放出される音のエネルギーの大きさで示している。単位はワット［W］である。

　通常存在する音源の音響出力の大きさは，10^{-12}から10^4 W程度の広い範囲に分布しているので，音圧の場合と同様に音響出力で音源の大きさの表示や比較をすると数字が大きくなって表示に不便である。そこで音圧を音圧レベルで表示するのと同様に，音響出力を音響パワーレベルで表示することが多い。

　音響パワーレベルL_wは次の式で示す。

$$L_w = 10 \log_{10} \frac{P}{P_0} \quad [\text{dB}] \tag{2・5}$$

　　P：音源の音響出力　［W］
　　P_0：音響出力の基準値　［W］

表2.2　音響出力と音響パワーレベルとの関係

音響出力 [W]	音響パワーレベル [dB]
10^3	150
10^2	140
10	130
1	120
10^{-1}	110
10^{-2}	100
10^{-3}	90
10^{-4}	80
10^{-5}	70
10^{-6}	60
10^{-7}	50
10^{-8}	40
10^{-9}	30
10^{-10}	20
10^{-11}	10
10^{-12}	0

P_0 として 10^{-12} W が採用されている。

たとえば，10^{-2} W の音響出力の音源のパワーレベルは

$$L_w = 10 \log_{10} \frac{10^{-2}}{10^{-12}} = 100 \text{ dB}$$

となる。

音響出力と音響パワーレベルとの関係を比較すると，**表2.2**となる。この表を見ると音響出力は広い桁数の範囲に分布しているが，音響パワーレベルは狭い範囲の数値になっているので取り扱いに便利であることがわかる。

2.5 音の強さと音の強さのレベル

音源から出る音のエネルギーはその周辺へ広がって音が伝わってゆく。その際，音源の大きさや形状によって音の伝わり方はさまざまである。音源から離れた位置における音圧レベルは伝わる音のエネルギーの大きさで決まる。

音源から遠くへ伝わる音がその進行方向に垂直な単位面積を単位時間に通

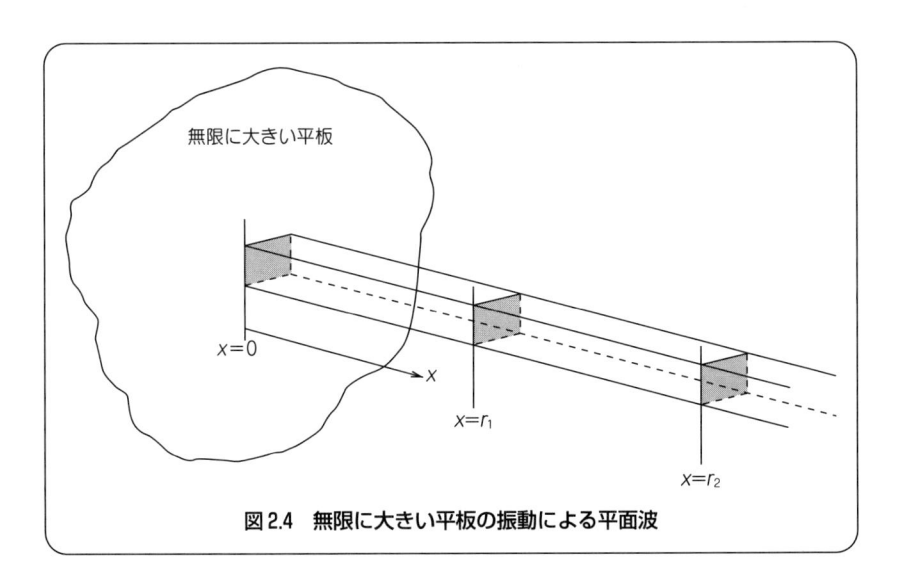

図2.4 無限に大きい平板の振動による平面波

過する音のエネルギーを音の強さという。

　無限に広い平板の固体が面に垂直方向へ振動して音を出している場合には，音は平板に垂直な方向へ平行に伝わる平面波である。図2.4に示すように，無限に広い平板からの距離が小さいところ（$x = r_1$）における単位面積当たりのエネルギーと，距離が大きくなったところ（$x = r_2$）における単位面積当たりのエネルギーは等しい。したがって，音の強さは距離に関係なく等しくなり，空気の粘性や障害物などによる影響がなければ，音は距離によって減衰しないことになる。

　しかし，平板の大きさが次第に小さくなると，平板に近いところでは等音圧レベル線は平板にほぼ平行であるが，平板から離れてゆくと次第に平行でなくなり，音の伝わる面積が次第に広くなってくるので，単位面積当たりの音のエネルギーは小さくなり，距離によって減衰することになる。

　小さい点状の音源（点音源という）が全く障害物のない自由空間にあり，自由空間を音が伝わる場合は，図2.5に示すように，音のエネルギーはあらゆる方向へ一様に球状となって広がってゆく。したがって，音源からの距離rの2乗に比例して音の伝わる面積が広くなるので，音の強さは音響出力がつねに一定なら距離の2乗に反比例することになる。

　これを式で示すと，音の強さIは，音源の音響出力をPとし，音源からの

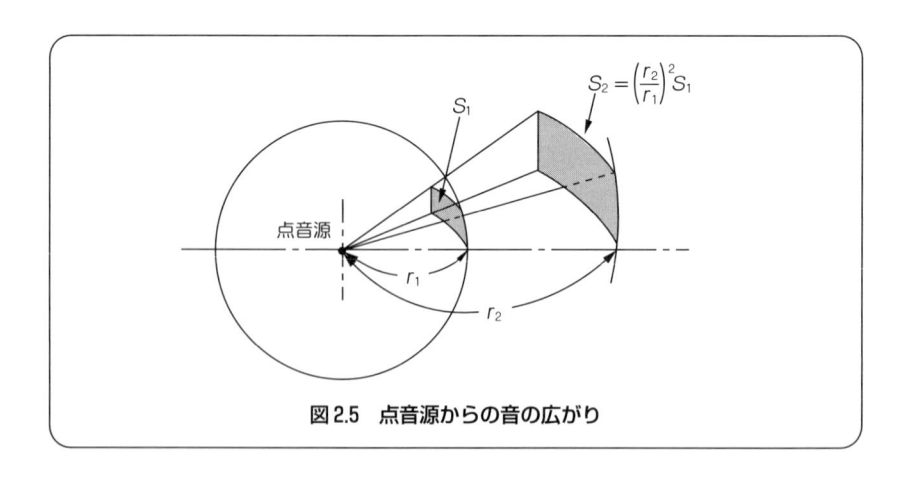

図2.5　点音源からの音の広がり

距離をrとすると,球の表面積は$4\pi r^2$となるので,

$$I = \frac{P}{4\pi r^2} \quad [\text{W/m}^2] \tag{2・6}$$

となる。

　音の強さも音圧レベルや音響パワーレベルと同様に音の強さのレベルで示すことが多い。音の強さのレベルL_Iは

$$L_I = 10 \log_{10} \frac{I}{I_0} \quad [\text{dB}] \tag{2・7}$$

　　　I：音の強さ $[\text{W/m}^2]$
　　　I_0：音の強さの基準値, $I_0 = 10^{-12}\,\text{W/m}^2$

健康で正常な聴力をもつ若い人が,耳で音を感じることができる最小の音の強さは国際的にも$10^{-12}\,\text{W/m}^2$であると定められている。そのためこれを音の強さの基準値としている。

　たとえば,音の強さが$10^{-4}\,\text{W/m}^2$の場合には(2.7)式より,

$$L_I = 10 \log_{10} \frac{10^{-4}}{10^{-12}} = 80\,\text{dB}$$

となる。

2.6　音の共鳴

　ある特定の寸法と形状の物体に外部から加振力が作用すると,その物体は振動し音を発生する。振動の周波数を低い周波数から次第に高い周波数へ,広い範囲にわたって変化させてゆくと,ある特定の周波数でその物体は大きく振動し,振動速度振幅が最大となって大きな音を発生する。次に振動の周波数をさらに大きく変化させてゆくと,振動は次第に小さくなり,音も小さくなってゆく。しかし,さらに振動の周波数を大きくしてゆくと,振動はまた大きくなり大きな音が発生することがある。

　このように物体の寸法,形状などによって決まる特定の周波数で,振動速

度振幅が最大となって大きな音が発生する現象を共振または音の共鳴という。このときの周波数を共振周波数または共鳴周波数という。

このような現象は生活の中でもしばしば経験する。高速度で回転させ，遠心力を利用して脱水させる遠心分離機などでは，電源を切った後，回転数が次第に低下してゆく途中で大きな振動を発生することがある。

物体の形状が簡単なもの，たとえば，一様な直径の棒，弦，管，管内の空気柱，円板，円形の膜，長方形の板，長方形の膜などの共鳴周波数については理論解析による理論式が求まっている[3]。

図2.6は，弦の共振の様子を示したものである。物体によって共振周波数は1つの場合もあるが，弦などの場合には$n = 1, 2, 3, \cdots$と倍数関係があって共振周波数は複数存在している。

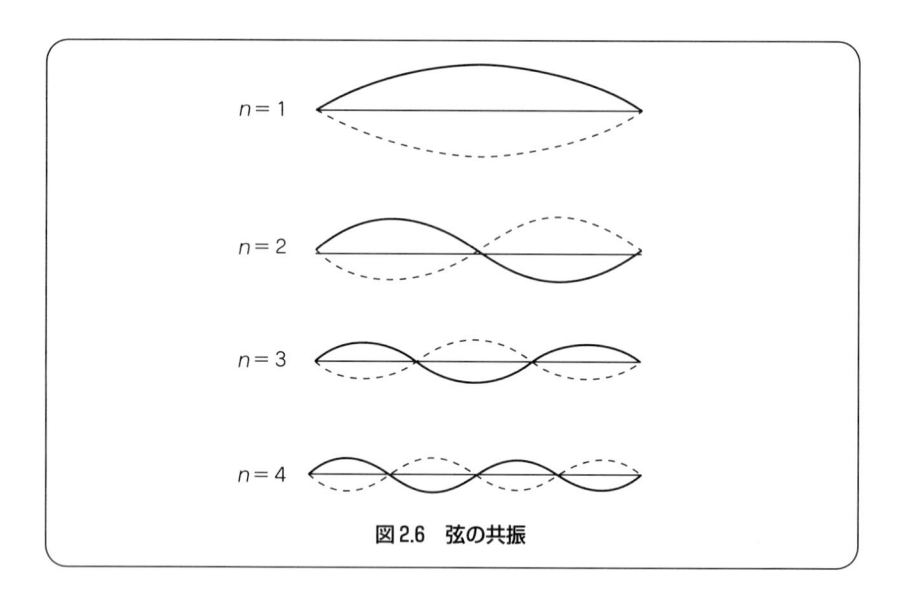

図2.6　弦の共振

図2.7は，発生音を周波数分析した結果の一例である。図をみると，周波数約525 Hzで音圧レベルが急に高くなっており，共鳴していることがわかる。さらに，その倍数の周波数でも音圧レベルが高くなっていることがわかる。このように発生している音を周波数分析すると，共鳴音が存在するかど

図2.7 発生音の周波数分析の例

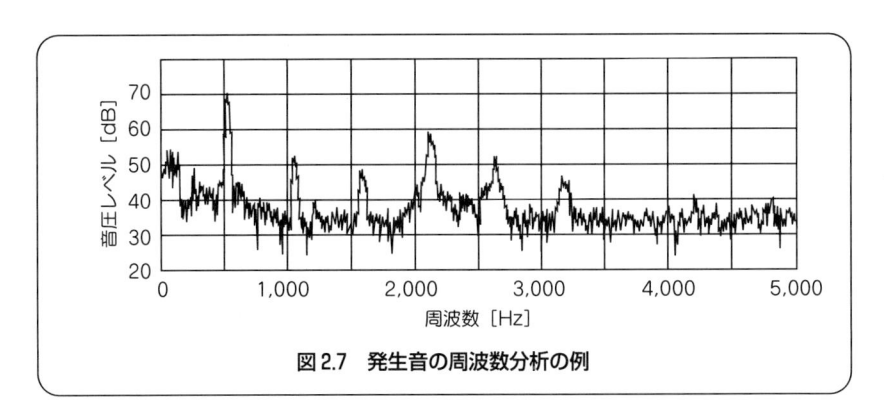

うか，共鳴の周波数がいくらであるかも知ることができる。

楽器は，弦，膜，空気柱，空洞などの共鳴を利用して大きな音を出したり，指で振動部の長さを変えたりして，共鳴周波数を変化させることにより，いろいろな共鳴音を発生させて演奏しているのである。

物体は，その大きさ，形状，材質などによって共振周波数が決まるが，その共振周波数に等しい周波数をもつ外力が作用すると，物体の振動が著しく大きくなって破損する危険性が高くなる。回転する軸をもつ機械では，その機械の共振周波数と同じ周波数またはその倍数になる回転数は採用しないように設計することが必要である。

音が大きくなっている理由の1つに，共鳴現象が発生している場合がしばしばある。管内の空気や室内の空気のように，一定の寸法や形状になった空気は特定の周波数で共鳴する。その音を周波数分析すると，ある周波数で大きな音圧レベルを示すことになる。このような場合に共鳴をなくすることによって，その周波数における音圧レベルを下げることができる。静音化するにはこのような共鳴現象を見つけて，共鳴を避けることが大切である。

たとえば，細い管の中を音が伝わる場合に管の中の空気が共鳴して大きな音を発生する場合がある。このような場合には，あらかじめ管内の空気の共鳴周波数を知っておくと便利である。管の場合には，管の長さと両端の開閉状態によって管内の音圧分布が決まってくる。

図 2.8　各種管内の空気柱の音圧分布

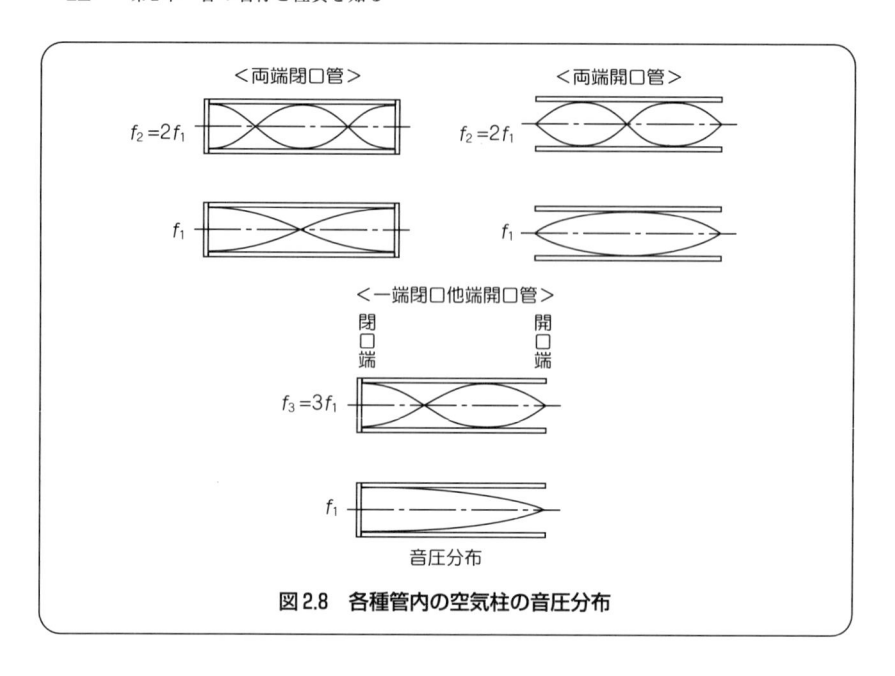

図 2.8 に，管の両端の条件によって管内の音圧分布がどのようになるかを示した。管の両端が閉じている場合と開いている場合の管内空気柱の共鳴周波数 f は同じで次の式となる[4]。

$$f = \frac{mC}{2l} \quad [\text{Hz}] \tag{2・8}$$

m：1，2，3，…
l：管の長さ　[m]
C：音の伝わる速さ　[m/s]

管の一端が閉じて他端が開いている場合には，

$$f = (2n + 1)\frac{C}{4l} \quad [\text{Hz}] \tag{2・9}$$

n：0，1，2，3，…

これらの式を用いて管内の空気柱の共鳴周波数をあらかじめ計算しておくと，発生している音を周波数分析することによって，どの周波数の音がどの

管から発生しているかを見分けることができる。静音化対策には共鳴周波数を見つけることが大切である。

　管端が閉じていると管端の音圧は最大となるが，管端が開いていると開いた位置では音圧は0で，圧力は大気圧と等しいと見なしているので，管内の音圧分布は図2.8となる。しかし，厳密には音圧は開いた管端では0にはならないで，管端から少し外へ出た位置において0となるので，(2.8) 式および (2.9)式の理論式を適用するときは，開いた管の場合は開口端補正が必要となる[5]。

　一定の形状をした容器の中の空気も外部から振動を与えるとその空気は共鳴し，特定の周波数において著しく大きな音圧レベルを示す。図2.9は，円筒状の容器に入った空気を外部からスピーカで振動させたときに，容器内の空気の共鳴を調べるために周波数分析した結果である。

　図2.9をみると，特定の周波数で大きな音圧レベルを示しており，共鳴し

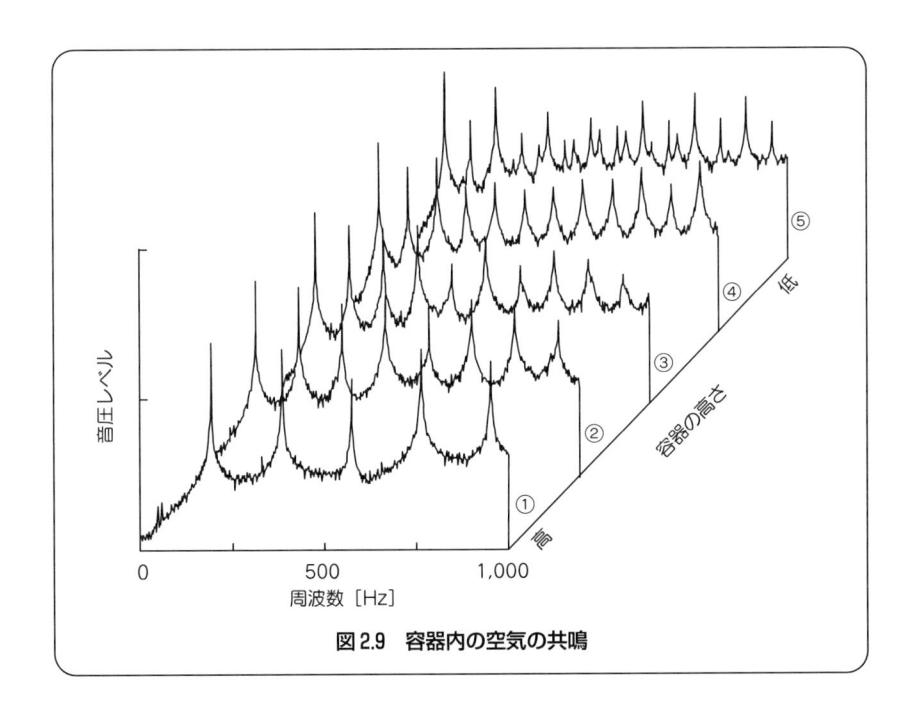

図2.9　容器内の空気の共鳴

ていることがよくわかる。円筒容器の断面積を一定にして高さを変化させ，空気の体積を変化させたときの共鳴周波数の変化を図2.9の①から⑤に示した。①は空気の高さが高く（体積は大きく），⑤へゆくにしたがって次第に高さが低く（体積が小さく）なった場合である。

このように一定の大きさの容器内の空気は，特定の周波数で音圧レベルが高くなる共鳴現象が発生するので，静音化のためにはこの音圧レベルを下げることが必要である。とくに人の耳には周波数が1,000から5,000 Hzの間の音は敏感に感じるし，その周波数域で難聴になりやすいので，この周波数域での共鳴にはとくに注意が必要である。

図2.10に示す例は，剛体でできた直方体の一面を薄い膜に代え，膜の外

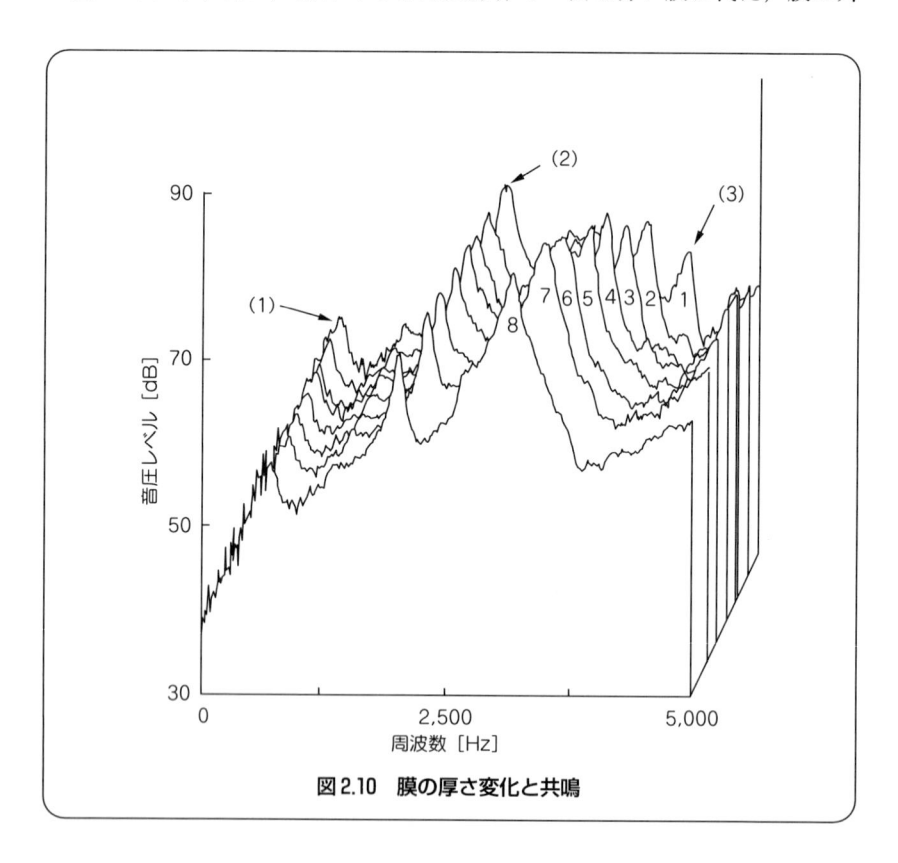

図2.10　膜の厚さ変化と共鳴

部から音を出して膜と内部の空気を振動させ，内部に設けたマイクロホンで測定した音の周波数分析結果である。

図2.10に示す（1），（2）および（3）は，いずれも特定の周波数で音圧レベルが高くなっており共鳴している。薄い膜の厚さを次第に厚くしてゆくと，(3)の共鳴周波数は1から8へと次第に低い周波数へ移動していることがわかる。したがって，(3)の共鳴音は薄い膜の固有振動によるものと見なすことができる。

このように，複数の周波数で共鳴していると思われる場合は多いので，その場合は考えられる因子を変化させて共鳴周波数の変化を観察すれば，どこの共鳴によるものかを判断することができる。

2.7 音の反射・回折・屈折

音が空気中を伝わって固体や液体の表面に接すると，音の大部分は反射して空気中を反対方向へ伝わる。残りの音は透過音として固体や液体の内部へ伝わる。さらに空気中を伝わる音が物体の端へくると，直進する音の他に物体の裏側へも回り込んで伝わる。さらに，空気や水の中において温度差があると，その中を伝わる音の速さが場所によって異なるため音の伝わる方向が変化するなど，音には特有の性質がある。

（1） 音の反射

空気中を伝わる音が，ある媒質（気体でも液体でもよい）の表面にくると音の一部は反射し，残りの音はその媒質内を伝わってゆく。しかし，音と接する媒質の表面の凹凸が大きく，音の波長が小さくなると，図2.11に示すように音が接する面で乱反射する。しかし，音の波長に比べて表面の凹凸が小さいと図2.12に示すように，入射角と反射角が等しい関係をもって反射する。

図2.12に示すように，小さい室内で音源から出た音が天井，壁，床などで

図2.11 大きい凹凸面の乱反射

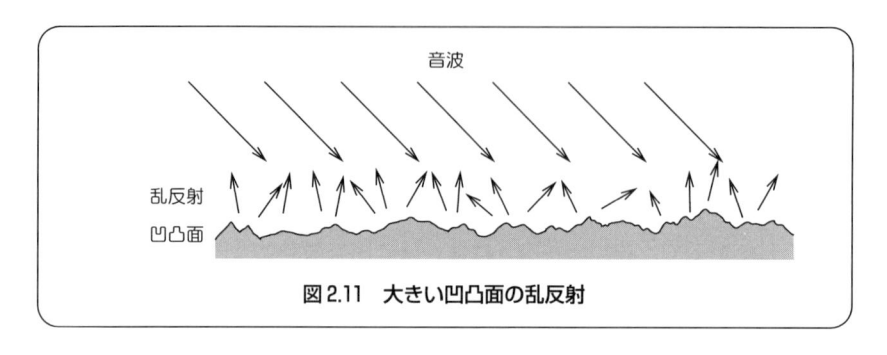

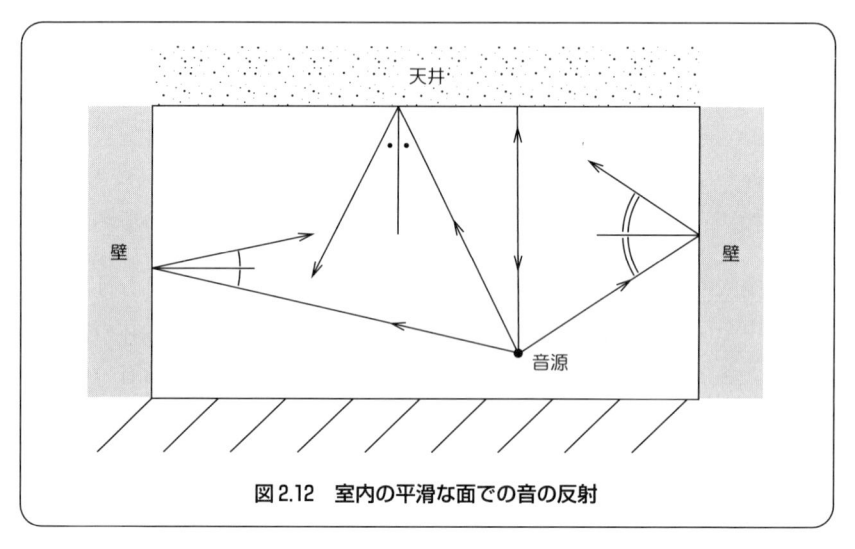

図2.12 室内の平滑な面での音の反射

何度か反射し，反射した音が重なり合って複雑な音を発生する場合がある。したがって，小さい室内ではなるべく天井，壁などに吸音材を取り付けるなどして音を吸収させ，反射する音を小さくすることが大切である。音に対して厳しい要求をする放送局や音楽堂などでは，平行な壁面は避けるように設計してある。

音は光に比べてかなり波長が大きい。20℃の空気中を伝わる音の速さを344 m/sとすると，周波数100 Hzの音の波長は344 cm，1,000 Hzでは34.4 cmとなって，かなり波長は大きく，そのため壁面が通常の平滑な面では図2.12

に示すような反射をすることがわかる。

　したがって，音の反射を利用して静音化するには，伝わる音の周波数を調べてその反射板の表面の平滑さ（あらさ）を決めることが大切である。

　音が板に入射するときにどの程度反射するかを知ることが必要な場合は多い。入射する音の強さと反射する音の強さとの割合が反射率である。反射率を知ることによって反射する音の大きさを知ることができる。

　いま，**図2.13**に示すように空気中Ⅰに発生した音が，水中Ⅱへ伝わるとする。入射する音の強さI_i，ⅠとⅡの接触面で反射した音の強さI_rとすると，境界面における反射率r_eは，

$$r_e = \frac{I_r}{I_i} \tag{2・10}$$

さらに，入射する音の強さI_iに対する，Ⅱの内部へ伝わる音の強さI_tとの割合が透過率である。透過率τは，

$$\tau = \frac{I_t}{I_i} \tag{2・11}$$

となる。

　反射率は伝わる音の速さとその媒質の密度によっても影響を受ける。

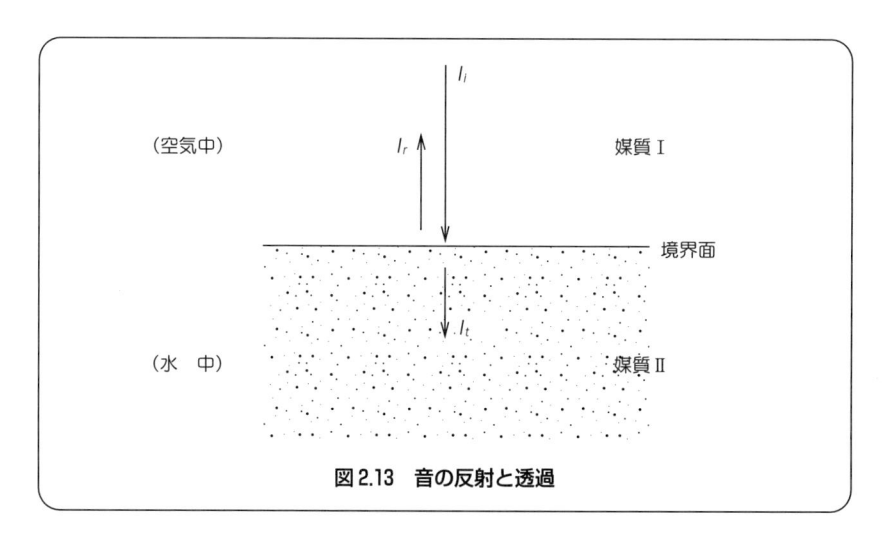

図2.13　音の反射と透過

媒質Ⅰから媒質Ⅱとの境界面へ音が入射すると，境界面における音の反射率r_eと透過率τの理論式は次のようになる。

$$r_e = \left(\frac{\rho_2 C_2 - \rho_1 C_1}{\rho_1 C_1 + \rho_2 C_2} \right)^2 \qquad (2 \cdot 12)$$

$$\tau = \frac{4 \rho_1 C_1 \rho_2 C_2}{(\rho_1 C_1 + \rho_2 C_2)^2} \qquad (2 \cdot 13)$$

ρ_1：媒質Ⅰの密度　　　　　　　[kg/m^3]
C_1：媒質Ⅰ内を伝わる音の速さ　[m/s]
ρ_2：媒質Ⅱの密度　　　　　　　[kg/m^3]
C_2：媒質Ⅱ内を伝わる音の速さ　[m/s]

上の式をみると，反射率と透過率はいずれも密度と音の伝わる速さとの積の大きさによって決まることがわかる。

(2.12)式をみると，$\rho_2 C_2$と$\rho_1 C_1$との差が次第に大きくなるほどr_eは大きくなり，$\rho_2 C_2 \gg \rho_1 C_1$となると$r_e$は1へ近づいてゆくことがわかる。また，反対に$\rho_1 C_1 \gg \rho_2 C_2$となっても$r_e$は1へ近づくこともわかる。すなわち，音はⅠからⅡへ向けて入射しても，反対にⅡからⅠへ向けて入射しても反射率は同じになることがわかる。

さらに，透過率については (2.13)式から$\rho_1 C_1$と$\rho_2 C_2$との差が大きくなるほど0へ近づいてゆくことがわかる。

反射率と透過率との間には，

$$r_e + \tau = \frac{I_r}{I_i} + \frac{I_t}{I_i} = \frac{I_i}{I_i} = 1 \qquad (2 \cdot 14)$$

の関係がある。

たとえば，20℃，1 atmにおける空気と水との間の反射率と透過率を計算すると，

　　空気の場合 ρ_1 = 1.29 kg/m^3,　　C_1 = 344 m/s
　　水の場合　 ρ_2 = 1,000 kg/m^3,　C_2 = 1,500 m/s

であるから，これらを (2.12)式へ代入するとr_e = 0.99941, τ = 0.00059となり，音が空気中から水面へ伝わる場合，および水中から空気中へ伝わる場合

にはいずれも反射率が99.94％となり，音はほとんど境界面で反射してしまい，音源のある側に留まることになる。

このことは静音化を考える場合に理解しておくべき大切なことの1つであり，ρCの差を大きくして静音化できることがわかる。

（2） 音の回折

平行する光線が通る途中に小さい穴のある壁があると，直進する光は壁で反射するが，穴の部分は通過して反対側へ通る。反対側では光の通る明いところと，壁によって陰になったところができる。

しかし，音の場合は穴を通った音は，図2.14に示すように直進するが陰のところにも音が伝わる。この現象を音の回折という。回折の程度は伝わる音の波長が関係する。音の波長が穴の直径より大きいと回折は顕著になり，音の波長が小さくなる（周波数が大きくなる）と回折は小さくなる。光の波長は音の波長に比べてきわめて小さいので回折は起こりにくい。

1,000 Hzの音の波長は，34.4 cm，5,000 Hzでは6.88 cmである。人の声など通常発生している多くの音は周波数が1,000〜5,000 Hzで音圧レベルが大

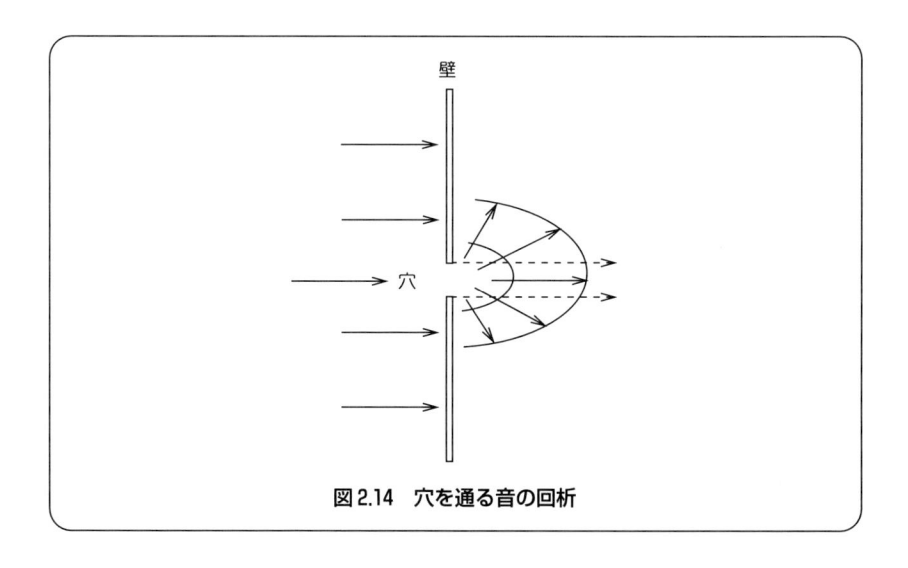

図2.14　穴を通る音の回析

きいので，この程度の周波数の音では穴の直径が1cm程度以下であれば，音の波長より穴の直径がかなり小さいので回折がよく現われる。

工場や騒音源の周りに設ける障壁にも回折がある。図2.15に示すように，障壁の先端Aに伝わった音はここで回折する。光なら陰となる部分にも音は伝わってゆく。B点に伝わる音は障壁の高さが高くなるほど，さらに音の波長が小さいほど小さくなる。つまり音の減衰量が大きくなるので，障壁の効果が大きくなったといえる。

このように，波長が小さい（周波数が大きい）音は回折が少ないので障壁による静音化効果があるといえるが，反対に波長の大きい音は回折が顕著であり障壁による静音化の効果は小さいことを理解しておくことが大切である。

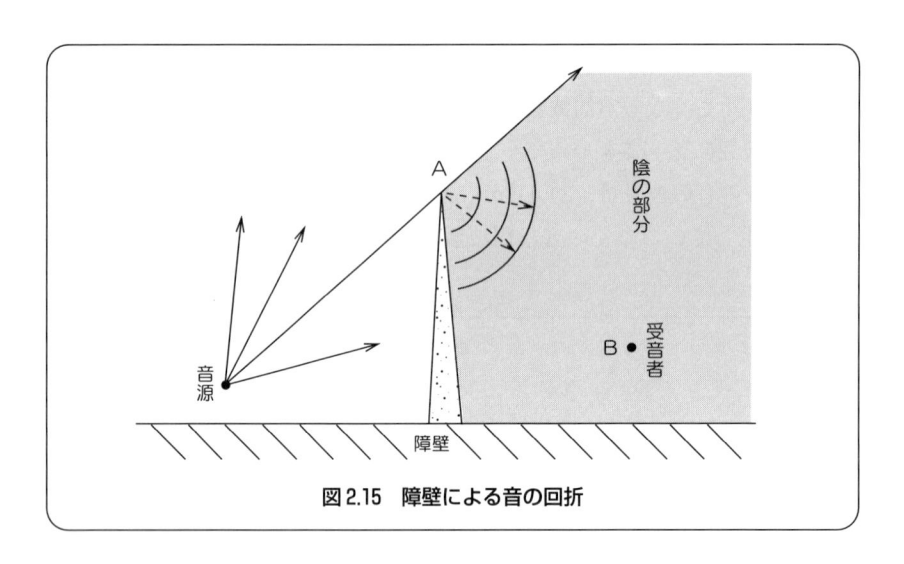

図2.15 障壁による音の回折

（3） 音の屈折

音源で発生した音が，受音点である人の耳に到達するまで，障害物による反射，吸収，回折のほか，風の速さ，空気の温度，圧力，湿度などによって音の伝わる経路が影響を受ける。

いま，音の伝わる速さの異なる2つの媒質が接しているとする（この媒質

図2.16 音の屈折

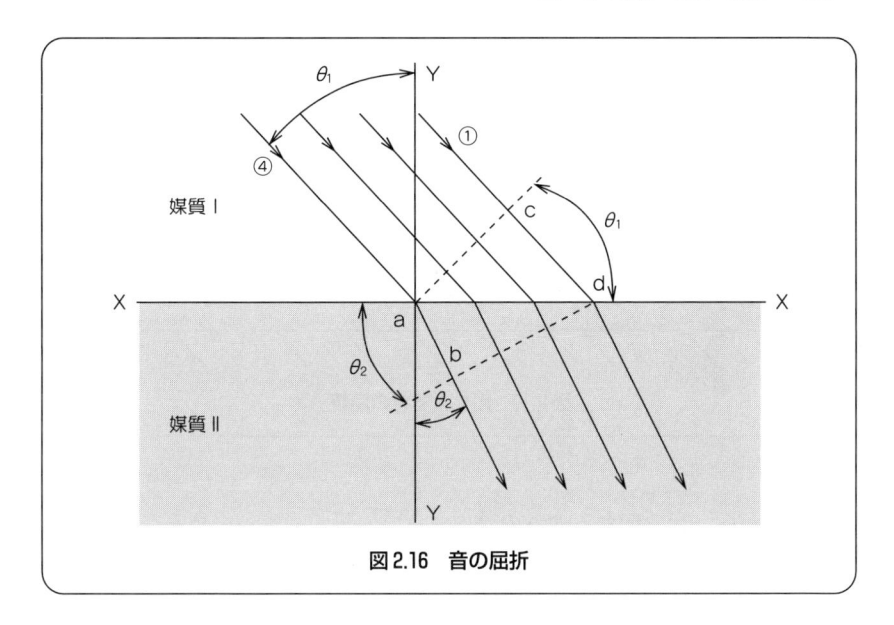

は温度の異なる空気でもよい）。図2.16に示すように，Y–Y軸と入射角 θ_1 で平面波が媒質Iから境界面へ入射すると，入射角とは異なる角度 θ_2 をもって平面波は媒質II内へ伝わる。媒質I内を平行な線で示した音は，境界面で折れたようになって媒質II内へ伝わる。これを音の屈折という。

図2.16で，①と④の音波は媒質Iにおいて平行で，$\overline{ac}$ 線上にきた①の音波が，cからdへ進む間に④の音波はaからbへ進み，媒質II内を平行に伝わる。①の音波がcからdへ進む時間を t とすると，

$$\overline{cd} = C_1 t, \qquad \overline{ab} = C_2 t$$

となるので，三角形の関係から，

$$C_1 t = \overline{ad} \sin \theta_1 \tag{2・15}$$
$$C_2 t = \overline{ad} \sin \theta_2 \tag{2・16}$$

が成立する。この両式より媒質Iを伝わる音の速さ C_1 と，媒質IIを伝わる速さ C_2 との間に次の関係が成立する。

$$\frac{C_1}{C_2} = \frac{\sin \theta_1}{\sin \theta_2} \tag{2・17}$$

図2.17 風による音の屈折

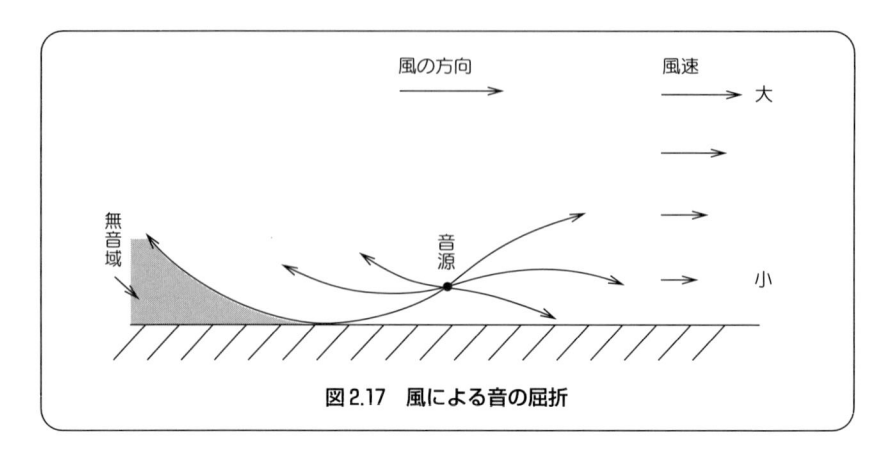

この式から，音の伝わる速さの差によって屈折の程度が決まることがよく理解できる。

空気中で音の速さが変化するのは，風速の変化による場合と空気の温度変化による場合が多い。風速は周辺の建物や樹木などによって変化するほか，地表面に近いところは一般に風速は小さく，高いところは風速が大きい。音の伝わる速さは風速の影響を受けるので，風速の変化によって音は屈折する。

図2.17は，風速の影響による音の屈折を示したもので，図を見ると風下は音の速さが速く，音は屈折して遠くへ伝わることがわかる。反対に風上では無音域ができて，音が伝わらない領域が発生する。

空気の温度は，海面上，平地上，山地上など存在する地形と時刻によって変化する。朝方は一般に空気の温度は低下しているが，地面は冷えにくいため地面に近い空気の温度は高くなって上空へゆくほど温度は低くなっている。反対に夕方は上層の空気は太陽によって加熱されてきたため，地面に近い空気より高い温度になっている。

図2.18 (a) は，地面に近い空気の温度が高い場合の音の屈折を，同図 (b) は上空の空気の温度が高い場合の音の屈折を示した。これらの図から上空の空気の温度が高いと遠くへ音が伝わりやすく，反対に上空の空気の温度が低いと遠くへ音が伝わりにくく，全く音が伝わらない無音域が発生することになる。

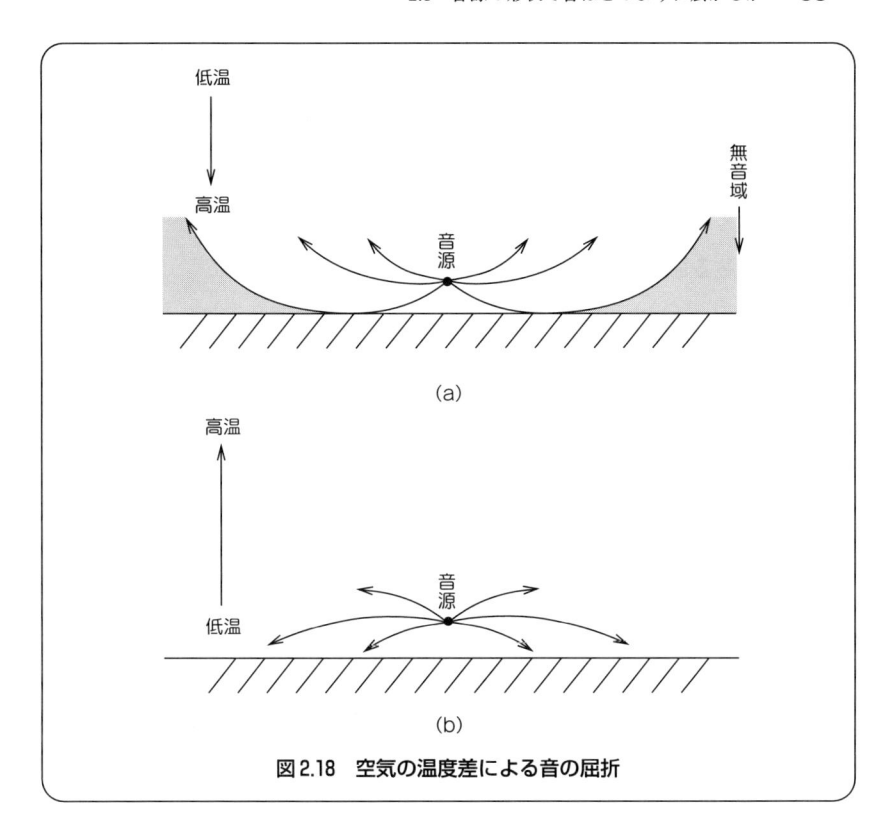

図中ラベル:
(a) 低温 / 高温 / 音源 / 無音域
(b) 高温 / 低温 / 音源

図2.18　空気の温度差による音の屈折

　時によって遠くの鐘の音や列車の音がよく聞こえたり聞こえなかったりする1つの原因は，音の屈折によるものである。

2.8　音源の形状で音はどのように広がるか

　一般に，音を発生している多くの源は単純な形状は少なく，複雑な形状をしているものが多い。機械が音源になっている場合も形状や寸法はいろいろである。しかし，種々の形状や寸法の音源を単純な基本的形状と見なしたり，それらの集まりとして考えたりすることができる。単純な形状は点（小さい

球状），面，線である。

（1）点音源

音源の大きさが点状に近いきわめて小さい音源で，音源を中心として球状に音が広がる。この音波を球面波とよんでいる。この点音源が障害物のない自由空間にある場合には，音の強さは（2.6）式となる。

(2.6)式の両辺を 10^{-12} で割って対数をとると，音の強さのレベル L_I は，

$$\frac{I}{10^{-12}} = \frac{P}{10^{-12}} \; \frac{1}{4\pi r^2}$$

$$10 \log \frac{I}{10^{-12}} = 10 \log \frac{P}{10^{-12}} + 10 \log \frac{1}{4\pi r^2}$$

$$L_I = L_w - 20 \log r - 11 \quad [\text{dB}] \tag{2・18}$$

となる。ここで，L_w は音源のパワーレベルである。

たとえば，(2.18)式において自由空間に $L_w = 100\,\text{dB}$ の点音源があるとすると音源から5 m離れた位置での音の強さのレベルは $L_I = 100 - 20 \log 5 - 11 = 75\,\text{dB}$ となり，10 m離れると $L_I = 100 - 20 \log 10 - 11 = 69\,\text{dB}$ となる。

音の強さのレベルと音圧レベルとの関係は，(2.7)式から，

$$L_I = 10 \log \frac{I}{I_0} \fallingdotseq 10 \log \frac{p^2/\rho C}{p_0^2/\rho C} = 10 \log \frac{p^2}{p_0^2}$$

$$= 20 \log \frac{p}{p_0} = L_p \quad [\text{dB}] \tag{2・19}$$

となり，音の強さのレベル L_I は音圧レベル L_p に等しいことがわかる。

点音源が床上にある場合には1/2自由空間となり，(2.6)式における $1/4\pi r^2$ が $1/2\pi r^2$ となる。$10 \log 2\pi = 8$ であるから，

$$L_I = L_p = L_w - 20 \log r - 8 \quad [\text{dB}] \tag{2・20}$$

となる。

たとえば，半自由空間の場合に $L_w = 100\,\text{dB}$ の点音源があるとすると，音源から5 m離れた位置における音圧レベルは，

$$L_I = L_p = 100 - 20 \log 5 - 8 = 78\,\text{dB}$$

となり，10 m離れると，

$$L_I = L_p = 100 - 20 \log 10 - 8 = 72 \text{ dB}$$

となる。

(2.18)式と (2.20)式を比べると，音源が1/2自由空間にある場合は自由空間にある場合と比べて，L_Iは3 dB大きいことがわかる。

すなわち，音源から出る音響エネルギが一定の場合には，1/2自由空間は自由空間より音響の伝わる面積が半分となり，単位面積当たりの音響エネルギーが2倍となる。音響エネルギーが2倍になると音圧レベルは3 dB大きくなることがわかる。

さらに，点音源が1/4自由空間にある場合には，**図2.19**に示すように，音の伝わる空間の面積は自由空間の1/4倍となるので，面積は$S = \pi r^2$となり，音圧レベルは，

$$L_I = L_p = L_w - 20 \log r - 5 \quad [\text{dB}] \tag{2・21}$$

となって，(2.20)式に示す1/2自由空間の音圧レベルに比べてさらに3 dB大きくなることがわかる。

たとえば，広い壁のある床の上（1/4自由空間）に小さい音源があり，音源のパワーレベルが100 dBの場合，音源から5 m離れた点における音圧レベルは (2.21)式から，

$$L_p = 100 - 20 \log 5 - 5 = 81 \text{ dB}$$

となる。また，10 m離れると75 dBとなる。

このように，距離が大きくなるにしたがって音圧レベルが減衰することを距離減衰という。

音源からの距離が2倍，3倍，…と大きくなると，音圧レベルがどのように低下するかを求めてみよう。(2.18) 式から，距離r_1のときの音圧レベルをL_{p1}とし，距離r_2のときの音圧レベルをL_{p2}とすると

$$L_{p1} - L_{p2} = 20 \log \frac{r_2}{r_1} \tag{2・22}$$

となる。

たとえば，距離が2倍になると，

図2.19 1/2自由空間と1/4自由空間

(a) 1/2自由空間（半球面）

(b) 1/4自由空間（1/4球面）

$$20 \log \frac{r_2}{r_1} = 20 \log 2 = 6$$

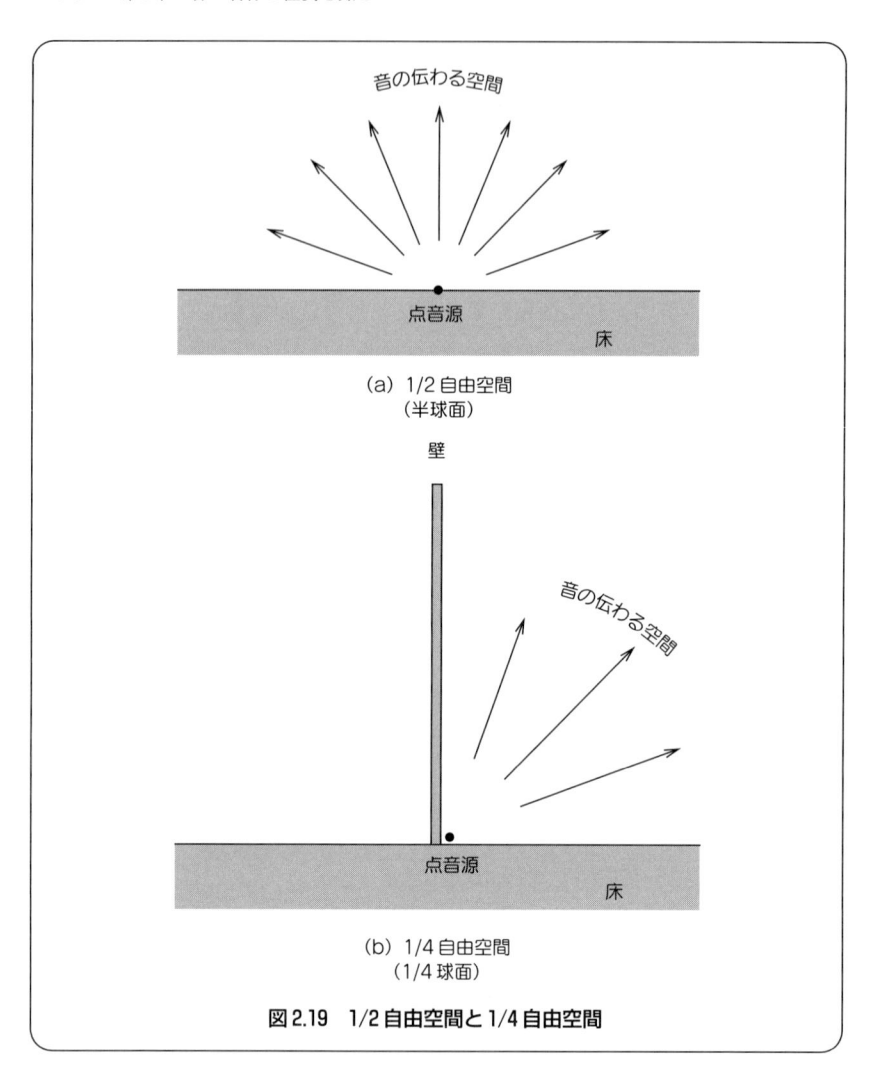

となり，6 dB減衰する。これを−6 dB/ddと書く。3倍になると9.5 dB，10倍になると20 dB減衰することになる。

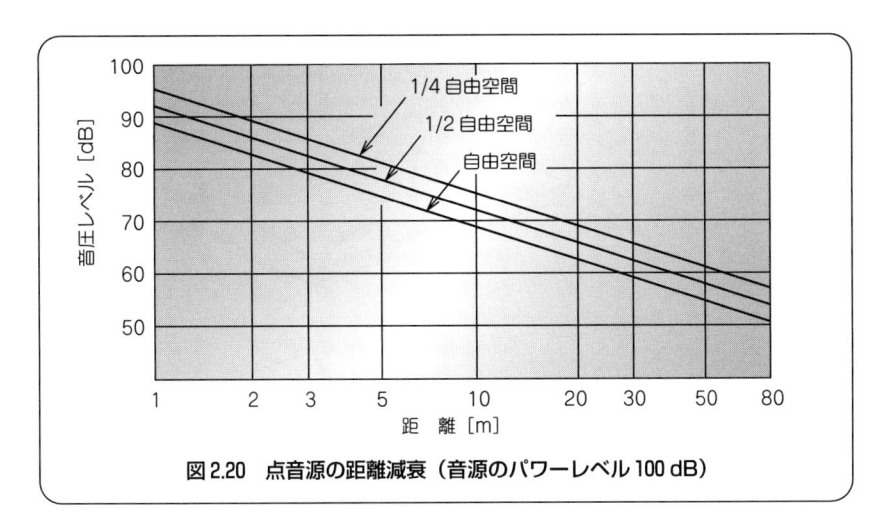

図2.20 点音源の距離減衰（音源のパワーレベル100 dB）

この減衰は (2.20)式や (2.21)式においても同じになるので，音源が存在する自由空間，半自由空間，1/4自由空間などに関係なく同じになることがわかる。

図2.20は，点音源の距離減衰を自由空間，半自由空間および1/4自由空間の場合について示した例である。この三者の間にそれぞれ3 dBの差がある。

（2） きわめて長い線音源

きわめて長い線音源，たとえば長い電線がその電線と直角方向に振動して音を出している場合には，図2.21に示すように，音は線音源を中心にして円筒状に広がってゆく。この音波が円筒波である。

線音源から直角方向にrの距離の円周は$2\pi r$である。音の伝わる面積は音源から離れるとその距離に比例して大きくなるので，単位面積当たりの音のエネルギーは距離に反比例することになる。

図2.21に示すように長い線音源が自由空間にある場合には，音の強さIは，

$$I = \frac{P}{2\pi r} \quad [\text{W/m}^2] \tag{2・23}$$

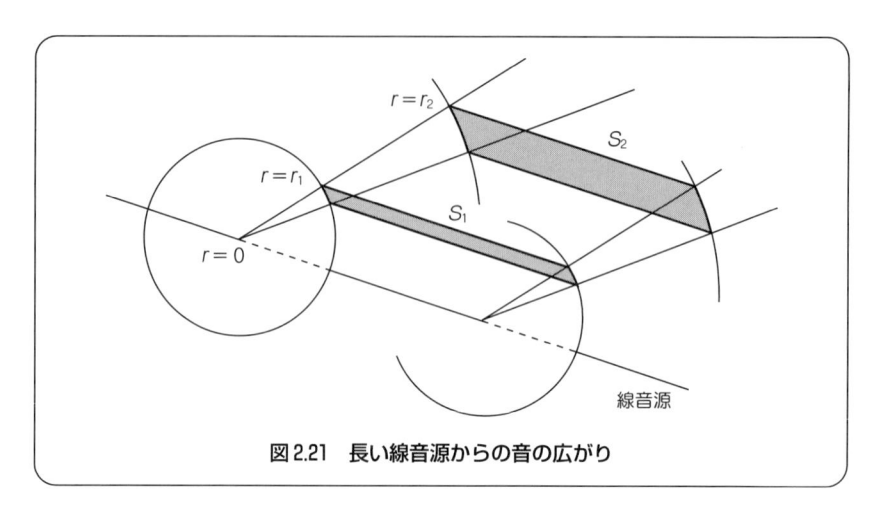

図 2.21 長い線音源からの音の広がり

床面上（1/2自由空間）にある場合には，

$$I = \frac{P}{\pi r} \quad [\text{W/m}^2] \tag{2・24}$$

自由空間に長い線音源がある場合の音圧レベルと距離 r との関係は，点音源で音圧レベルを求めた方法と同様にして求まる。

(2.23)式から，

$$L_I = L_p = L_w - 10 \log r - 8 \quad [\text{dB}] \tag{2・25}$$

半自由空間に長い線音源がある場合には，

$$L_I = L_p = L_w - 10 \log r - 5 \quad [\text{dB}] \tag{2・26}$$

となり，自由空間の場合より3 dB高くなることがわかる。

また，1/4自由空間においては，さらに3 dB高くなって，

$$L_I = L_p = L_w - 10 \log r - 2 \quad [\text{dB}] \tag{2・27}$$

となる。

すなわち，音響エネルギーが2倍になると，音圧レベルは3 dB上昇することが線音源についても証明できる。

たとえば，線音源の音響パワーレベルを100 dBとすると，音源から $r = 5$ m離れた位置の音圧レベルは，自由空間では (2.25)式から，

$$L_p = 100 - 10 \log 5 - 8 = 85 \text{ dB}$$

また，$r = 10$ m 離れると 82 dB となる。

半自由空間では，$r = 5$ m 離れると $L_p = 88$ dB，$r = 10$ m 離れると $L_p = 85$ dB となる。

図2.22に，線音源の距離減衰を自由空間，半自由空間および1/4自由空間の場合の例について示した。いずれも3 dBの差がある。また，図2.20の点音源と比べると，線音源は音圧レベルが高く音圧レベルの距離減衰量は小さいことがわかる。

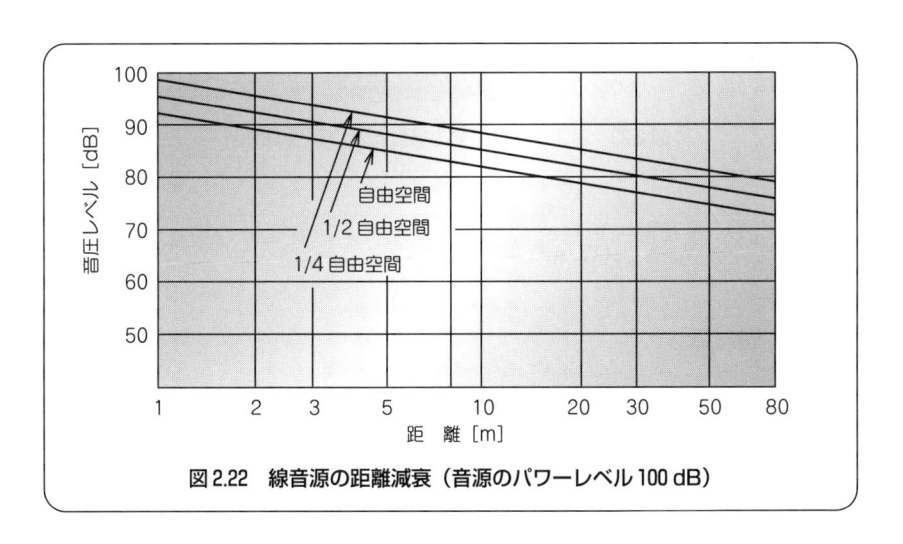

図 2.22　線音源の距離減衰（音源のパワーレベル100 dB）

自由空間に線音源がある場合の (2.25) 式で，音源からの距離 r_1 における音圧レベルを L_{p1}，距離 r_2 における音圧レベルを L_{p2} とすると，

$$L_{p1} - L_{p2} = 10 \log r_2 - 10 \log r_1 = 10 \log \frac{r_2}{r_1} \quad [\text{dB}] \quad (2 \cdot 28)$$

距離が2倍になると上式から，

$$L_{p1} - L_{p2} = 10 \log r_2 = 3 \text{ dB}$$

となり，この式からも長い線音源からの距離が2倍になると3 dB減衰することが証明できる。距離が10倍になると10 dB減衰する。

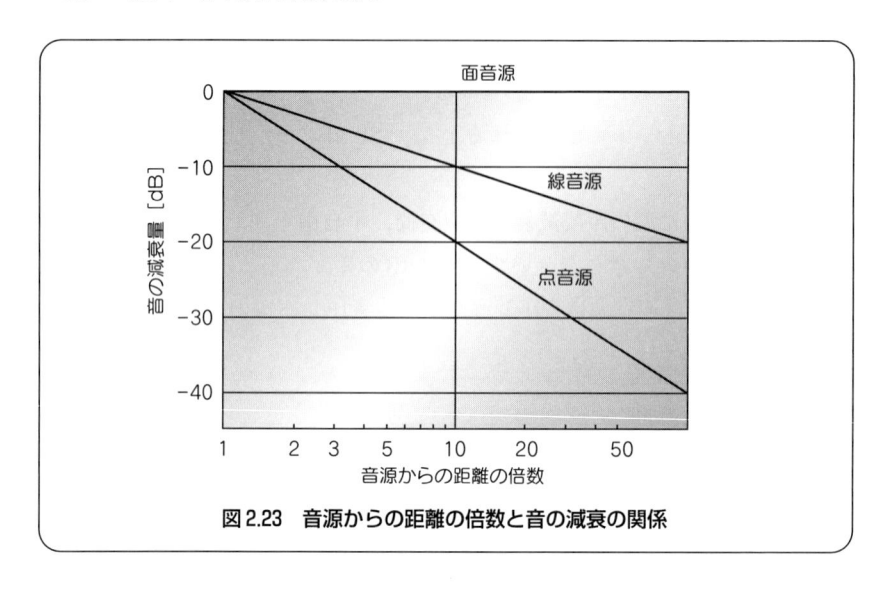

図2.23 音源からの距離の倍数と音の減衰の関係

無限に長い線音源の距離減衰を，点音源および面音源の場合とともに図2.23に示した。

（3）面音源

音源が無限に大きな平面で，面に垂直な方向に振動して一様に音を出している場合には，音は音源から直角方向に一様な速さで平面となって伝わるので，これを平面波という。平面波は図2.4に示したように，単位面積当たりの音響エネルギーが距離に関係なく一定である。したがって，音源から離れても音圧レベルは変化しないことがわかる。しかし，面の形状が変化したり，寸法が小さくなってゆくと，次第に線音源や点音源と同じように距離による減衰が現われてくる。

2.9 音の指向性

障害物のない自由空間に小さい球状の音源があって，その音源が一様に呼

吸運動をして表面から音を出していると，音響のエネルギーはあらゆる方向へ均一に放射され，方向によって音響エネルギーは変化しない。しかし，音源の振動速度が方向によって変化したり，板状の円板が直角方向にのみ振動しているような場合には，振動速度の大きい方向に大きな音響エネルギーが放射され，反対に振動速度が小さい方向には放射される音響エネルギーは小さくなる。

このように，音源からの音響エネルギーの放射が方向によって一様でなく，ある特定の方向に強く放射されるような場合を，音源は指向性をもつという。

円板が表面に垂直な方向へピストン運動し周辺に音を出している場合に，その指向性は円板の半径と波数によって決まる。波数kは次の式で示される。

$$k = \frac{\omega}{C} = \frac{2\pi f}{\lambda f} = \frac{2\pi}{\lambda} \tag{2・29}$$

ω：音波の角周波数
C：音の伝わる速さ
f：音の周波数
λ：音の波長

円板の半径rとkとの積krまたはr/λによって指向性は影響を受け，krが大きいほど方向によって音圧の分布に大きな変化を生じ，指向性が顕著に現われる。

図2.24に半径rの円板が垂直な方向に振動する場合，円板からかなり離れた領域で，円板上の垂直断面における等音圧レベル線図を示した。等音圧レベル線の形はkrまたはr/λの大きさによって変化し，krが小さいと円板を中心とする半円形①に近い分布となり，krが大きくなるほど，円板の中心から垂直方向の音圧レベルは②から③のように大きくなる。

その他の方向，とくに水平方向に近い方向の音圧レベルは小さくなる。また，krが大きいほど円板と垂直方向以外の方向における音圧レベルの分布は複雑な形状となる。

このように，1つの振動する円板から出る音の指向性を考慮しなくてはな

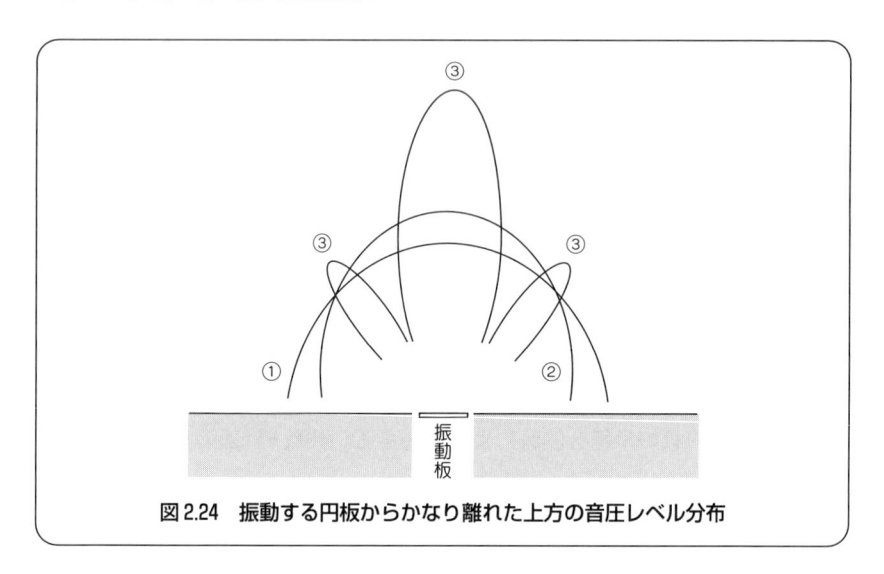

図 2.24　振動する円板からかなり離れた上方の音圧レベル分布

らない場合には，円板の大きさ（直径）と音の波長との関係によって指向性が決まってくることを理解しておくことが大切で，波長に比べて円板が大きい場合には，音が放射する方向によって音の強さに差が生じることになる。

　複数の音源が直線上にdなる距離をもって存在し，それぞれの音源から音を出している場合においても，直線に垂直な方向からの角度によって音の強さが一定でなく指向性を示す。この場合も距離dと波長との関係によって指向性に差が生じる。距離dが波長に比べて小さくなるほど指向性は小さくなり，角度による変化はなくなって均一な音の強さの分布へ近づく。反対にdが波長に比べて大きくなるにしたがって指向性は顕著になり，複雑な形状の分布となる。

2.10　複数の音源が発生する場合

　1つの音源から出る音にはやかましさを感じなくても，音源がたくさん発生すると耐えることのできない騒音となる場合はしばしばある。1つの音源

の音響パワーレベルやその周辺の音圧レベルが既知のときに，音源が複数になるとどのようにレベルが上昇するかをあらかじめ計算によって知ることができれば便利である。

　工場設計においても，1台の機械から発生する音による音圧レベルが既知であると，複数の機械を設置して工場が完成したときの工場内の音圧レベルを予測することができ好都合である。音圧レベルが基準値を超えていれば防音対策も事前に施すことができる。

　また，工場で作業する作業者に対する騒音レベルの許容値が決まっているときには，それから計算して，1台の機械から発生する音のレベル値の最大値が決まるので，機械を購入するときには好都合である。

　音源の音響パワーレベルやその周辺の音圧レベルは［dB］の単位で表示されているが，これらのレベル値の和は単純に数値を足し合わせればよいわけではない。たとえば，60 dBのパワーレベルをもつ音源が2つに増加しても 60 + 60 = 120 dB とはならない。なぜならレベル値は音のエネルギー単位の値ではないからである。

　このようなレベル値の和を求める場合には，まずレベル値を求める前のエネルギー値，すなわち，音の強さ［W/m^2］あるいは音響パワー［W］の値に変えれば，その数値を単純に足し合わせることができる。その後にその和をdB値に変えればよいことになる。

　いま，同じ音響パワーレベルをもつ音源が2つになる場合を考えてみよう。音響パワーレベルが2つになることは，音響エネルギーが2倍になることを意味している。そこで思い出すことは2.8節で述べたように，点音源や線音源の場合に，音源のパワーレベルが変化しないときには，自由空間に音源がある場合と半自由空間にある場合を比較すると，半自由空間にある場合が単位面積当たりの音のエネルギーは自由空間の場合の2倍になる。2倍になった場合には3 dB上昇していることが（2.18)式と（2.20)式を比較してもわかる。同様に（2.25)式と（2.26)式を比較してもよく理解できる。

　いま，n個の音源の音のレベルをそれぞれL_1，L_2，L_3，……L_nとすると，これらのレベルの和は次の式から求まる[3]。

$$L = 10 \log \frac{I}{I_0}$$
$$= 10 \log (10^{L_1/10} + 10^{L_2/10} + 10^{L_3/10} + \cdots\cdots + 10^{L_n/10}) \quad [\mathrm{dB}] \quad (2\cdot30)$$

たとえば，80 dB，82 dB，85 dB，の3つのレベルの和は上式より，

$$L = 10 \log(10^8 + 10^{8.2} + 10^{8.5}) = 87.6\,\mathrm{dB}$$

となる。

ここで，奇妙に感じるのは0 dBと0 dBの和を計算すると，

$$L = 10 \log(10^0 + 10^0) = 10 \log 2 = 3\,\mathrm{dB}$$

となる。これは単純に0と0の和が3になる意味ではなくて，0 dBも音が存在しているからである。

和を求める各レベル値が大きくても小さくても，同じレベル値の2つの和は3 dBだけ大きくなることがわかる。

同じレベルの音源の数が増加するにつれてレベルの和は当然大きくなる。同じレベルをもつ音源の数が1から100まで増加したとき，1つの音源からのレベル値より増加するレベル値を図2.25に示した。音源が2つでは3 dB，

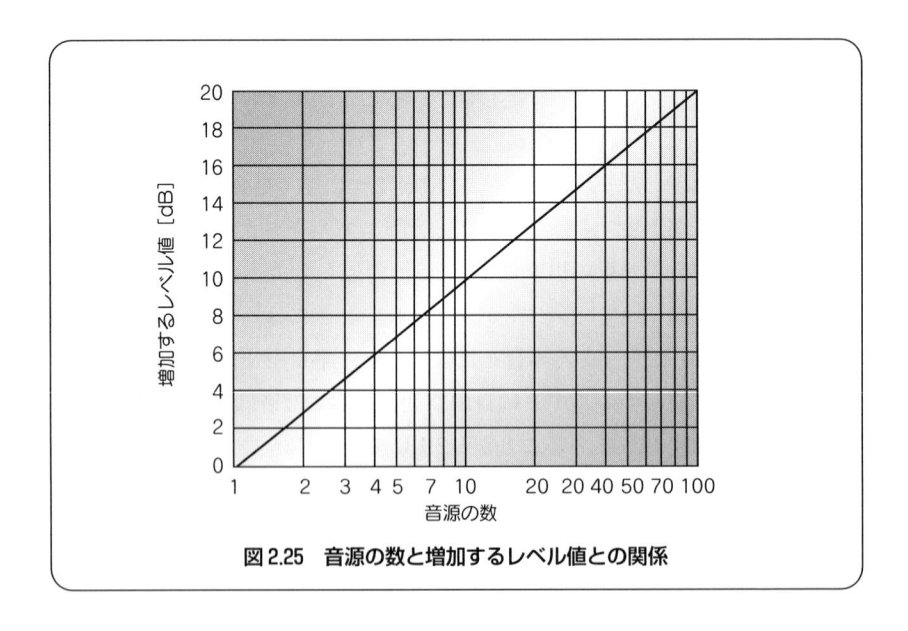

図2.25 音源の数と増加するレベル値との関係

10個では10 dB，100個になると20 dB増加することを示している。

(2.30)式を用いて計算するのが面倒な場合は，補正値を用いると簡単に求めることができる。

2つのレベル値をL_1とL_2とし，$L_1 \geq L_2$とする。2つのレベル値の差$(L_1 - L_2)$に対する補正値をδとすると，L_1とL_2との和Lは次の式となる。

$$L = L_1 + \delta \quad [\text{dB}] \tag{2・31}$$

補正値δは，表2.3より$(L_1 - L_2)$に対して示してある。

表2.3 2つのレベル値の和を求める補正値

レベル値 [dB] L_1-L_2	補正値 [dB] δ
0	3.01
1	2.54
2	2.12
3	1.76
4	1.46
5	1.19
6	0.97
7	0.79
8	0.64
9	0.52
10	0.41
11	0.33
12	0.27
13	0.21
14	0.17
15	0.14

たとえば，80 dBと82 dBとの和は，$L_1 - L_2 = 82 - 80 = 2$ dBであるから表2.3から$\delta = 2.12$ dBとなり，82 + 2.12 = 84.12 dBとなる。

3個の音のレベルの和を求めるときは，まず2個の音の和を求め，それと残りの1個との和を求めるとよい。多数の和を求める場合には，この順序を繰り返して求めるとよい。

第3章

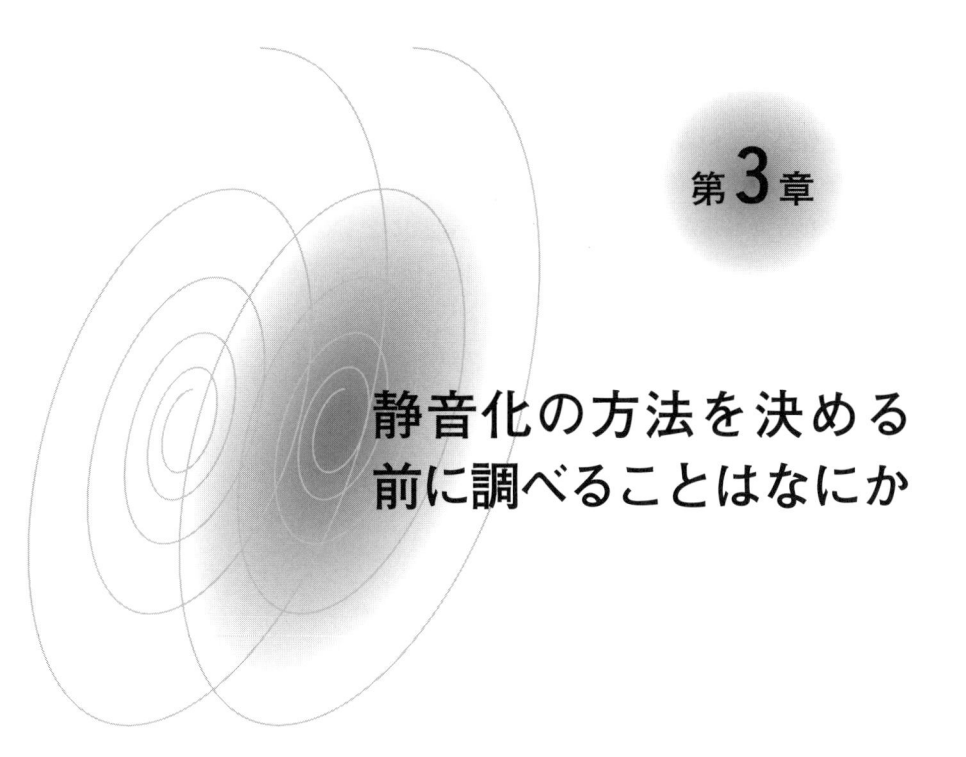

静音化の方法を決める前に調べることはなにか

　発生している音を静音化したいときには，その最適な方法を決める必要がある。そのためには，いろいろな条件を満たすことが大切であり，その条件とは何かを十分に認識して，正確に調査し，できるだけ多くの条件をそろえて，それらを適格に解析し，多くの静音化の方法の中から最適なものを選び出し，あるいは複数の方法を選択して，効率よく音圧レベルを低減させることが大切である。この章では静音化の最適な方法を決めるに際して何を調べればよいかを記したものである。

3.1　音が発生している場所は・音源の数は・音源の形状は

　静音化対策をたてるにあたりまず大切なことは，どこに音源があるかを正

確に把握することである。音源の多くは固体で、固体が振動して音を発生している場合が多い。振動している機械があると、内部の振動源（たとえば回転軸）を保持している部品、機械を覆っている金属板、接続した部品などに振動が伝わって、広い範囲でそれらから音を出し、複数の音源となっている。

　モータなど回転体があるときにはそれが音源になっている場合は多い。しかし、それだけにとどまらず、その振動が床へ伝わって床から音を出したり、壁へ伝わって壁から音を出しているのをよく見かける。このような場合は床や壁の振動を測定したり、それらにマイクロホンを近づけてどの程度の音が出ているかを確かめることが必要である。

　図3.1は、音源であるモータと送風機からの振動が床、ダクトなどに広く伝わって、音源から離れたところでも振動によって音を出し、床やダクトが2次音源になっていることを示したものである。

　このような場合に1つの音源の対策を施しても、他にも音源があればその効果は半減してしまうので、正確に音源の数を確認し、それらのすべてに対策を施すことが必要である。

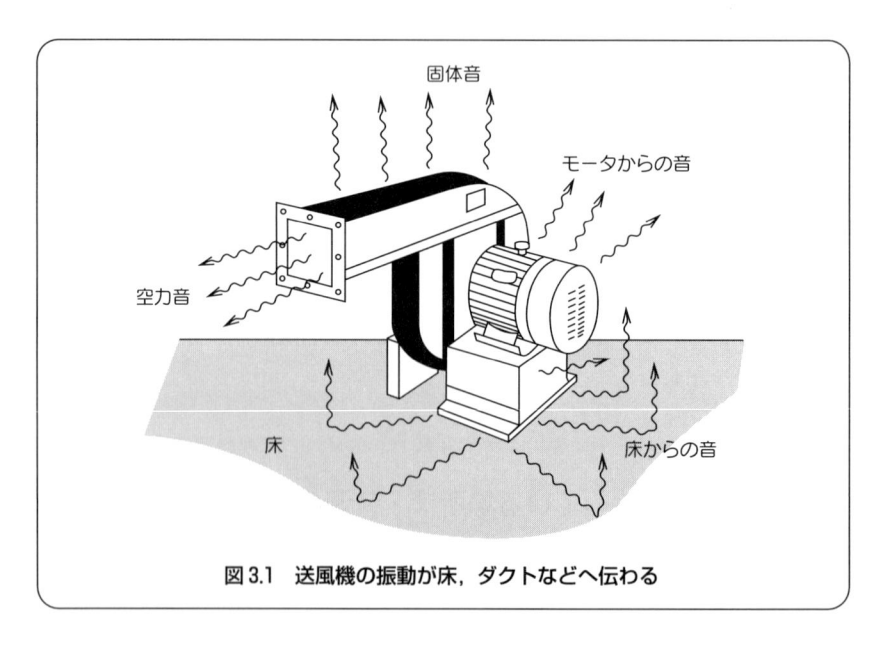

図3.1　送風機の振動が床、ダクトなどへ伝わる

3.1 音が発生している場所は・音源の数は・音源の形状は

音源の数は1つとは限らない場合が多く，1つの音源から振動が固体へ伝わって，それが音源となる2次音源もあるので，これらすべての音源がいくつ，どこにあるかを確かめておくことが大切である。

さらに，音源の形状が音圧レベルの分布にも影響を及ぼすので，静音化対策を施すときに音源の形状を把握しておくことが必要である。音源が球状で，表面で一様に呼吸運動をしているとあらゆる方向へ音は伝わるが，線や面音源になるとそれらに垂直な方向へ音は伝わる。しかし，その音源の大きさによって音圧レベルの分布は変化する。線や面音源の大きさがきわめて大きいと，円筒波や平面波となって広がるが，音源の大きさが小さくなると音源から離れるにしたがって次第に球面波へ近づいてゆく。

図3.2は，有限な長さの線音源がx軸方向へ振動する場合，その周辺に伝わる音の等音圧レベル線を示したもので，線音源の近くでは音源に平行な等音圧レベル線を示すが，次第にxが大きくなって音源から離れてゆくと，線音源の中心を原点とする球状に近づき，点音源に似た音圧レベル分布となる。

このように音源の形状，寸法，音源からの距離，によって音圧レベル分布

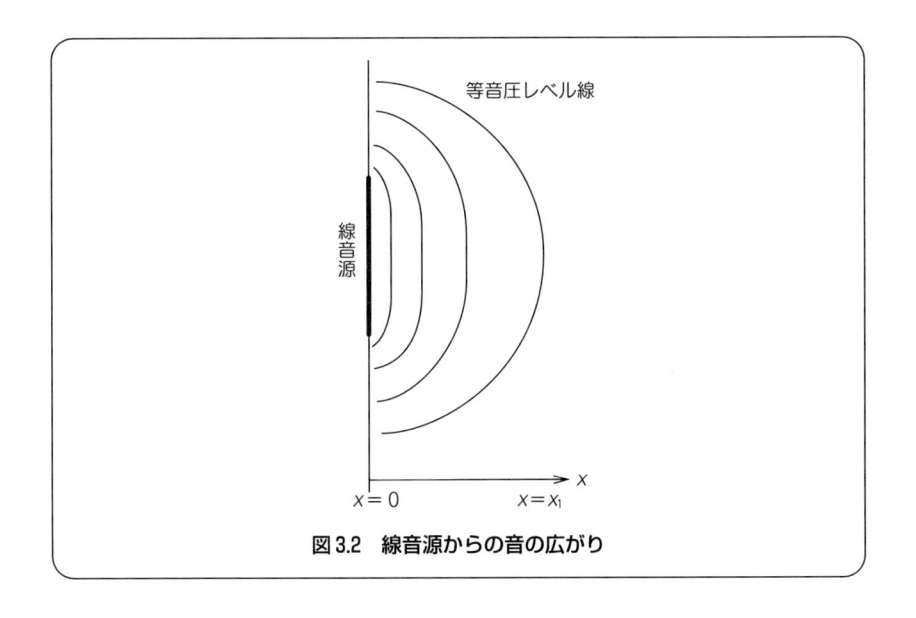

図3.2 線音源からの音の広がり

がどのようになるかをあらかじめ予測したり，測定することによって正確なデータを確保し，最適な静音化の方法を選ぶことが必要である。

3.2 固体の振動による音か，流体の振動による音かを調べる

　固体が振動することによって発生する音を固体音とよんでおり，同様に空気など流体が振動することによって発生する音を空力音あるいは流体音とよんでいる。

　空気中に発生している音が固体の振動によって発生しているのか，あるいは流体，たとえば空気や水が振動することにより発生しているのか，そのどちらであるかによって静音化の方法は異なる。

　空気中では固体の振動によって音が発生している場合は多い。さらに固体，たとえば新幹線や自動車などが高速度で走行すると，それ自体が振動するだけでなく，その周りの空気も高速度で移動する。それに伴って車両の周辺に渦ができて音が発生する。そのため，車両の形状とくに先端部の形状は，図3.3に示すように空気の流れに渦が発生し難いように，突起部をなくして流線型にし，走行時の音を小さくする。

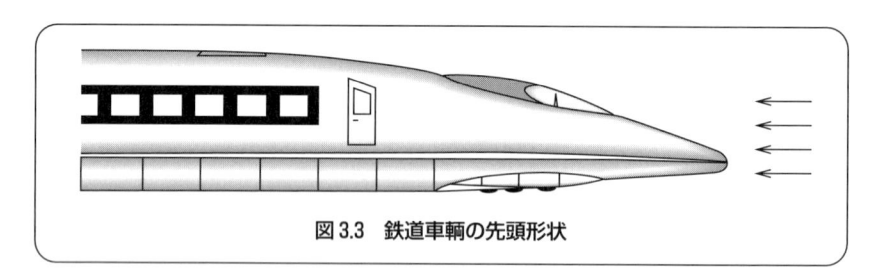

図3.3　鉄道車輌の先頭形状

　さらに，車両に沿って流れる空気が固体，たとえばトンネルの壁や樹木に当たると空気の流れが大きく乱れて衝撃波となり，大きな音が発生する。

　流体の振動によって発生する音は，流体が流れる際に発生する乱れによるものが多く，その乱れを発生させる原因に，流体が流れている管や板の形状，

流体と接する面の凹凸の程度などが影響してくる。

　流体から発生する音を小さくするには，以下の3項目に留意することが大切である。

　　①流体が流れる速さを低減する
　　②流体の圧力が急激に変化しないようにし，時間をかけてゆっくりと変化させる。
　　③流れにキャビテーションが発生しないようにする。

　流体の流れの速さを低減することは，流れができるだけ層流域にとどまり，乱流域に入らないようにすることになる。

　図3.4は，丸みをもつ物体先端での低速度の空気流を示したもので，流れが層状をなしており，層流を示していることがわかる。しかし，流速が大きくなって乱流域に入ると，流体が進行方向以外にも速度をもつようになるので，流体が振動しやすくなり音を発生する。流体が大きな乱流をおこすと周りの空気を吸い込んで，それが圧縮，膨張して振動することになる。

図3.4　丸みをもつ物体先端の層流

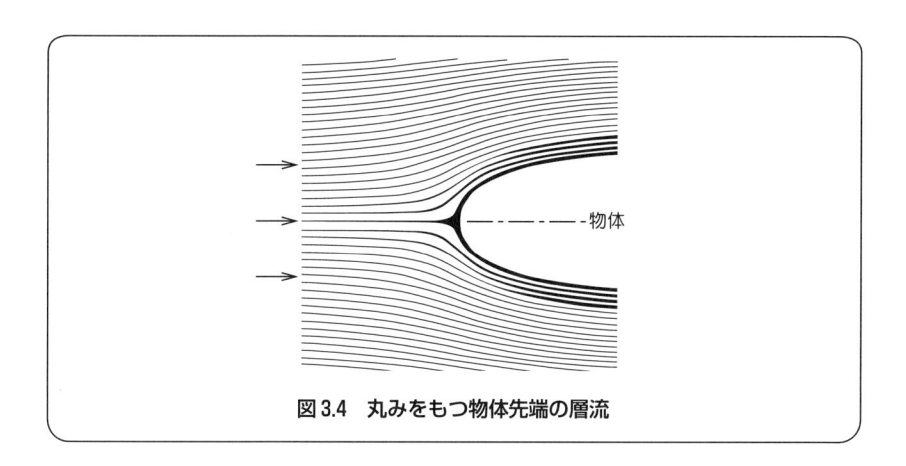

　図3.5は，平板上の空気の乱流を流れの方向に断面をとって示したもので，空気が大きく乱れており，音が発生する条件を備えている。

　流体が移動している途中でオリフィスやノズルを設けて流体の圧力を急激に変化させると，流体が乱れて大きな振動が発生し，さらにオリフィスやノ

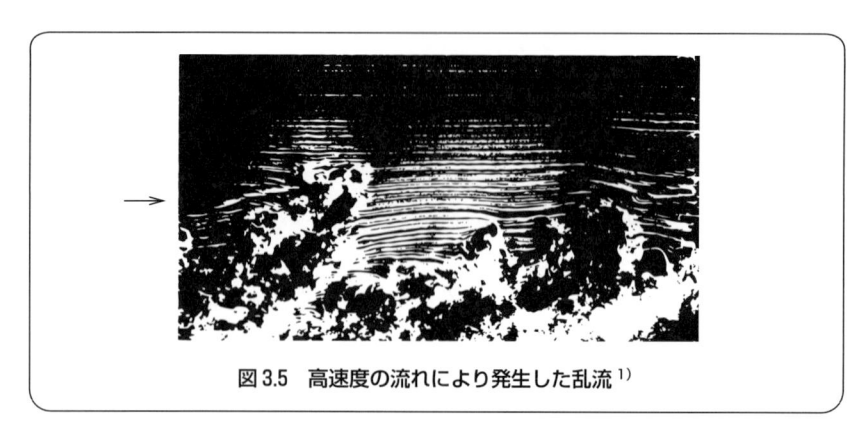

図 3.5 高速度の流れにより発生した乱流[1]

ズルなどの固体も振動させることになり，大きな音の発生となる。

　流体が管内を流れている場合に，弁などによりその流れを急速に止めると，ウオータハンマが作用して大きな振動が発生し，大きな音になる。とくに，直径の大きな管内を高速度で液体が流れている場合に，短時間で流れを止めると大きなエネルギーが作用してウオータハンマとなり，大きな音とともに弁や管が破損する場合さえある。

　流れの方向が急激に変化すると，流体の内部にキャビテーションが発生する。キャビテーションは流体中に局所減圧が発生し，内部の気泡が成長したり壊れたりして，それに伴って流体が振動し音を発生する。この気泡はガス砲，蒸気砲，真空ホールに大別されており，条件によってさまざまな大きさや形状をしているので発生する音も一様ではない。

　流体によって発生している音を低くするためには，流れに乱れが発生しないように考慮することである。乱れの発生は速度や圧力変化のみならず，接触面の性状（突起など）によっても発生し，一度発生すると流れとともに後方へ成長する場合が多い。また，急激に流れの方向を変えると渦が発生するので急激な変化をなくすことも大切である。

　発生している音が固体の振動が原因なのか，流体の振動が原因なのか，あるいは両方が作用しているのかを十分に確認し，それに適した対策を実施することが大切である。

3.3 音源の強さはいくらか

　静音化するための最適な方法を決めるまえに，音源から出ている音の強さを知ることも必要である。そのためには対象とする音源以外から出ている音（暗騒音という）を停止させて，対象音源から出ている音の強さだけを測定すればよいのであるが，暗騒音の発生を停止することは困難である。寸法が小さく移動できる音源なら，それを無響室へ入れて暗騒音をしゃ断して，音源からの音の強さを測定することができる。しかし，無響室が近くにある場合は少ないし，機械装置などのように大きいもの，重いものなどが音源になっている場合もあるので，無響室を利用できない場合は多い。

　そこで，暗騒音が存在する状態でも音の強さを知ることができれば都合がよい。そのため，暗騒音が存在している状態で，測定と計算によって音源から出る音の強さを求めてみよう。

　まず，暗騒音がある状態で音源のパワーレベルまたはその周辺の音圧レベルを測定する。つぎに，音源を停止させて暗騒音のみのレベルを測定し，両者のレベル差を計算することにより，音源のみのパワーレベルを求めることができる。

　2.10節で，複数の音源が発生したときに音のレベルの和を求めることを扱ってきた。その方法と基本的な考え方は同じで，レベル値（dB値）の差を示す式を導くとよい。差を求める場合も，レベル値をエネルギーに変えてその値の差を計算し，再びレベル値に変えればよい。

　そこで，2つの音源の音の強さまたは音響出力をそれぞれ I_1，I_2，$(I_1 > I_2)$ とし，両者の差を I_d とする。さらに，それぞれの音響パワーレベルを L_1 および L_2 とし，その差を L_d とすると，

$$I_d = I_1 - I_2$$

$$L_d = 10 \log \frac{I_d}{I_0} = 10 \log (10^{L_1/10} - 10^{L_2/10}) \quad [\text{dB}] \qquad (3\cdot1)$$

となる。この式が2つのレベル値の差を求める式である。

(3.1)式において，

　　L_1：暗騒音のある状態で音源を作動させたときに測定したレベル値

　　L_2：音源を停止して暗騒音のみがある状態で測定したときのレベル値

とし，それらの数値を（3.1)式に代入して，音源のみから出る音のレベル値 L_d を求めることができる。

L_d と $(L_1 - L_2)$ との関係を図に示したのが，**図3.6**である。

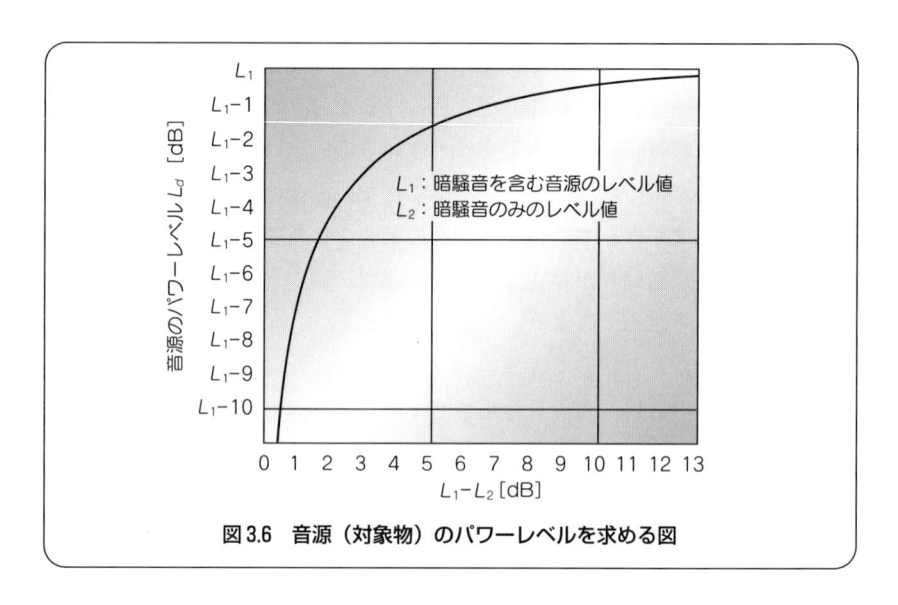

図3.6　音源（対象物）のパワーレベルを求める図

たとえば，暗騒音が50 dBの工場で機械を稼動させたときの測定値が70 dBであったとする。機械のみから出る正味のレベル値は，

$$L_d = 10 \log(10^7 - 10^5) = 69.95 \text{ dB}$$

となる。

この場合には両者のレベル値に20 dBの差があるために，L_d の値は L_1 の70 dBに近く，暗騒音の影響が小さいことがわかる。

しかし，たとえば暗騒音が66 dBのときに，機械を作動させたときの測定値が70 dBであったとすると，

$$L_d = 10 \log(10^7 - 10^{6.6}) = 67.80 \text{ dB}$$

となる。

このように L_1 と L_2 の両者の差が小さくなってくると、暗騒音の影響が大きいことがわかる。両者の差が3 dBになると、暗騒音と機械から出る音とが同じレベルになっていることになる。このような状態では機械から出る音を精密に解析することは好ましくなく、暗騒音の小さい状態で機械から出る音を測定するのが好ましい。

3.4 音の大きさはいくらか

音源から出る音を人が聞いたとき、その音がきわめて大きいと人に害を及ぼすことになる。そこで、その場所における音の大きさ、または音の大きさのレベルを知ることができれば、そのレベル値を何dB下げればよいかを決めることができる。

音の大きさは音圧によって決まるので、音圧の式(1.6)において振幅 a が大きいほど大きい音となる。つまり、図3.7（a）の音が同図（b）の音よりも大きい音となる。すなわち、音圧レベルが大きいほど音の大きさのレベルも大きくなる。

しかし、騒音は音圧レベルよりも人間が感じる音の大きさのレベルを対象とする。周波数の低い領域での人間の耳の感度は低いので、周波数が低い領域では音圧レベルが高くても人間には大きな音には感じにくい。

周波数の高い音は吸音材やしゃ音材を用いると減音の効果はあるが、周波数の低い音には効果が小さいので、人間の耳の感度が低いのは静音化を施すに当たっては好都合である。

ISOに採用されている等感曲線（図2.2）によると、1,000 Hzで70 dBの音圧レベルをもつ音は、音の大きさのレベルが70 phonである。しかし、30 Hzの低周波数になると音圧レベルが70 dBであっても、音の大きさのレベルはたかだか30 phon程度であり、人間には騒音と感じなくなってしまう。

周波数が1,000～5,000 Hz程度の範囲では音圧レベルが音の大きさのレベ

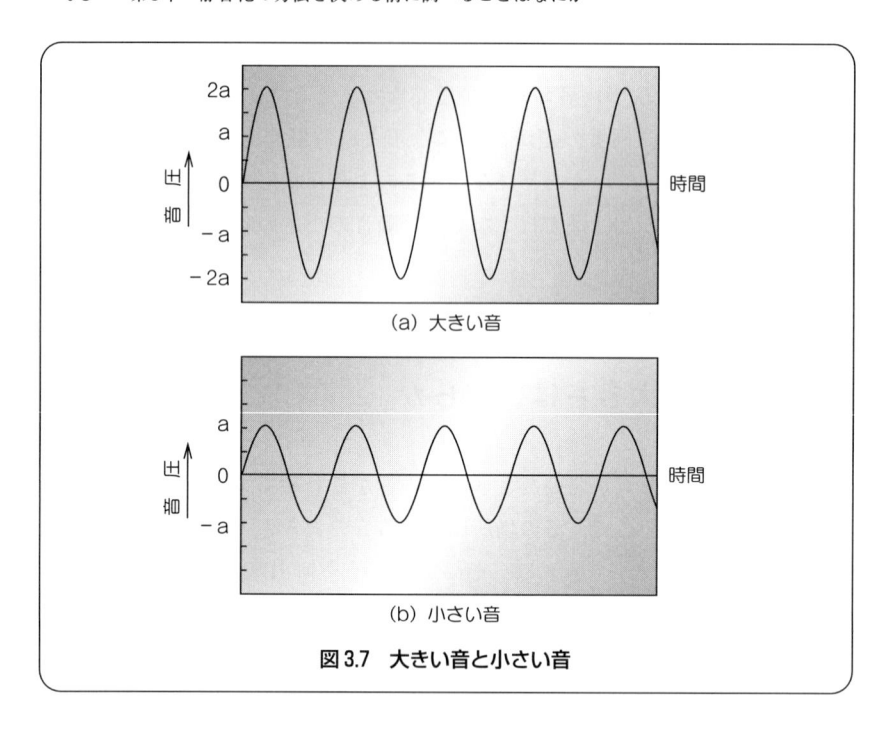

```
           2a
 音  a
 圧  0                                           時間
   -a
   -2a
        (a) 大きい音


 音   a
 圧   0                                           時間
    -a

        (b) 小さい音
```

図 3.7　大きい音と小さい音

ルにほぼ等しいか，むしろ逆に音圧レベルより音の大きさのレベルがやや大きくなってしまう．したがって，この周波数帯域における大きな音の発生にはとくに注意が必要であり，工場などで作業する人々に発生しやすい産業性難聴はこの周波数帯域で発生するので，騒音環境への影響が大きい．

　人間が難聴になるのを防止するのみならず，快適な生活環境を維持するための音の大きさのレベルを決めることによって，発生している音の大きさのレベル値からいくら下げる必要があるかを知ることができ，それに対する静音化の最適な方法を決めることができる．

3.5　高い音か，低い音か

発生している音の音圧レベルが同じであっても，音の高さによって人間の

耳には不快に感じる場合がある。一般に高い音は低い音に比べて好まれない場合が多い。音の高低は音の周波数で決まっている。高い音は周波数が大きく，低い音は周波数が小さい。周波数は音圧の変化の波が単位時間に何個あるかを示したものであるから，**図3.8**(a)は同図(b)に比べて周波数が大きいので高い音となる。

一般に発生している多くの音には純音はほとんどないといってもよく，多くの周波数を含んでいる。

耳で音を聞くと総体的に高い周波数の音か，低い周波数の音かはある程度判断することはできる。しかし，複数の周波数で大きいレベルの音を出している場合には，耳で聞くだけではそれらの周波数を知ることは困難である。そこで，発生している音を周波数分析して周波数と音圧レベルとの関係を測定しておくことが大切である。

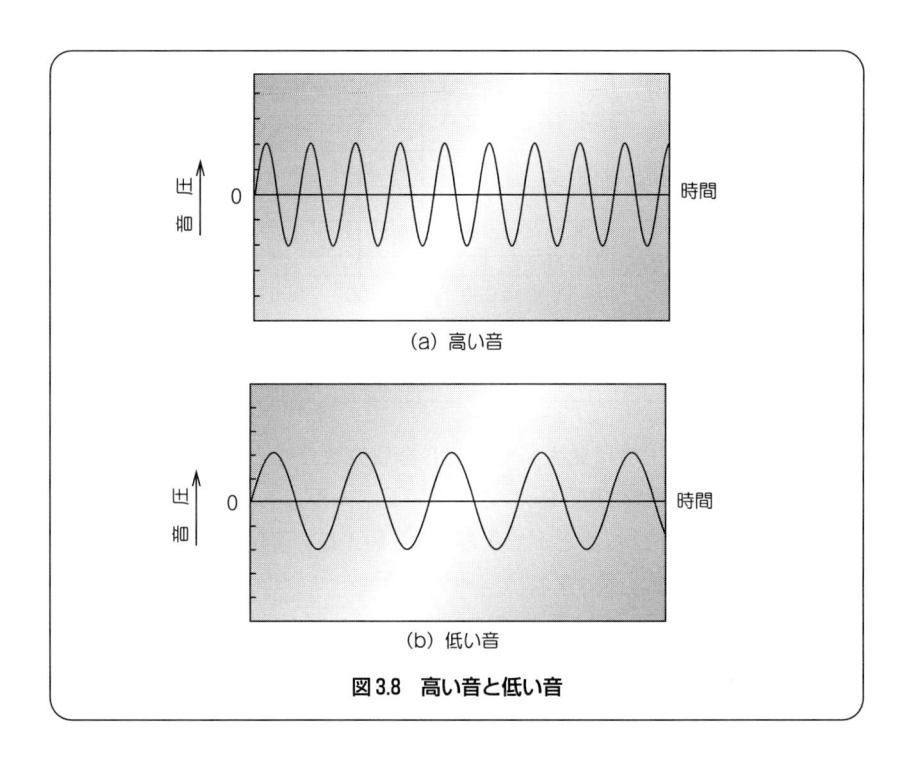

図3.8　高い音と低い音

静音化の対策を実施するにあたっては，まずどの周波数において大きな音を出しているかを知って，その周波数の音圧レベルを低くすることである。対象とする音を周波数分析し，音圧レベルが最も高い周波数の音がどこで発生しているか，共鳴周波数があるのか，どこの共鳴による音かなどを調べて，その周波数の音の音圧レベルを低くすることによってオーバオール値を低くできる。

　共鳴周波数の音は，倍音になって現われる場合がしばしばある。**図3.9**はその例である。周波数が2,000 Hzに現われた大きな音圧レベルの音が共鳴音であり，4,000，6,000 Hzにおいても音圧レベルが大きくなっている。この結果から音源の位置を推測することもでき，さらにその音源に静音化の対策を施すことによって，多くの周波数における音圧レベルが下がることになるので，全体の音圧レベルはかなり低下することになる。

図3.9　共鳴音の周波数分析

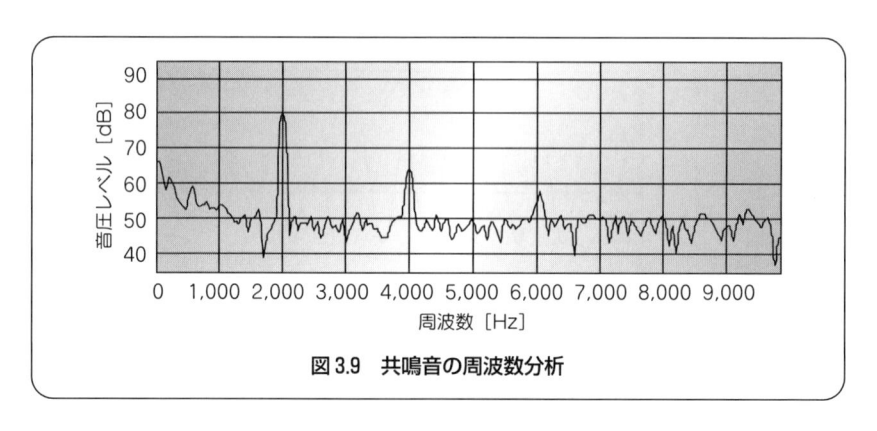

　図3.10は，ある工場に発生している音を周波数分析した結果である。この図をみると，周波数2,000 Hz付近の音圧レベルが最も高いことがわかる。この周波数の音を下げることができると，この工場の音圧レベルのオーバオール値を低くすることができる。

　静音化の方法やそれに用いる材料も高い周波数の音に適しているものと，比較的低い周波数の音に適しているものとがあるので，対象とする音の周波数を知ることが，静音化の最適な方法を決める基本である。

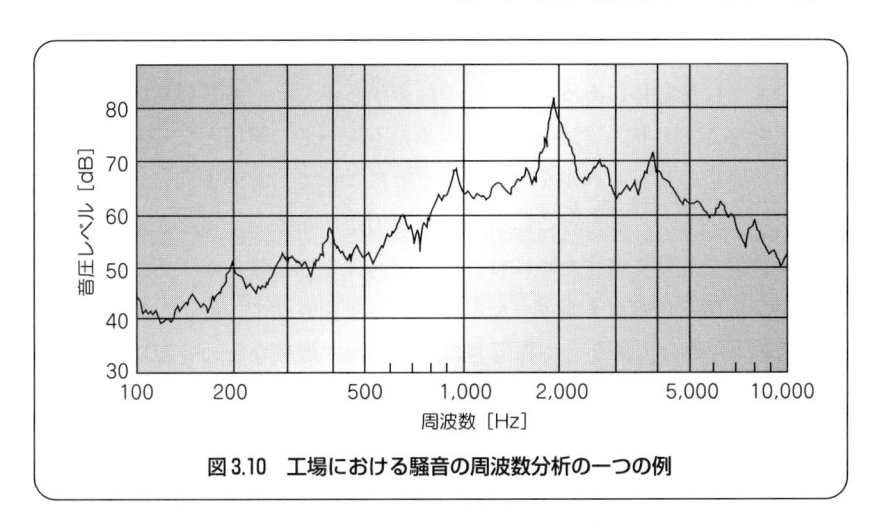

図3.10 工場における騒音の周波数分析の一つの例

3.6 どの方向へ音が伝わっているか

　第2章で述べた音源はいずれも一様であり，点音源の場合は音源を中心としてあらゆる方向へ，また線音源や面音源は音源に垂直な方向へ，一様に音響エネルギーを放射すると仮定して音圧レベルの分布の式を導いてきた。

　しかし，実在する音源はその形状や大きさが多種類であり，さらに表面にカバーが付いていたり，表面に穴があったり，時間とともに移動したり，形状が変化したりするものもあり多様である。したがって，多くの場合音源があらゆる方向へ一様に音響エネルギーを放射するとはかぎらない。

　音源がどの方向へどのように音響エネルギーを放射しているか，すなわち，音源がどのような指向性をもっているかを調べることが大切である。

　工場にある機械などが音を放射している場合に，その周辺の音圧レベルを測定すると，機械を中心として方向によってかなり大きな音圧レベルの差があることがわかる。機械の場合には，その内部にモータ，回転体，摩擦部分などがあり，それらが音源となっている。その音源の多くは発熱部になっている場合が多く，温度上昇を防止するため穴をあけて外部へ高温度の空気を

放出し放熱している。そのため穴から音が外部へ放射している。

このように発音体にある穴は音響の伝搬からみると，音響の指向性に大きな影響を与えており，周辺の音圧レベルの不均一さの原因となっている。

音源の周辺の音圧レベルを測定することによって，どの方向に音源が指向性をもっているか，またどこに指向性の原因があるかを知ることができ，静音化の対策を有効に施すためには音源の指向性を知ることが大切である。

音源から出る音響エネルギーをある方向へ集中させて，そこで静音化対策を施すのも1つの方法として採用されているが，機械などの音源にはその形状や表面の状態を変えることができない場合が多い。しかも1つの方向にのみ指向性をもつとは限らず，内部の音源も複数存在し，複数の穴や隙間がある場合が多いので，ほとんどの音源は指向性を示す。

したがって，まず音源周辺の音圧レベルの分布を測定して，どの方向に音響エネルギーが多く放射されているかを調べて対策をたてることが大切である。

3.7 音のレベルがどのように変動しているか

音源から出ている音は，つねに一定の音響パワーレベルを出している場合もあるが，時間とともに周期的に変動している場合や，ランダムな変動をしたり，停止して全く音を出さなくなる場合などさまざまである。

発生している音を分類すると大きく分けて，時間に対して変動しない定常音と，時間に対して変化する非定常音とがある。

それぞれに属する音とその音源を図3.11に示す。これは，発生している音をその特性から分類したものである。

騒音レベルを測定するのに騒音計を用いるが，その測定方法は，JIS Z 8731「騒音レベル測定方法」に定められている。発生している音の表示方法として次のものがある。

(A) 定常音

騒音計で測定するときに騒音レベルの指示値が一定か，またはその変動が

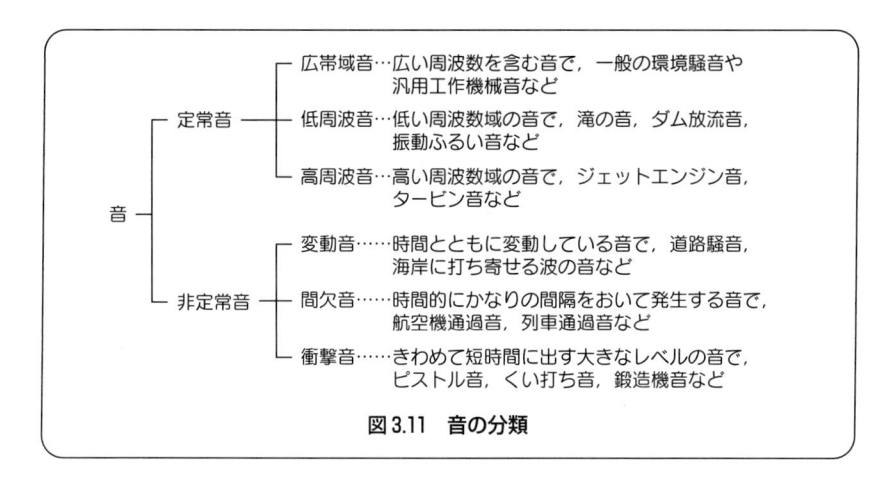

```
                    ┌ 広帯域音…広い周波数を含む音で，一般の環境騒音や
                    │          汎用工作機械音など
           ┌ 定常音 ┼ 低周波音…低い周波数域の音で，滝の音，ダム放流音，
           │        │          振動ふるい音など
           │        └ 高周波音…高い周波数域の音で，ジェットエンジン音，
      音 ──┤                    タービン音など
           │        ┌ 変動音……時間とともに変動している音で，道路騒音，
           │        │          海岸に打ち寄せる波の音など
           └非定常音┼ 間欠音……時間的にかなりの間隔をおいて発生する音で，
                    │          航空機通過音，列車通過音など
                    └ 衝撃音……きわめて短時間に出す大きなレベルの音で，
                              ピストル音，くい打ち音，鍛造機音など
```

図 3.11 音の分類

ごくわずかな場合である。しかし，指示値が少し変動しても，規則的な場合は指示値の最大，最小と変動の仕方を明記することになっている。

(B) 変動する音

時間的に変動する音に対しては，1回の測定だけでは正確でないので指示値を多数回読み取って，それらの平均値で表示する。さらに測定回数と測定値の標準偏差を示すこともある。

(C) 周期的または間欠的に音が発生し，最大値が一定の音

発生する音が周期的に変動したり，間欠的に音が発生しそのレベル値がほぼ一定の場合には，変動ごとの値の最大値の平均を表示する。

(D) 多数の移動音源による音（道路騒音など）

道路を走行する自動車から出る音のように，自動車が近づいてきたり，起動するときには大きな音が発生するが，遠ざかるとレベル値は大きく低下する。このようにレベル値が不規則でかつ大幅に変動する音の場合に，その表示の方法として次のものが採用されている。

音が発生しているときに，ある一定の時間間隔（数秒から数分）で騒音レベルを測定する。騒音レベルが大幅に変動する場合には測定回数を多くし，小幅な変動の場合には少ない回数でもよい。読み取った測定値の中から同一の騒音レベルが現われた回数を求め，騒音レベルの最も低い値から順次累積

し，騒音レベルと累積回数との関係をグラフに表示する。

図3.12は，多数の移動する音源からの騒音レベルを，音源から少し離れた一点で1分間隔で70回（累積度数）測定した結果である。

累積回数50が中央値（50％値）で，図から読み取ると約72.5 dB(A)である。累積回数の上下からそれぞれ5％，すなわち95％と5％の線で囲まれた範囲が90％であるから，これらの両線が交わるところの騒音レベルが90％レンジの上端値および下端値である。上下からそれぞれ10％をとれば，その間が80％になるので，それらがそれぞれ80％レンジの上端値および下端値となる。

同図によると，90％レンジの上端値は84 dB(A)，下端値は59 dB(A)となる。騒音レベルが不規則でかつ大幅に変動する場合に，その変動幅を示すのに90％レンジの上端値と下端値，80％レンジの上端値と下端値，最大値と最小値などが用いられている。しかし，JISによると90％レンジの上端値と下端値で表示するのがよいと定めている。

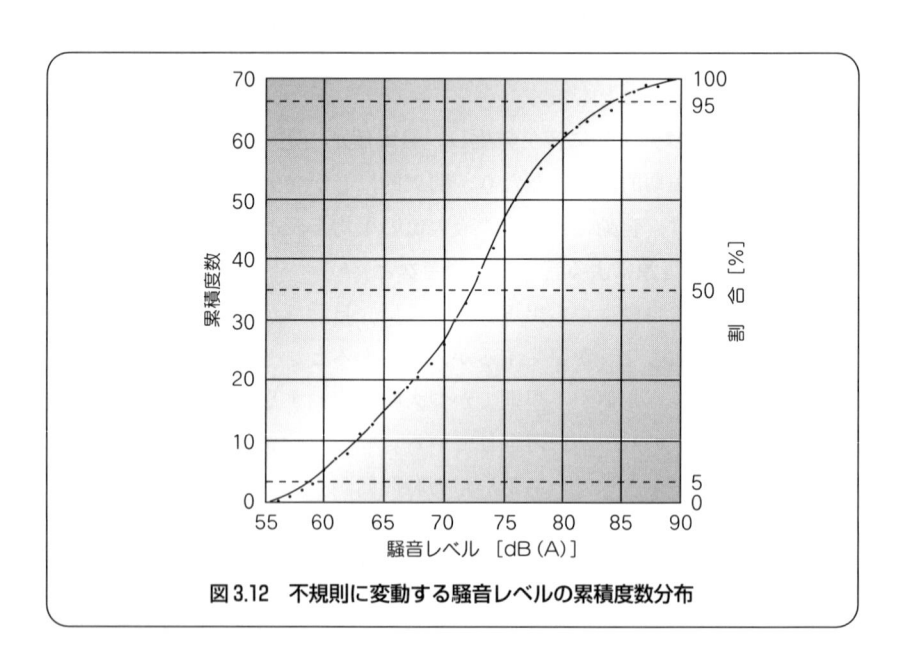

図3.12 不規則に変動する騒音レベルの累積度数分布

3.8 どの音を静音化するか

　音が発生している場合に，その音が複数の音源から出ている場合もあれば，1つの音源から出ている場合もある。それらの音を周波数分析すると，どの周波数で大きな音圧レベルを示しているかを知ることができる。さらに複数の音源のなかからその周波数の音を出している音源を推定することもできる。そこで，その周波数の音を小さくすれば全体の音圧レベルを下げることができる。

　発生している音を周波数分析すると大きな音圧レベルを示す周波数がわかる。その音が共鳴している場合にはその周波数と倍数の音が発生している場合が多いので，どこが共鳴しているかを推測することができる。

　たとえば，歯車を用いて変速している変速機から出る音の場合には，歯車の歯数と回転数から，噛み合い周波数が計算できる。また，弦が共鳴している場合には弦の張力，長さ，線密度から共鳴周波数がわかる。さらに，管内の空気が共鳴している場合には，管の長さ，音の速度，管の両端の形状から共鳴周波数がわかる。このように発生している音を周波数分析すると基本周波数とその倍音が現われるので，静音化対策を施す対象を特定することができる。

　図3.13は，回転している機械から出る音を周波数分析した結果であり，いくつかの基本周波数とその倍音が現われている。

　図3.14は，フライス盤を回転させたときに発生する音を周波数分析した結果である。フライス盤の主軸回転数が同図(a)は915 rpm，(b)は1,760 rpmの場合である。両図を比較すると周波数分布の形がよく似ている。さらに，音圧レベルが高くなっている周波数が両図とも同じものがいくらかある。しかし，同図(a)に現われた周波数が(b)には現われていないものがある。これは回転数を変えることによって以前の音源がなくなったり，新しく音源が生まれるためで，周波数分析の結果を比較することによって，どの音源からどの周波数の音圧レベルが大きく影響してくるかを知ることができる。

　このように発生している音を周波数分析すると，どの周波数の音の音圧レ

ベルを小さくしたらよいかがわかるし,その音がどこから出ているかを知る手段として用いることもできる。

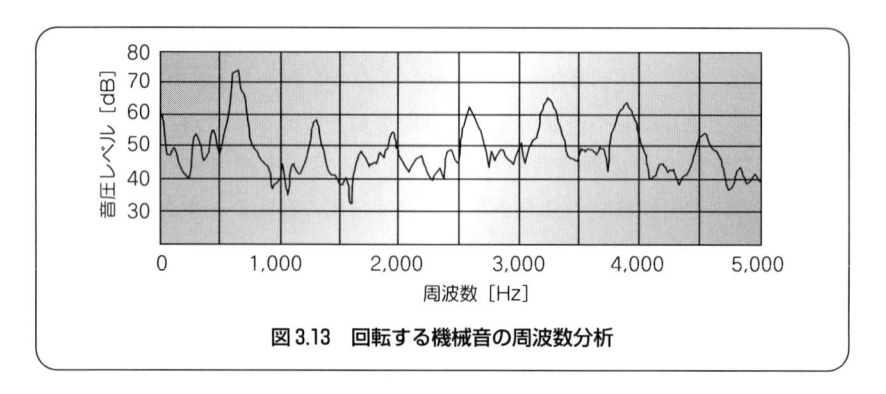

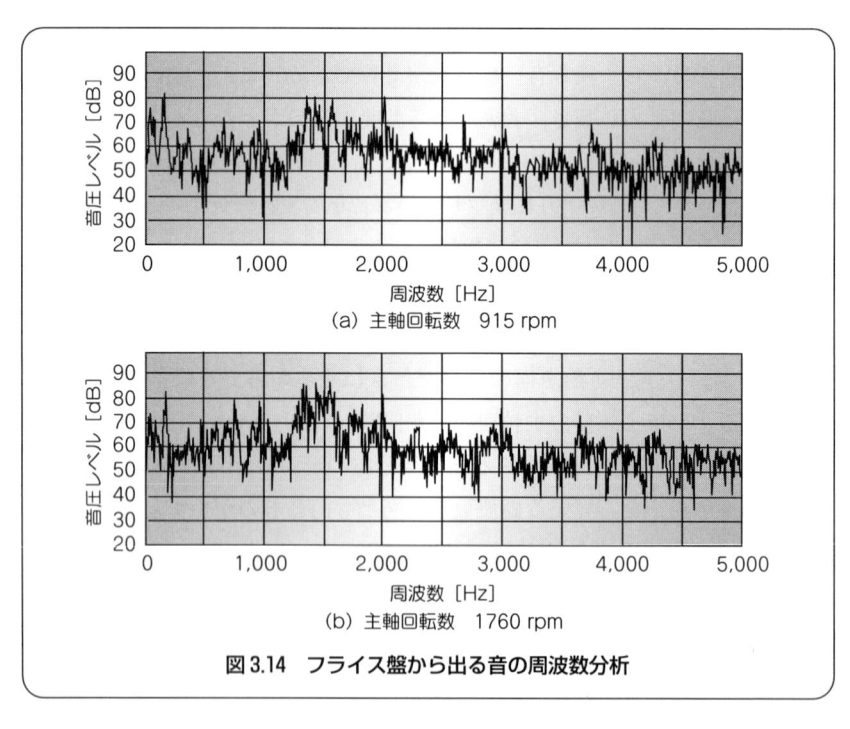

図 3.13 回転する機械音の周波数分析

図 3.14 フライス盤から出る音の周波数分析
(a) 主軸回転数　915 rpm
(b) 主軸回転数　1760 rpm

3.9 音源や受音点周辺の環境条件は

音を静音化する場合，最初に大切なことは音圧レベルをいくらまで下げる必要があるかを決めることである。工場で発生している音を静音化するには，工場への投資が必要となるから，効率の良い投資をすることが当然要求される。そのためには音源および受音点周辺の環境をよく調査することが基本である。

工場内で働く人々を対象として音を低減させるためには，聴力保護のための音の許容基準が定められているので，これを満足させることが必要である。その許容基準は音圧レベルと音が持続している時間の相互の最大値を決めている。少なくとも連続して8時間程度は，その音に接しても聴力障害にならないような環境作りが大切である。

聴力障害だけでなく，睡眠・休養妨害，身体的影響などに及ぼす音の影響についても医学的な調査や研究がされて，その結果が発表されている[2]。これらの障害が発生しないで快適な環境で仕事ができ，能率が上がるように音圧レベルを低減することが大切である。とくに1,000～5,000 Hzにおける音圧レベルを低くすることが人々の健康上大切である。

音圧レベルは低いほど好ましいが，低くなるほど単位音圧レベル当たりの投資額が大きくなるので，効率の良い静音化をすることが必要である。

工場内において音源の配置や対策を考えるときに，多くの人々がいる場所や休憩室，会議室などの配置との関係も考慮して，双方の位置関係を決めることが必要となる。

工場・事業場などの内部に音源があり，それから外部へ伝わる音を低減する場合には，まずその区域がどのような状態にあるのかを知ることである。騒音規制法によると，騒音が発生している時間の区分と区域の区分ごとの基準が決まっている。さらに，特定工場などにおいて発生する騒音の規制に関する基準も決まっている。その基準値を**表3.1**に示す。

表に示す区域は，

表3.1　時間および区域の区分ごとの騒音規制基準（単位：[dB(A)]）

区域の区分＼時間の区分	昼間	朝・夕	夜間
第1種区域	45以上50以下	40以上45以下	40以上45以下
第2種区域	50以上60以下	45以上50以下	40以上50以下
第3種区域	60以上65以下	55以上65以下	50以上55以下
第4種区域	65以上70以下	60以上70以下	55以上65以下

第1種区域：良好な住居の環境を保持するためとくに静穏の保持を必要とする区域

第2種区域：住居の用に供されているため，静穏の保持を必要とする区域

第3種区域：住居の用にあわせて商業，工業などの用に供されている区域であって，その区域内の住民の生活環境を保全するため，騒音の発生を防止する必要がある区域

第4種区域：主として工業などの用に供されている区域であって，その区域内の住民の生活環境を悪化させないため，著しい騒音の発生を防止する必要がある区域

とされている．交通機関，建設機械など大きな音を出す音源のある場所近くに学校，保育所，病院，診療所，図書館，特別養護老人ホームなどがないか十分に調査して，騒音レベルが大きい場合には外部へ伝わる音を規制しなくてはならない．

　公害対策基本法には，人の健康の保護に資するうえで維持されることが望ましい環境基準や，測定方法，測定場所，測定時刻，環境基準の達成期間，達成のための施策などが決まっているので，これらを十分に承知して静音化対策を考えることも必要である．

第4章

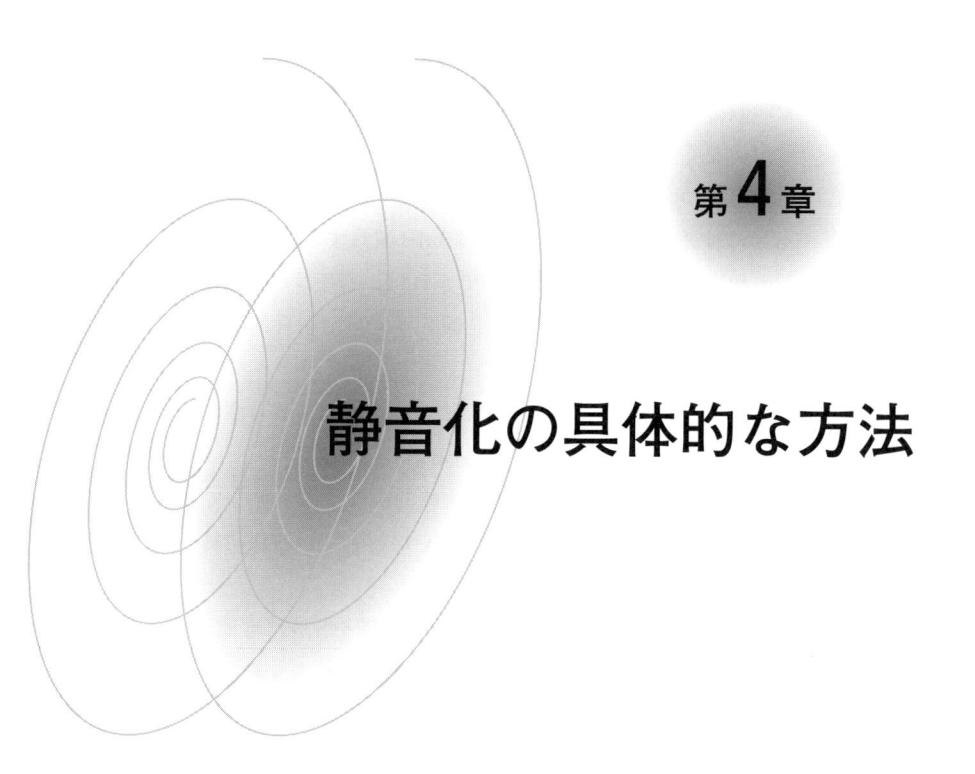

静音化の具体的な方法

　発生している音が好ましくない場合には，音源の状態，特性，周辺の条件などを明らかにし，静音化するために最も適した方法を決めることが必要である。1つの方法で解決できれば好都合であるが，必ずしも1つとは限らず，複数の方法を採用しなくてはならない場合もある。静音化するためにどのような方法があるか，どの程度の静音化が期待できるかを知ることが必要である。

4.1　音源の数を減らそう

　静音化を実施するにあたり基本的に大切なことは，音源からなるべく音を出さないようにすることである。現実に音を出さないようにするには，運転を完全に停止することになり，不可能な場合が多い。しかし，音源をすべて

停止させなくても,部分的に停止させることは可能な場合もある。

まず,音源の数を減らすことによって,音圧レベルを低くすることができる。音源の数が少なくなるほど音源対策も安価にできることになる。

同じ音響出力をもつ音源が多数ある場合に,その数を半分にできれば音響エネルギーも半減するので,音圧レベルは3 dB減らすことができる。さらに,もし音源の数を1/10に減らすことができれば,音圧レベルも10 dB減らすことができる。このように,音源の数を減らすだけで物理的に音圧レベルを下げることができるのである。

固体振動によって音が発生している場合に,音源の数を減らすことは,その音源から伝わる振動によって発生している2次音を減らすことにもなる。1つの音源が独立して存在している場合は比較的少なく,一見して独立しているようにみえても,その音源の振動がそれを保持している保持具,床,壁などを介してかなり遠くへ伝わるものである。

ビルディングの1階床に設けたポンプの音が4階や5階にも聞こえたり,床を打つハンマの音が上階や下階へも聞こえたりするのは,床を介して音が伝わっているからである。このように2次音が広くひろがってゆくことは経験によってもある程度は知ることができる。したがって,1次音源を減らすことによって2次音源も減ることになるのである。

しかし,音源の数を減らすといってもつねに音源の数を減らせるわけでなく,工場騒音においても音源となっている機械や動力源を簡単に減らせるわけでもない。このような場合には,動力伝達部の長さや回転部の長さを短くして音源の表面積を小さくすることも考えるとよい。

たとえば,回転軸の場合を考えてみると,まず軸を保持する軸受が音源となる。したがって,軸受の数を減らすことである。すべり軸受からころがり軸受へ,さらに静圧軸受へと変えることによって,軸受の数や面積が小さくなり,音響出力を小さくすることができる。静圧軸受では固体と流体が接するので,固体同士の接触よりも振動は顕著に減少し,音源の数が減少したと見なすことができる。

さらに,動力を伝えたり変速する場合,歯車を用いると歯車の歯面同士が

噛み合い，噛み合い周波数の音が発生するので，なるべく歯車を用いないようにする．動力源のモータを直接目的の軸へ接続し，モータで変速すると音源の数をかなり減らすことになり，音圧レベルを低減するのに大きな効果がある．

このように，音源の数を減らすことが困難な場合には，音源の数を減らしたのと同じになるよう，音源の構造面において考慮することが大切である．

4.2 音源を遠ざけよう

人が大きな音を出す音源の近くに長時間いると，一時性難聴を経験することがある．しかし，音源から離れて静かなところにいると，一時性難聴から解放される．したがって，音源を遠ざけることが静音化の1つの簡単な方法である．

音源からどれだけ離れるとどれだけ音が小さくなるかは，音源の形状によって決まる．

2.5節に記したように，無限に広い平板が振動して音を出している場合には音は平面波となって伝わるので，図2.4に示したように，音の伝わる面積は音源から離れても変わらないので，音圧レベルは理論的に小さくならない．しかし，空気に粘性があるので，空気の粒子を振動させるためのエネルギーが消費されて音はわずかに小さくなる程度である．

点音源の場合には図2.5に示したように，音源を中心として球状に音が広がるので，音の伝わる面積は中心からの距離の2乗に比例して大きくなるので，(2.22)式に示したように，音源からの距離が2倍長くなると6 dB減衰し，10倍長くなると20 dBも減衰する．この数値は音源が自由空間にあっても半自由空間にあっても同じである．

長い線音源の場合には，図2.21に示したように，線音源を中心として音は直角方向に円筒状に広がるので，音が伝わる面積は音源からの距離に比例して大きくなる．したがって，音の減衰は (2.28)式に示したように音源から

の距離が2倍になると3 dB減衰し，10倍長くなると10 dB減衰することがわかる。

このように音源と受音者を遠ざけることによって，音圧レベルを低くすることができる。距離減衰を利用することによって静音化を施すことができれば安価な方法である。

しかし，厳密に無限に大きな面音源や点音源，無限に長い線音源が存在することはまれである。ある程度の大きさや長さをもつ音源として存在している場合が多い。その場合でも音源から離れると音の伝わる面積は広がる。したがって，完全な点音源のような大きな距離減衰は困難であっても，ほとんどすべての音源に対して距離減衰を期待することができる。

音源から出る音が伝わる空間は，第2章に述べたような完全な自由空間や半自由空間は少なく，音が伝わる途中になんらかの障害物や吸音物体があって，それによって音がしゃ断されたり，吸音されたりする場合が多いので，これらの影響を考えないで計算すると，計算値と離れた結果になることがある。

4.3 真空を利用しよう

音が発生するためには，固体や流体が振動してそれが音源となり，その振動を受音者に伝える働きをする媒体が必要となる。人々は空気中で生活しているので，その媒体は主として空気である。固体や液体が媒体になることもある。

固体の音源が振動すると，その振動が空気の粒子に伝わって振動し，圧力の高低を生ずる。空気粒子の振動はその隣の粒子を振動させ，次々と隣の粒子へ振動が伝わって，音波が広がってゆく。

完全な真空になると空気の粒子がなくなってしまうので，振動を伝える媒体がなくなり，固体が振動してもその振動が伝わらなくなり，音が発生しなくなる。完全な真空でなくても空気粒子が希薄になると，振動が十分に伝わらないので圧力の変動が小さく音が十分に伝わらなくなる。

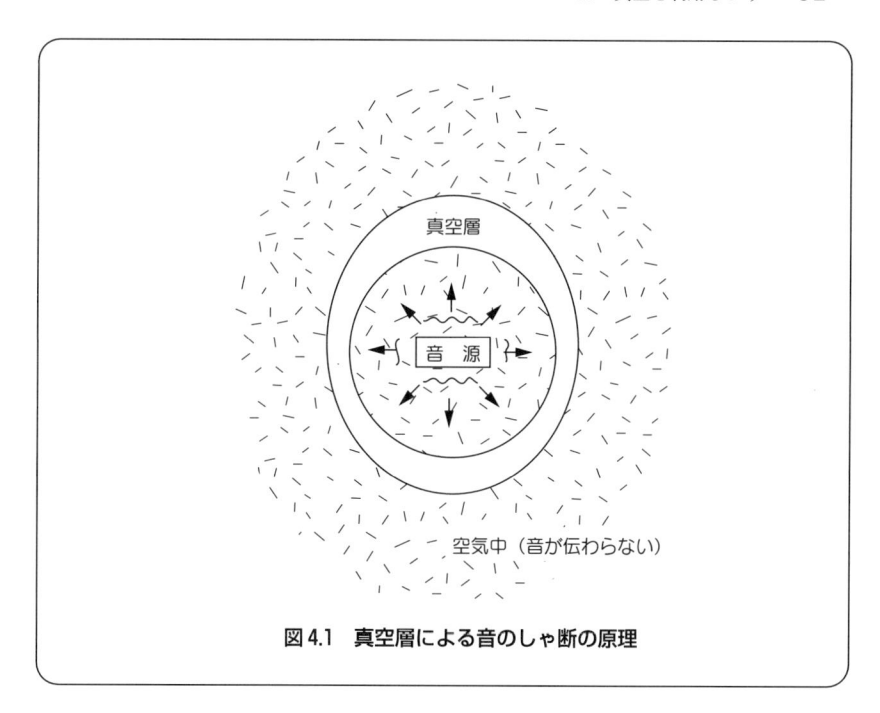

図4.1　真空層による音のしゃ断の原理

　図4.1に示すように，音源の周辺を真空にするには真空層を造ることになる。広い真空層を設けることは時間的にもコスト的にも困難であるから，なるべく狭い領域の真空を考えることになる。したがって，音源から離れたところに真空層を設けるよりも，音源にきわめて近いところに真空層を設ける方が効果的であり，安価にできることになる。小さい音源を包むような形の膜を用いて真空層を設け，静音化することが採用されている。

　機械のように音源は振動したり回転したりする場合が多い。そのため，通常はかなり発熱が生じ，温度上昇が大きくなるため，ファンなどで送風して熱を除いている。真空層をこのような音源に近接して設けると，発熱量を除去するのに困難を生ずる。

　さらに，真空層の真空度は経時変化があり，時間とともに真空度は低下するので，つねに真空度を維持するようにしないと静音化の効果は低下してゆく。

真空による静音化は理論的にはきわめて効果が大きいことになるが，音源の形状や大きさ，多くの配管や配線があるなどの場合には，音源を完全に真空層で包み込めない場合も多い。さらに，音源は床や壁に固定されている場合もあり，固定部を除いて音源を真空層で包み込んでも，固定部からの音の伝わりを防止することを別に考慮しないと効果は低くなってしまう。したがって，真空を利用して静音化する方法を採用する場合には，真空だけで過大な静音化の効果を期待するのは困難であり，防振装置を施すなど他の方法と複合して用いることが静音化の効果を高めるためには必要である。

真空による静音化の方法は，真空層の設置，経済性，効果，操作性，寿命，保守などを考えると適当な方法といえない場合がある。

4.4　密度の異なる物質を利用しよう

音を伝える媒質には，空気のような気体と，水や油のような液体および固体がある。固体の中を伝わる音は，液体や気体に比べて異なった伝わり方をする。しかし，気体と液体は類似した点が多いが，密度は気体を1とすると液体は10^3倍程度大きい。さらに，音の伝わる速さも空気よりは液体の方が数倍大きい。つまり，気体と液体ではその密度と伝わる音の速さの積に大きな差がある。この性質を静音化に利用することができる。

2つの異なる物質，たとえば気体と液体が接している場合，その両者の密度と音の速さの積に大きな差があると，一方の物質から伝わった音はその境界面において反射する。その反射率は（2.12）式に示した。この式の分子（$\rho_2 C_2 - \rho_1 C_1$）は両者の密度と音の速さの積の差であるから，この差が大きいほど反射率は大きくなる。

空気と水が接している場合には密度と音の速さの積に大きな差があるので，反射率は99.9％になってしまう。どちらから音が入射してきても境界面においてほとんど反射してしまうことが2.7節で明らかになった。

このような性質を利用して音源と受音者との間にネットを張り，それを伝

わる水膜を造ることによって音を反射させ，受音者へ伝わる音を小さくすることができる。空気の密度と音の速さの積とかなり異なる値をもつ他の物質であれば，このような現象を利用して静音化できる。

たとえば，薄板の研削加工においては大きな音が発生するので，液中に入れて研削加工することで薄板の振動を減らすほか，研削加工において発生した音が液体と空気との接触面で反射して液体内に音が留まり，空気中へ出ないので音を小さくしている。

また，油圧用の歯車ポンプを直結したモータとともに油の中に設置し稼働することによって，歯車ポンプに発生する大きな音をポンプのケーシングごと油に包み込み，発生する音を油中へ反射させて，空気中へ出る音をきわめて小さくして静音化している例もある。

しかし，小さくて軽量な音源の場合は，それを油中へ浸すことも容易であるが，大きい機械になると基礎が必要であり，振動が基礎へ伝わるので液体で包むことの効果が低減し，この方法だけでは十分な静音化の効果を期待できないので，他の方法と併用することが必要となる。

4.5　振動を小さくしよう

固体や液体が振動して音を出す場合に発生する音の大きさは，音を伝える物質の粒子速度と音圧の積，つまり振動速度と振幅の積により決まるので，振動速度と振幅を小さくすることが音を小さくすることになる。

固体が振動するとその周辺の空気の粒子が振動する。固体の振動する速さが直接空気粒子の振動する速さに影響を及ぼすので，振動速度が速いと空気粒子の速度も速くなる。また，固体の振動の振幅が大きいと，周辺の空気の粗密波の振幅も大きくなり，音圧が大きくなって音響出力が大きくなる。

図4.2は，稼働している工作機械（旋盤）の表面のP点で測定した振動の加速度レベルの周波数分析結果（細い線）と，P点からその面に垂直に100 mm離れた点における音圧レベルの周波数分析結果（太い線）を示した

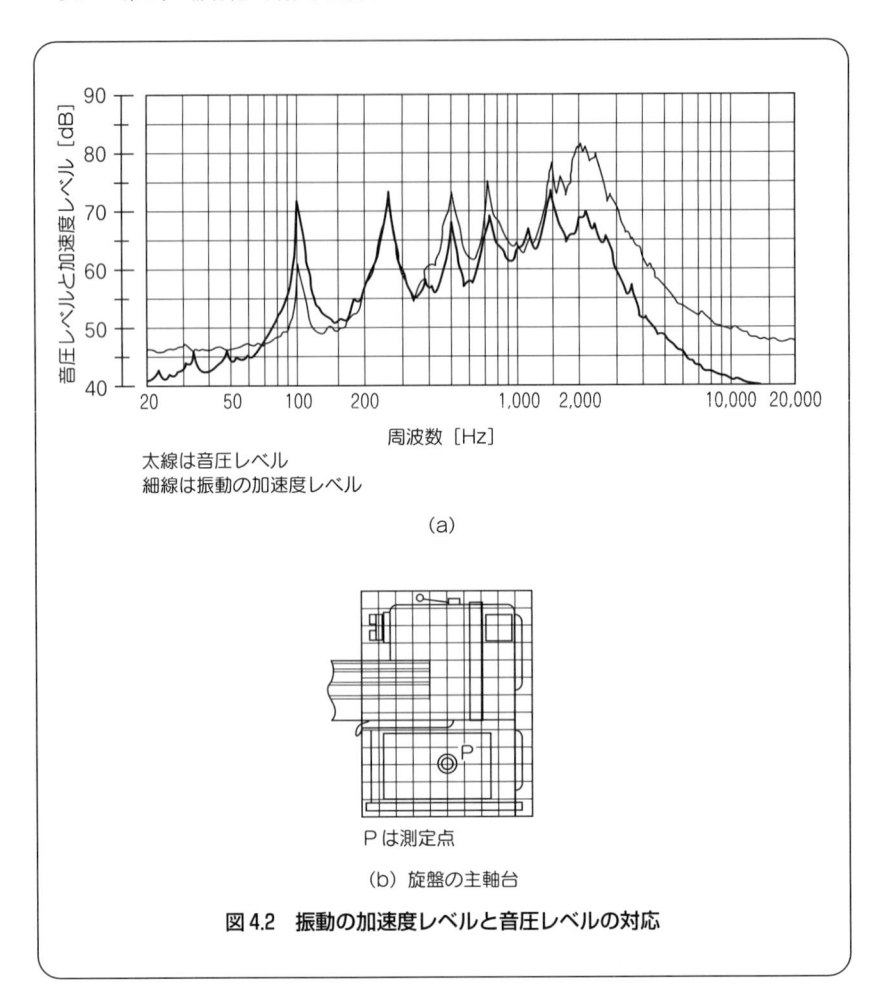

太線は音圧レベル
細線は振動の加速度レベル

(a)

Pは測定点

(b) 旋盤の主軸台

図 4.2　振動の加速度レベルと音圧レベルの対応

ものである。両者を比較するときわめてよく一致しており，機械の振動によってその表面の空気粒子が振動し音を出していることがよくわかる。

　固体振動の発生する主な要因は次のものである。
①打撃によるもの
　ハンマーで物体を打つときわめて短時間の音が発生する。そのときハンマーも物体も振動している。ハンマーで打ったときの力はきわめて短時間の衝

撃力であり，その力によって物体は振動し，変位は正負（上下）の方向に振動しながら減衰してゆく。

② 持続力によるもの

物体に力を作用させ，それを持続する場合にも振動が誘発される。

③ 回転運動や往復運動（すべり運動やころがり運動）によるもの

機械類には回転運動や往復運動を伴うものは多い。回転すると遠心力が作用する。回転軸を支えるのは軸受であり，回転中心に対して対称になっていないと遠心力のアンバランスが作用し，軸受においても回転角によって力の不釣り合いを生じ振動が発生する。往復運動においても往復する接触面の凹

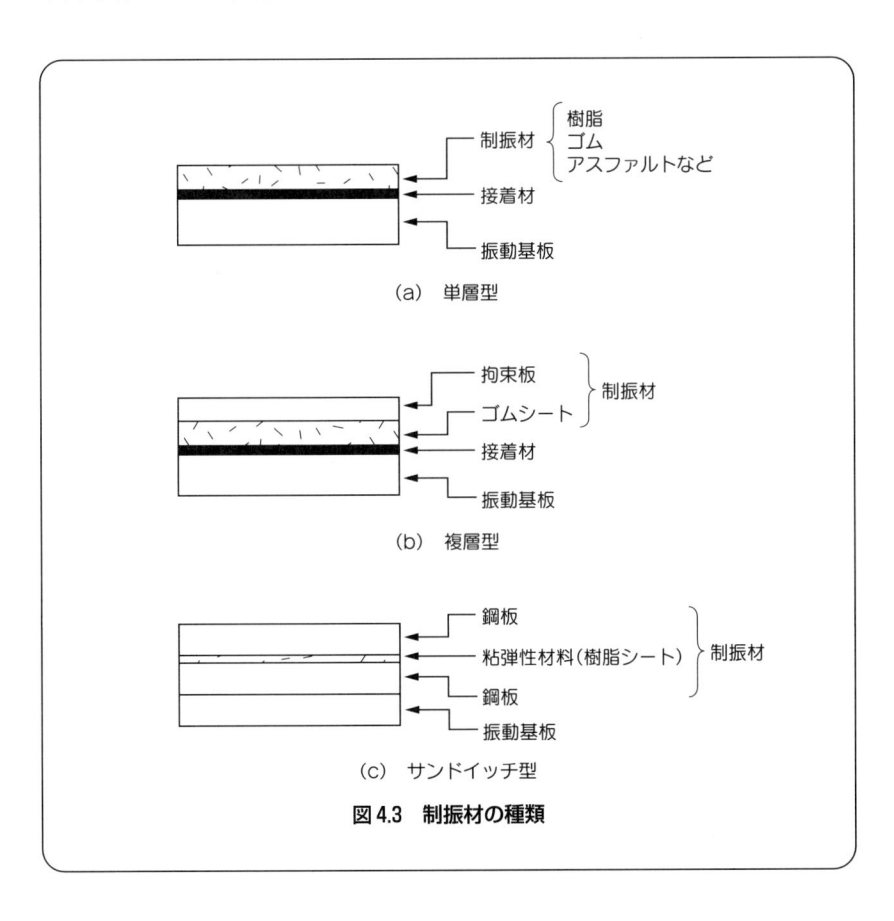

図 4.3　制振材の種類

(a) 単層型

(b) 複層型

(c) サンドイッチ型

凸による上下運動から振動が発生する。

　機械の静音化のためには，振動が発生しにくくすることである。また，たとえ発生しても，振動速度や振幅を小さくするように考慮することが大切である。そのためには音源になる部分に振動の発生しにくい樹脂，ゴム，アスファルト，制振合金などの制振材料を用いるとよい。

　制振材は**図4.3**に示すように，振動基板の上に制振材を単層あるいは複層に接着したりサンドイッチ状に組み合わせたりしたもので，振動する基板の屈曲運動が基板と制振材との境界においてずり変形やすべり摩擦となり，エネルギーを吸収しているのである。振動体や機械の表面材料に制振材を用いると振動を著しく低減することができるので，その表面材料から発生する音も低減することができる。

　固体が振動して音を発生する場合に，その音源が金属である場合は多い。金属は強度は大きいが，振動が発生すると振動エネルギーの損失が少なくて音を発生しやすい。

表4.1　制振合金の種類

分類	合金系	使用されている合金名
複合型	Fe-C-Si Al-Zn	片状黒鉛鋳鉄 Cosmal-Z
強磁性型	Ni Fe-Cr Fe-Cr-Al Fe-Cr-Al-Mo Fe-Cr-Al-Mn Co-Ni-Ti-Zr	TDニッケル 13%クロム鋼 サイレンタロイ（Fe-12Cr-3Al） ジェンタロイ（Fe-12Cr-2Al-3Mo） トランカロイ（Fe-12Cr-1.36Al-0.59Mn） N／VCO10（Co-22Ni-2Ti-1Zr）
転位型	Mg Mg-Zr	KIxI合金（Mg-0.6Zr）
双晶型	Mn-Cu Cu-Mn-Al Cu-Zn-Al Ni-Ti	ソノストン インクラミュート（Cu-40Mn-2Al） ニチノール

一般に，金属は強度が優れた材料ほど制振性が劣る。しかし，複数の金属を溶かして合金にすると振動吸収性が良くなる場合がある。このような合金が制振合金である。振動が発生して音源になると予測されるところへ，制振合金を用いると音を小さくすることができる。

制振合金の種類を**表4.1**に示した。

4.6 音のエネルギーを吸収しよう

音源から単位時間に出る音のエネルギーが音源の音響出力であり，静音化のためには音響出力を減少させればよいが，それには限度がある。そこで，音源から出る音のエネルギーを，音源から受音者に伝わる途中で吸収することである。音を吸収する材料が吸音材であり，音が吸音材へ入ると吸音材の繊維質などを振動させて音が消滅する。

吸音材が音を吸収して静音化するには次の条件が必要となる。

① 音が吸音材の内部へ入りやすいようにするために，表面において音が伝わるときの伝わりにくさ（音響インピーダンス）をできるだけ小さくする。そのため吸音材の表面を柔らかくし，表面密度を小さく，表面における音の反射を極力小さくする。
② 表面から吸音材内部へ伝わった音を外部へ出さないで，すべて熱エネルギーへ変えてしまう。吸音材の表面から内部へ進むにしたがって密度を次第に大きくし，吸音材の厚さも厚くして音を透過させないように，吸音材裏面を塗装したり剛体を取り付ける。

吸音材を柔らかくするといっても，ある程度の強度を維持し，形を保っておくことも必要となる。そのため表面や内部で，ある程度の反射も起こるので，音が何度か反射を繰り返しながら全体の吸音率を高める方法も考えられる。

図4.4は，無響室の内壁に多く用いている楔形吸音材の表面形状を示したものである。吸音材に入る音が矢印の経路を通って，まず①の位置で一部

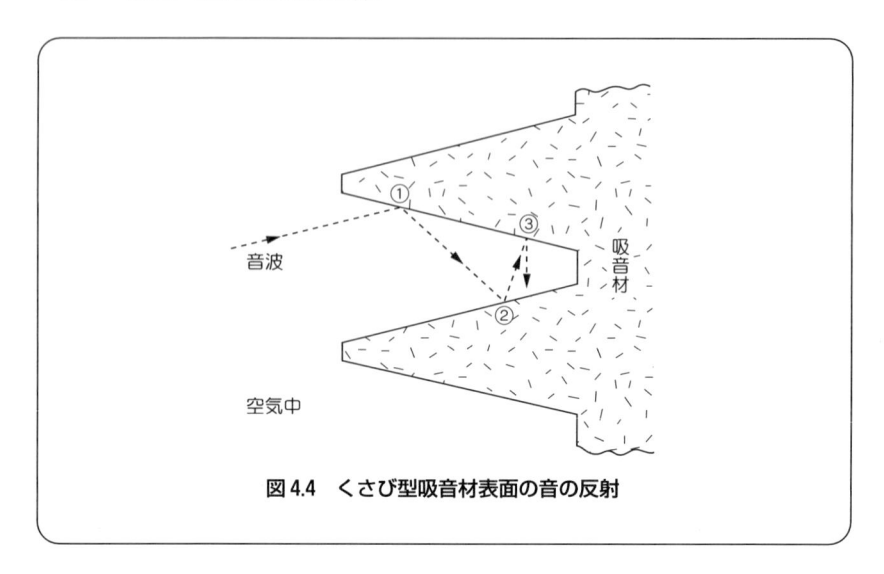

図4.4 くさび型吸音材表面の音の反射

は入射し，一部は反射する。反射した音は再び②の位置で入射と反射し，同様の現象が③，……，と発生し，次第に反射する音が小さくなってゆく。このようにして吸音率を高めている。

吸音材には以下のものがある。

（1） 多孔質形吸音材

この吸音材は，表面から内部へかけて空洞や毛細管状の穴がある繊維状物質で，主として，グラスウール，ロックウール，フェルト，発泡樹脂，天然繊維などである。

音が吸音材の内部へ入ると，空気の粒子の振動が繊維質を振動させて熱エネルギーへ変わって音が吸収される。

このような吸音材料により吸収する音のエネルギーの量を決めているのは，音が伝わる空気の粘性と吸音材の繊維質である。音が吸音材へ伝わると内部の空気を振動させる。粘度が高いと大きな振動エネルギーが必要となる。さらに，繊維質を振動させるために音響エネルギーが使われることになり，音が減衰する。吸音材の内部では繊維質を密にして空気が動きにくい状態に

し，繊維を多く振動させて音響エネルギーを吸収するとよい。

（2） 薄板・薄膜形吸音材

この吸音材は音が伝わってきたときに，音波によって振動するような薄い板や膜である。薄い石膏ボード，合板，プラスチック板，ハードボード，金属板，軟質樹脂シート（ビニールシート）などがこれに属する。

音がこれらの吸音材に接すると空気の粒子の振動が伝わって振動し，内部摩擦によって熱エネルギーへ変わり，また，板や膜を取り付けた状態で決まる固有振動数でも大きく吸音する。

（3） 共鳴構造形吸音材（器）

これは共鳴を利用する吸音方法で，その例としてヘルムホルツ共鳴器がある。図4.5に示すように，大きな体積をもつ空洞部に小さいくび部が付いたもので，外部から音響がくび部を通って内部へ伝わると共鳴現象が発生する。この共鳴周波数において吸音率が大きくなる。

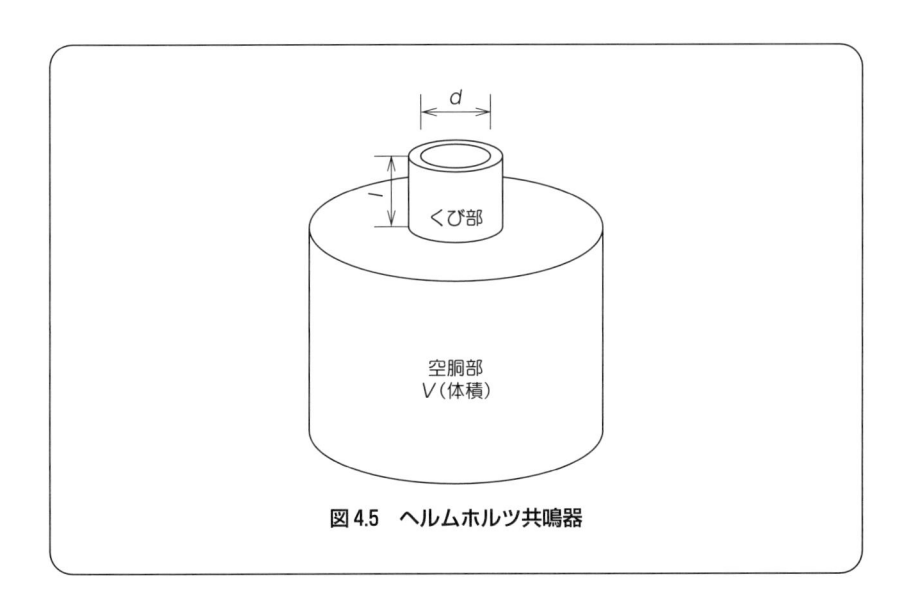

図4.5　ヘルムホルツ共鳴器

共鳴周波数 f は，

$$f = \frac{C}{2\pi}\sqrt{\frac{S}{lV}} \quad [\text{Hz}] \tag{4・1}$$

となる。ここで，

S：くび部断面積
l：くび部長さ
V：空洞の体積
C：音の伝わる速さ

この式は，くび部開口端の音圧が0（大気圧）と仮定しているが，実際には開口端から外へ少し離れたところが0となるので，管の長さが長くなることになり，開口端補正が採用されている。その補正をした共鳴周波数は，

$$f = \frac{C}{2\pi}\sqrt{\frac{S}{(l+0.8d)V}} \quad [\text{Hz}] \tag{4・2}$$

である。ここで，d はくび部の内径。

この式を用いると実際と近い値を得ることができる。

図4.6に示すように，共鳴周波数前後において吸音率が急激に上昇する。

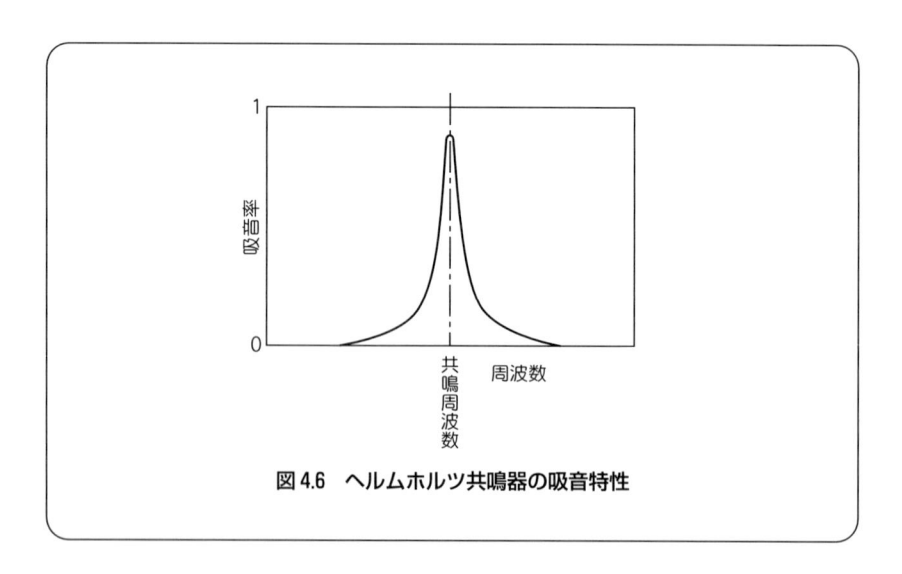

図4.6　ヘルムホルツ共鳴器の吸音特性

4.6 音のエネルギーを吸収しよう

　図4.5に示した容器で，くび部は $d = 30$ mm, $l = 60$ mm, 空洞部内径100 mm, 空洞部高さ300 mmの場合の共鳴周波数は約104 Hzとなり，この周波数で吸音率が高くなる。

　さらに，共鳴吸音するため小さい貫通穴をたくさんあけた穴あき板やスリット板などが用いられる。これらの材質は，珪酸カルシウム，石膏，アルミニウム合金である。**図4.7**に示すような貫通穴のある板の背後に空気層を設けると，穴の内径，板の厚さ，空気層の厚さ，板に占める穴の割合などによって決まる共鳴周波数は (4.3) 式である。

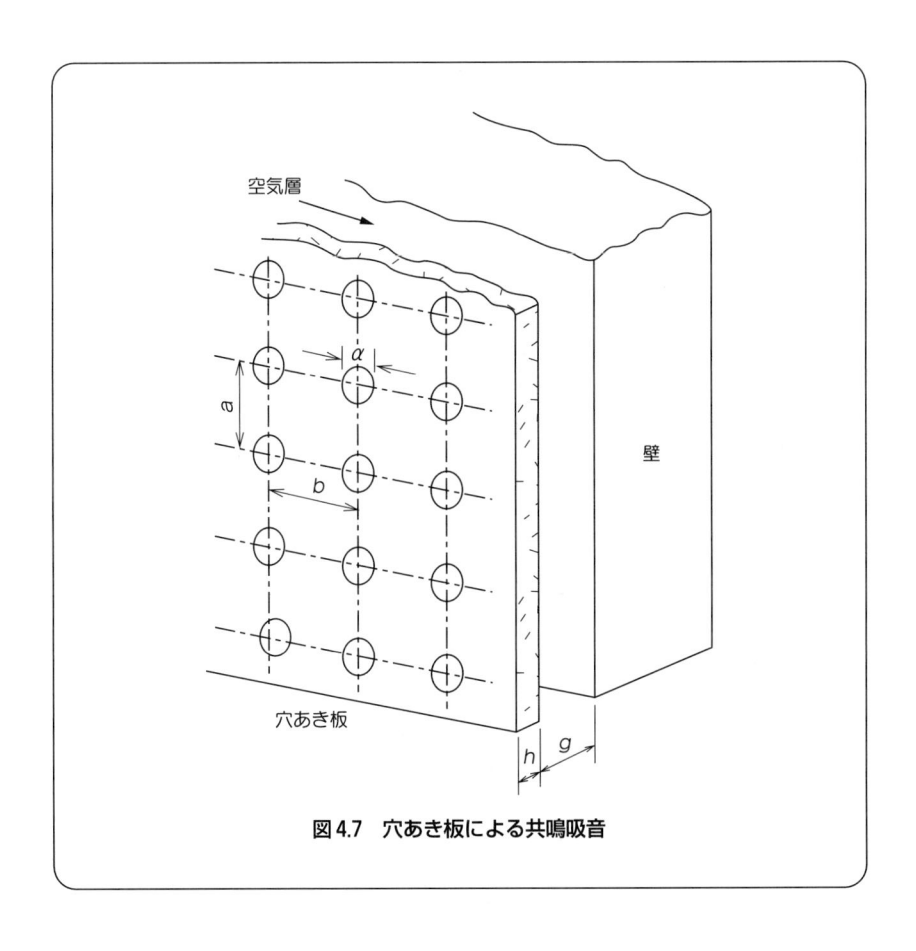

図4.7　穴あき板による共鳴吸音

$$f = \frac{C}{2\pi} \sqrt{\frac{\beta}{\{h+(\pi/4)d\}g}} \quad [\text{Hz}] \quad (4\cdot3)$$

ここで，β は穴あき板に設けた穴の開口率で，次式となる。

$$\beta = \frac{\pi(d/2)^2}{ab}$$

ただし，h：穴あき板の厚さ
　　　　g：空気層の厚さ
　　　　d：穴の内径
　　　　a と b：穴の中心間の距離
　　　　C：音の伝わる速さ

図4.7は，穴あき板の取付け状態を示したものである。
いま，穴あき板の寸法を a = 15 mm = b，d = 8 mm，h = 5 mm，g = 100 mm と

図4.8　壁に用いた穴あき吸音板

すると共鳴周波数は約 $f = 770$ Hz となり，770 Hz 付近において吸音率が大きくなる。

このように，静音化したい音の周波数を調べ，その周波数が得られるように吸音板の穴，空気層などを設計すればよい。

図4.8は正方形の穴あき板を吸音材として壁に用いた例であり，図4.9はその拡大図である。

図4.9　穴あき吸音板（拡大図）

さらに同様の共鳴構造を利用した吸音器として，穴の代わりにスリットを利用したものがある。これは穴の場合と類似しており，スリット板と壁との間の空気がスリットから入る音によって共鳴することを利用したものである。

図4.10がスリット形吸音の概略図である。スリット形吸音の共鳴周波数は次の式で示されている。

図4.10　スリット型共鳴吸音

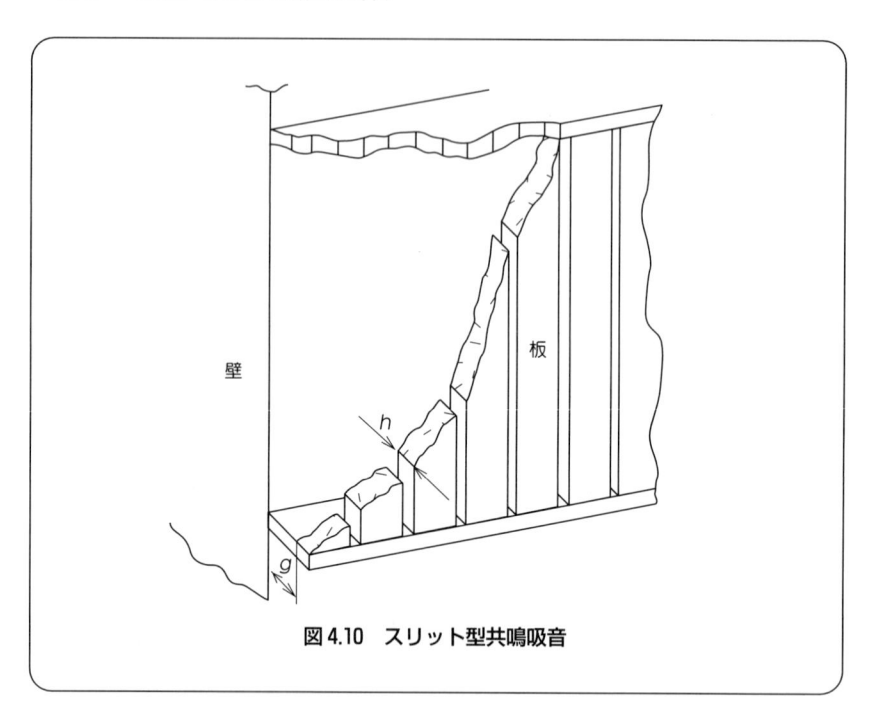

$$f = \frac{C}{2\pi} \sqrt{\frac{\alpha}{(h+\delta)g}} \quad [\text{Hz}] \tag{4・4}$$

ここで，h：板の厚さ
　　　　g：空気層の厚さ
　　　　δ：スリットの開口端補正値
　　　　α：スリット開口率
　　　　C：音の伝わる速さ

$$\alpha = \frac{a}{A}$$

である。
　ただし，A：スリットを含む板の全表面積
　　　　　a：スリット開口部の全表面積
図4.11はスリット吸音板である。

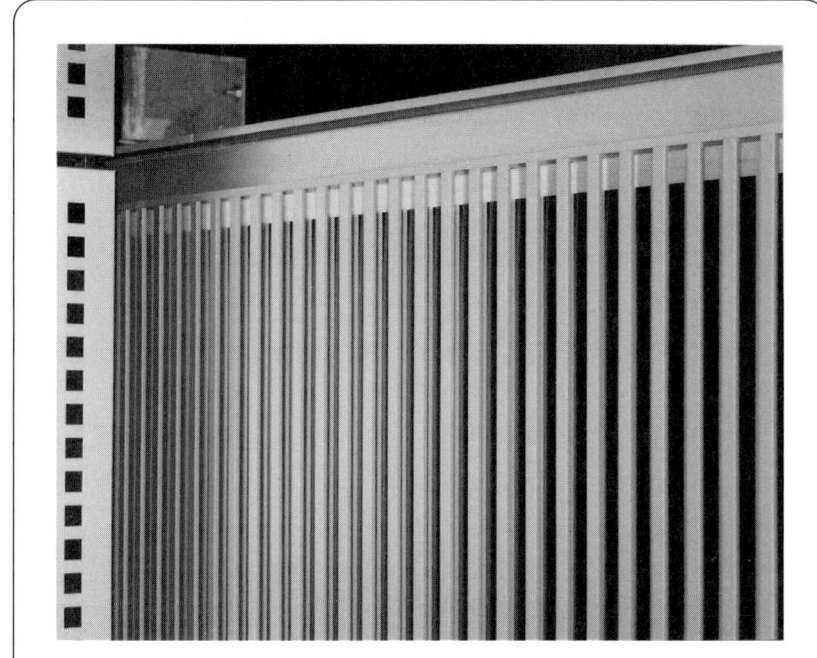

図4.11 スリットを用いた吸音板

4.7 音をさえぎろう

　音が音源から受音者へ伝わる途中で，塀，つい立，パネルなどを立てて，その通路をさえぎることによって，静音化できる。工場の周辺に塀を設けて工場で発生する音が外へ出るのをある程度さえぎることが行われている。音源の周辺に塀などを設けると，音源から出た音は塀で反射し音がさえぎられることをしゃ音とよんでいる。
　音は塀の上端で回折するが，塀による音の減衰量は塀の高さが高いほど大きく，音の周波数が大きいほど大きくなる。周波数の大きい音は回折しにく

いので，陰の部分には音は伝わりにくい。塀による音圧レベルの減衰は通常の高い塀を設けても，10,000 Hz以下の周波数では高々20〜30 dB程度以下である。

（1） 無限に大きい単一パネルや単一板によってさえぎる場合

パネルを用いて音源からの音をしゃ音する場合には，パネルに入射する表面において一部は反射し，他は内部へ伝わる。パネルの内部へ伝わる音は内部で吸収され，残りはパネルの反対側へ透過する。パネルの表面へ入射した音が，反対面からどの程度透過するかを知ることは必要である。パネルによって音がしゃ断される効果を示すのが透過損失 TL であり，次の式で示す。

$$TL = 10 \log \frac{1}{\tau} \quad [\text{dB}] \tag{4・5}$$

ここで，τ は透過率であり，

$$\tau = \frac{I_t}{I_i} \tag{4・6}$$

である。ただし，

I_i：パネルの表面へ入射する音の強さ $[\text{W/m}^2]$

I_t：入射した音のうち，パネルの反対面に透過した音の強さ $[\text{W/m}^2]$

$$\therefore TL = 10 \log \frac{I_i}{I_t} \quad [\text{dB}] \tag{4・7}$$

この式より $TL = 0$ とは $I_i/I_t = 1$，すなわち，$I_i = I_t$ であるから，入射する音のエネルギーがすべて透過することを意味しているのであり，パネルによる損失がないことになる。したがって，TL が大きくなることはパネルを音が通るときに音圧レベルが大きく低下し，透過後の音圧レベルが低くなることを意味している。

いま，パネルの透過率が0.01とすると，このパネルは入射した音のエネルギーの1/100を透過させ99/100は透過しないことになる。したがって，(4.5)式に τ を代入すると $TL = 20$ dB となり，透過した音は入射した音より20 dB小さい音となる。

いま，平板の一方の表面に音波が入射して，それによって板が単振動をす

ると仮定して透過損失を求めた式が，

$$TL = 20 \log_{10}\left(\frac{\omega m}{2\rho C}\right) \tag{4・8}$$

である．ただし，

　　　C：音の伝わる速さ
　　　ρ：空気の密度
　　　ω：各周波数　　$\omega = 2\pi f$（fは周波数）
　　　m：板の質量

図 4.12　種々の材料の平板の透過損失（垂直に音が入射する場合）

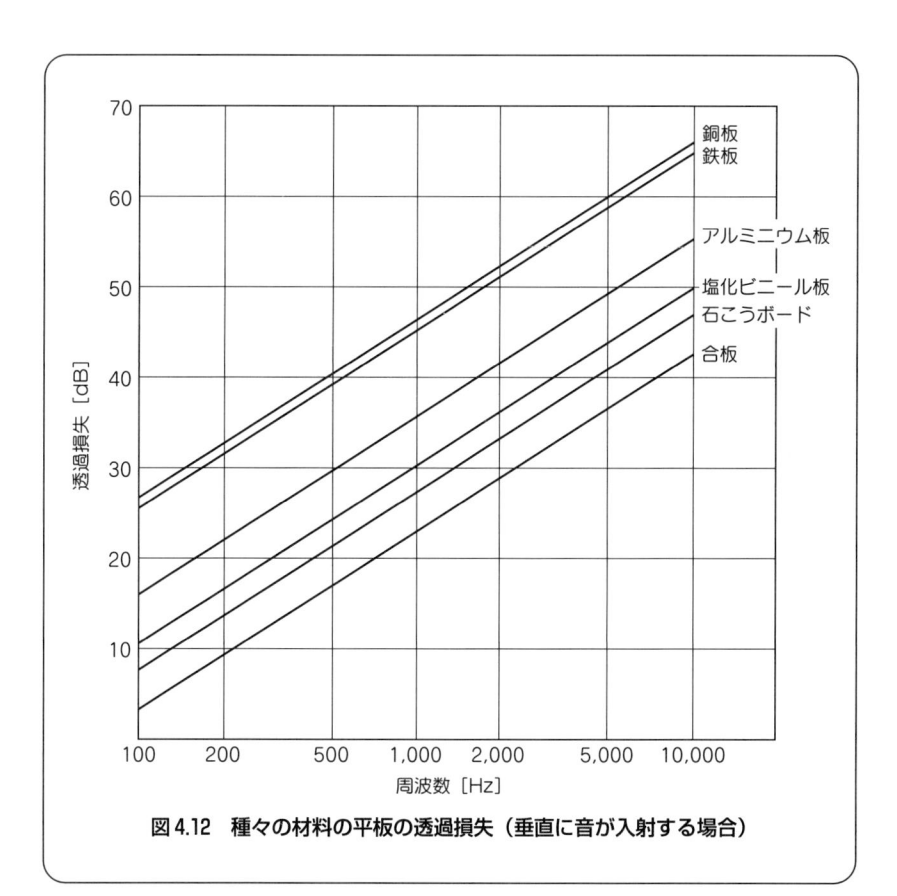

この式をみるとわかるように，ρC が一定とすると板の透過損失は入射する音の周波数と板の質量に比例して大きくなる。これを質量則または質量法則という。

空気中を音が伝わる場合には，$\rho C = 413 \text{ kg/m}^2\text{s}$，$\omega = 2\pi f$ を (4.8)式へ代入し，板の質量（面密度）m の単位を [kg/m^2] とすると透過損失の式は，

$$TL = 20 \log mf - 42.4 \quad [\text{dB}] \quad (4・9)$$

となる。

この質量則を利用して板やパネルを用いて音をさえぎるには，それぞれの質量を大きくして重いパネルを用いるとよい。

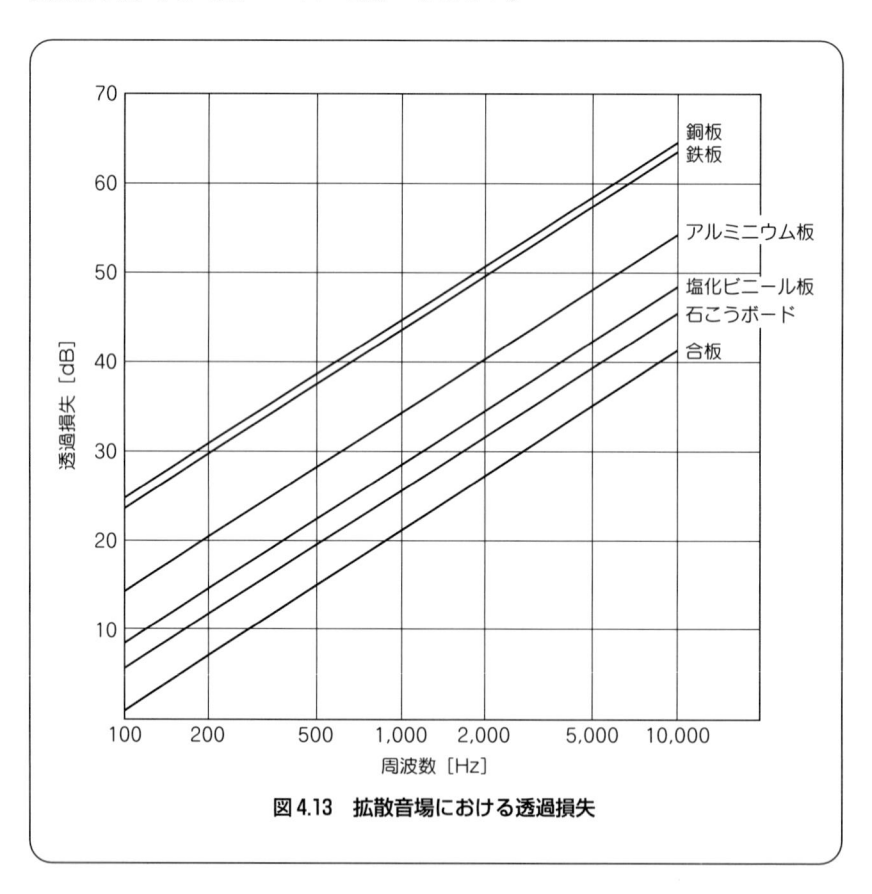

図4.13 拡散音場における透過損失

この質量則の (4.9) 式は横軸に対数目盛の周波数をとり，縦軸に透過損失をとると直線となる。

いま，空気中に平板がある場合，平板の面に垂直に音波が入射するときの透過損失を，銅板，鉄板，アルミニウム板，塩化ビニール板，石膏ボードおよび合板について (4.9) 式を用いて計算してみる。厚さはいずれも 3 mm とすると，図 4.12 となる。合板より銅や鉄は質量が大きいので大きな透過損失を示している。

同図は，音波が平板に対して垂直に入射すると考えているが，音波はあらゆる方向から入射すると考えなければならないので，平板の表面上の半球面から入射する音を考慮し，拡散音場における透過損失を計算により求めると図 4.13 となり，図 4.12 より少し低い値を示していることがわかる。

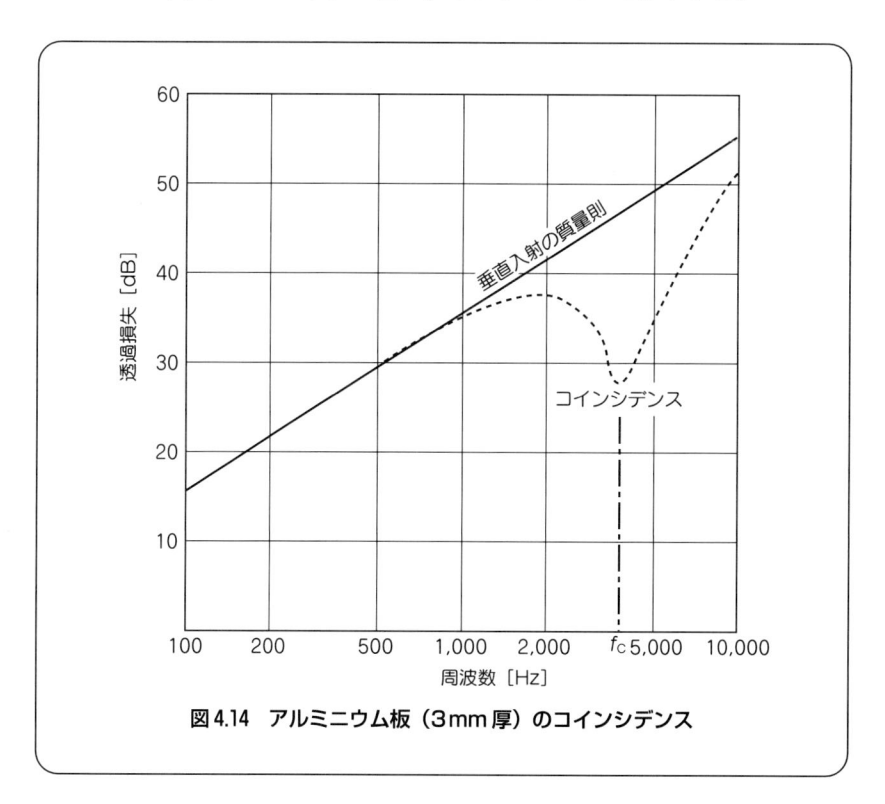

図 4.14 アルミニウム板（3 mm 厚）のコインシデンス

しかし，実験して透過損失を測定すると計測値より小さくなり，直線にはならないで，**図4.14**に示す破線のようになり，ある特定の周波数で透過損失が低下する現象が現われる。これをコインシデンス効果という。

このような現象が現われる理由は，入射する音波によって一様な板がピストン運動して単振動すると仮定して透過損失の式を導いているが，実際には板の単振動だけでなく，屈曲運動も同時に発生しているため，これが透過損失を低下させている原因になっている。

（2） 複数のパネルや板によってさえぎる場合

単一の板やパネルの質量を大きくすると透過損失が大きくなり，静音化には好ましいが，質量が大きくなると重くなるので取り扱いに不便になったり，高価になったりするため，板の間に空気層を設けた2重板によるしゃ音の方法がある。

この場合には空気層の空気が共鳴することによって，共鳴周波数における透過損失の低下が現われるようになり，図4.14に示すf_cにおける透過損失の低下のほかに，もう1つの低下が空気層の共鳴周波数において現われることになる。

単一板よりは間に空気層やグラスウールを設けた2重板の方が，音の透過損失は大きく，3重板にするとさらに大きくなる。このように板の数が多くなるほど透過損失は広い周波数域にわたって大きくなるが，コインシデンス効果によって透過損失が低下する周波数の数も多くなることも知っておくことが大切である。

（3） 有限な寸法の板の場合

音をさえぎる板が無限大の場合を扱ってきたが，実際に用いる場合にはその大きさが限られている。さらに，板の周辺や中間において支持したり，固定したりして拘束されている。そのため，有限な板がピストン運動すると考えて導いた共鳴周波数の式は実際と差が生じることになる。多くの場合，固定した板においてはピストン運動だけでなく屈曲運動も生じている。

無限大の板に現われたように周波数が低くなると，音響透過損失が低下して音をさえぎれなくなる。しかし，有限な板では低い周波数で音響の透過損失が大きく低下しない傾向が現われてくる。

さらに，板が固定されていると，その固定条件によって板の振動に固有モードが現われて，板に共振と反共振が交互に現われる。板による音の透過としゃ音の鋭い変化が交互に連続して現われるが，その平均値は質量則による周波数変化とほぼ等しく変化する。

4.8 音の伝わる方向を変えよう

音源で発生した音が受音者の方向へ伝わらないようにすることが静音化の1つの方法である。音源から放射される音の伝わる方向を受音者のいない方向へ向けることである。しかし，音の放射方向を変えることができても，音には回折現象があるから，多くの減衰を期待することは困難である。

音の伝わる方向を変えるとともに，音を遠くへ導くための音の通路を設けることも必要となる。音を導くための管，すなわち音響管を用いて音源からの音を管のなかを通して遠くへ，あるいは外部へ導いて，距離減衰を利用して減衰させる。また，音響管から出た音を吸音器へ導いて吸音し減衰させる。

このように音が放射する方向，つまり音が指向する方向を変えるとともに，その音が回折することなく遠くへ導くための手法を併せて採用することが，音の減衰の効果を高めるためには必要である。

4.9 空気の流れに乱れや渦が発生しないようにしよう

内面を仕上げた管内を流れる空気や，固体の平滑な表面を空気が低速度で流れていると層流になる場合が多いが，このような場合には音はほとんど発生しない。しかし，流れる速度が速くなったり，短時間に速度が変化したり

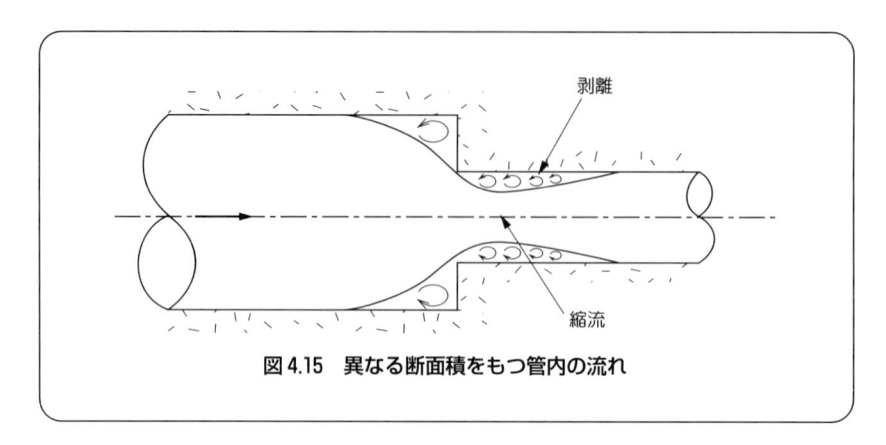

図4.15 異なる断面積をもつ管内の流れ

すると流れの中に渦が発生し，渦が大きくなるにしたがって大きな音へ成長してゆく。

丸い管内を流体が流れる場合は，図4.15に示すように，大きい断面から小さい断面へ移る付近において流れに剥離が発生し，小さい断面の入り口付近に縮流がおこる。この流れの剥離部に渦が発生する。

図4.16に示すように，平板の一部にくぼみがあり，平板に沿って空気が流れるとする。その流れがくぼみにくると，くぼみの上流エッジ部から流れに剥離が起こり渦が発生する。

図4.16は流れの速度が低い場合であるが，速度が大きくなると渦が発生し

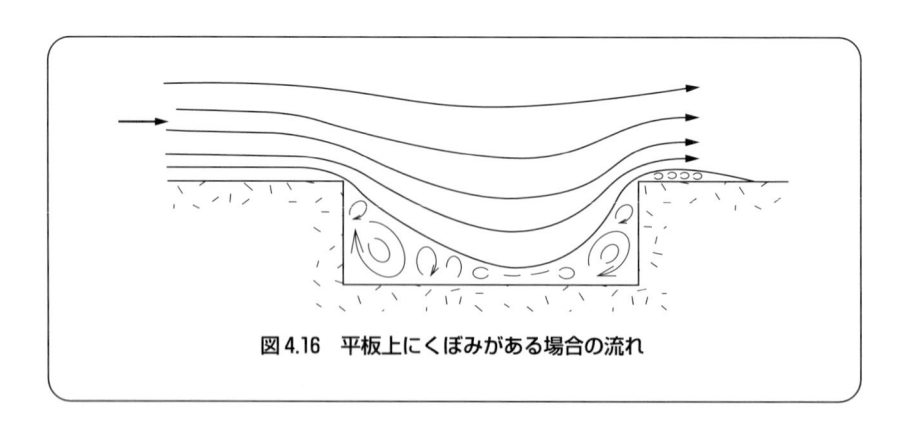

図4.16 平板上にくぼみがある場合の流れ

て下流エッジ部に衝突し圧力波となり，その圧力波がくぼみ内を移動し，新たな渦を発生し，くぼみ内で圧力変動が生じる。その変動の周波数がくぼみの共鳴周波数に近くなると大きな音になる。くぼみの寸法（深さと幅）によって流れに大きな変化があるので，渦の発生も異なり音圧レベルの大きさにも影響を与える。

さらに，くぼみが丸い穴の場合は一端開口管の共鳴となり，通し穴の場合は両端開口管の共鳴となる。その共鳴周波数を**表4.2**に示す。

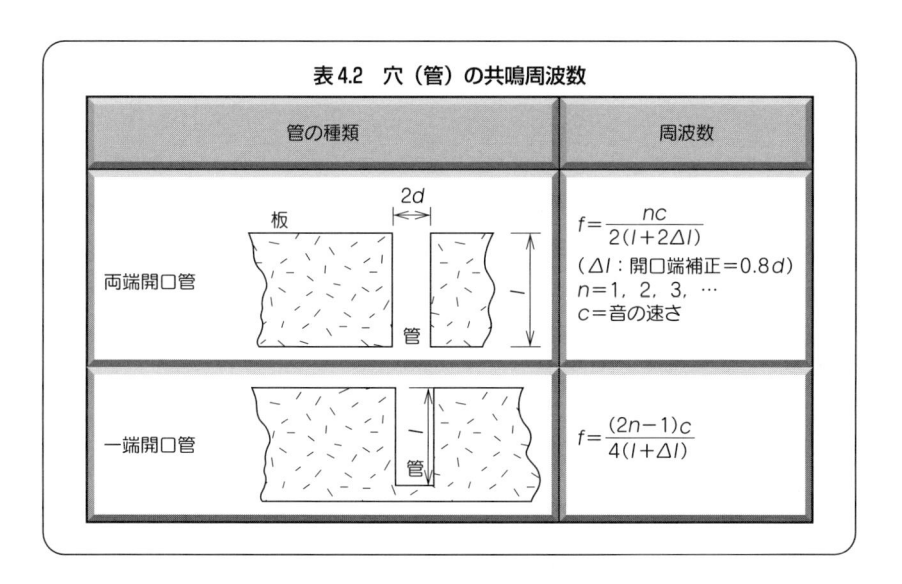

表4.2　穴（管）の共鳴周波数

管の種類		周波数
両端開口管	板　2d　管	$f=\dfrac{nc}{2(l+2\Delta l)}$ （Δl：開口端補正$=0.8d$） $n=1, 2, 3, \cdots$ $c=$音の速さ
一端開口管	管	$f=\dfrac{(2n-1)c}{4(l+\Delta l)}$

このように，くぼみ(キャビティ)によって発生する音をキャビティノイズとよんでいる。これはくぼみにおける流体力学的な自励現象である。このようなくぼみの形は図4.16に示す単純な形だけでなく，**図4.17**のように多種類ある。

パイプオルガンから出る音は，図4.17(c)と同じ原理である。ノズルから入った空気でくぼみ内の圧力が高くなると，くぼみ入り口の空気層を押し上げて空気を出し，そのため圧力が下がると空気層が下がり，空気が入って圧力が高くなり，また空気層を押し上げる。このように，くぼみ入り口の空気

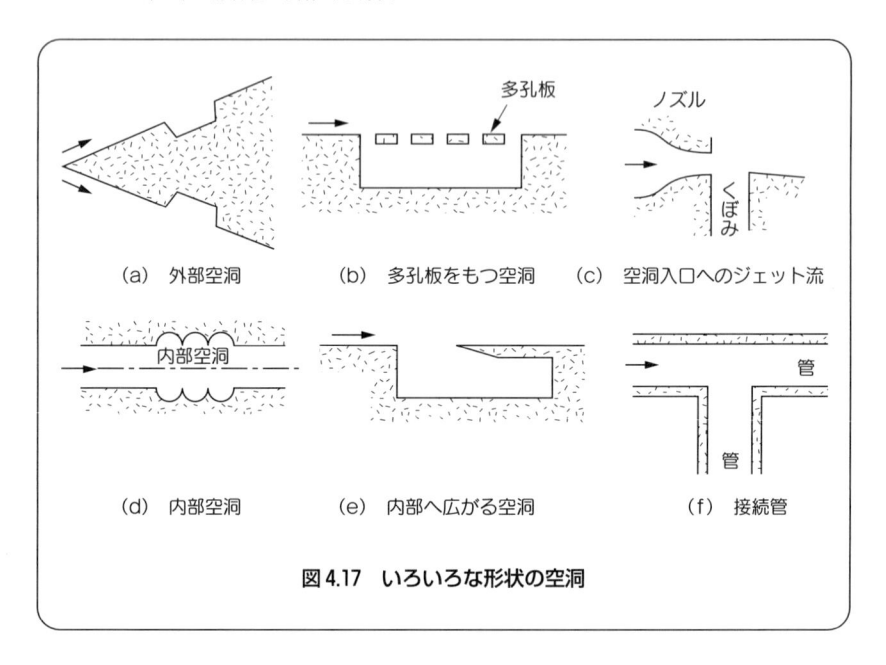

図 4.17　いろいろな形状の空洞
(a) 外部空洞
(b) 多孔板をもつ空洞
(c) 空洞入口へのジェット流
(d) 内部空洞
(e) 内部へ広がる空洞
(f) 接続管

層が上下に振動し音を発生するのである。

くぼみがある場合に発生するキャビティノイズを周波数分析すると，特定の周波数で音圧レベルが高くなることが多い。その場合にはくぼみの形状を変化させて渦の発生を少しでも小さくすると，音圧レベルのピークを小さくできる。

図 4.18(a)に示すように，くぼみの端部が直角になった場合が多く見られ

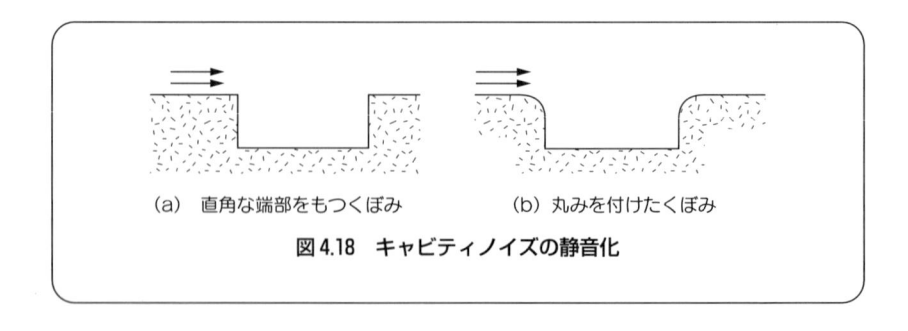

図 4.18　キャビティノイズの静音化
(a) 直角な端部をもつくぼみ
(b) 丸みを付けたくぼみ

るが，これにアールを付けて同図(b)のように丸みをもたせることによって音圧レベルを下げることができる。

図4.19は，T字形分岐管内を流体が流れるときに発生する渦を示したものである。分岐部分で流れの方向が直角に変化するために渦が発生している。

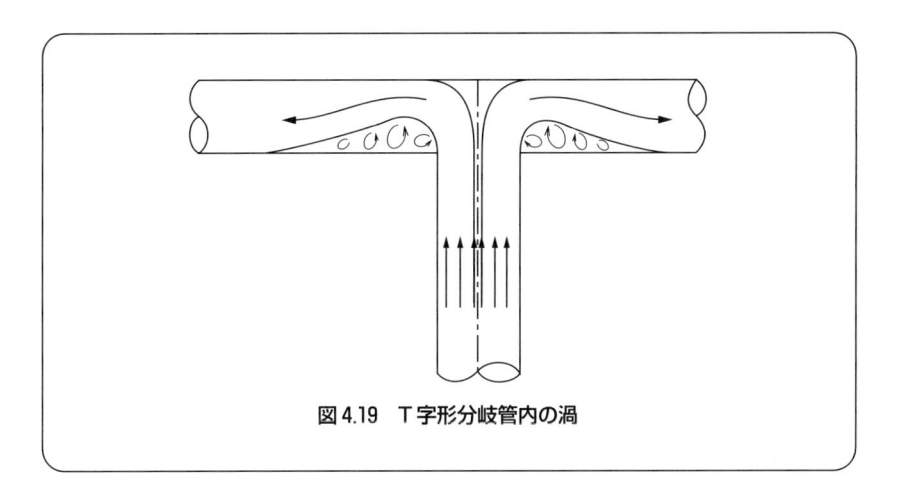

図4.19　T字形分岐管内の渦

流れの方向が変化するところでの衝撃と渦によって音が発生する。

平板上を流体が流れると，平板に接するところはその粘性のため流れる速度が0となるが，平板から離れるにつれて速度は次第に大きくなり，一定値へ近づく。このように速度が一定でない領域を境界層とよんでいるが，平板の先端から遠くなったり，流れが速くなると境界層内で乱れが発生し，それが平板に圧力変動をおこし音が発生する。これを境界層音とよんでいる。この境界層音は速度が大きくなると急速に大きくなる。

円柱の中心線と垂直な方向からある程度大きい速度で流体が流れると，図4.20(a)に示すように，円柱の後方に時計方向および反時計方向に渦が交互に発生する。これがカルマン渦である。カルマン渦が発生すると円柱に対してある周波数で交番的な力が作用する。この交番周波数は流体の速度Vに比例し，円柱の直径Dに反比例し，次の式で示される。

```
          円柱
```

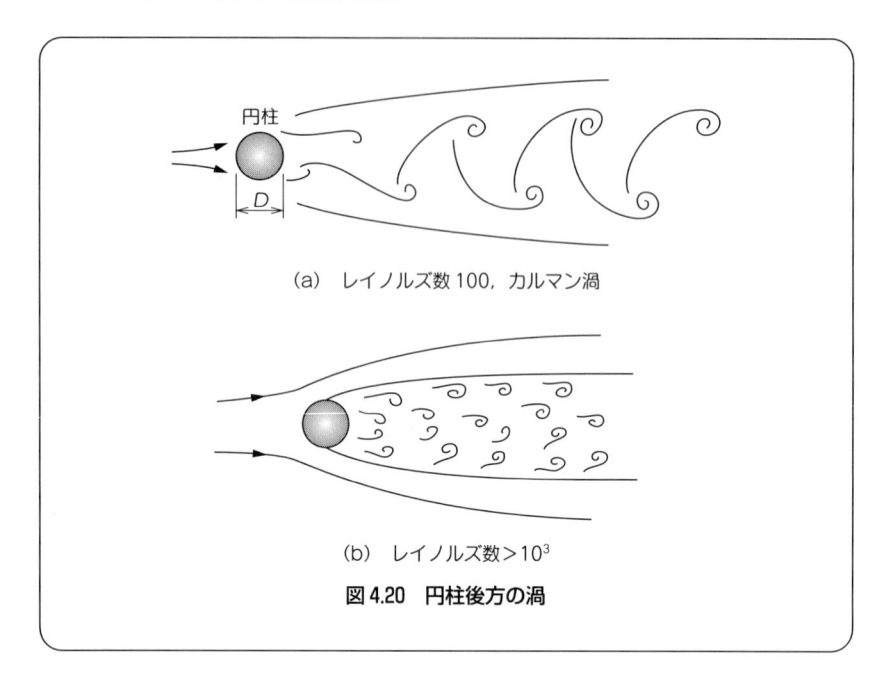

(a) レイノルズ数 100，カルマン渦

(b) レイノルズ数 >10³

図 4.20　円柱後方の渦

$$f = 0.22 \frac{V}{D} \tag{4・10}$$

この周波数と円柱の固有振動数が一致するときに大きな音が発生する。家屋のベランダのポールや円柱の手すりが強風のときに不快な音を出しているのはカルマン渦によるものである。多数の管を並列に並べて管内と管外の流体との間で熱を交換する熱交換器があるが，この場合には管外を流れる流体の速度を大きくすると熱伝達率が大きくなり熱効率が大きくなる。しかし，管群のまわりに発生する渦の流出周波数が管内の流体柱の共鳴周波数に近いと大きな音を発生する。

角柱（断面が長方形）の一面に垂直な方向から流体が流れると，前縁で剥離して発生した渦が後縁に当たると音が大きくなる。しかし，後縁の位置によっては前縁で発生した渦も大きな音にならない場合もある。

4.10 空気の速さや圧力が急に変化しないようにしよう

　空気の流れが原因で発生する音、つまり流体音のなかでもジェットエンジンやノズルから出る音、流体の流速や流量を変えるバルブ(弁)から出るバルブ音、爆発などのときに発生する爆発音、回転部をもつ送風機、圧縮機、ポンプ、プロペラ、タービンの回転音などは、いずれもその構造や機能上、空気の流速が大きく、圧力が急に変化している。これらの多くはその性能を維持しなくてはならないので、回転数を低くすることも困難で簡単に静音化ができない状況にある。

　ジェットエンジンやノズルから空気が高速度で噴出するときには、噴出する空気とそのまわりの静止していた空気との間に摩擦が生じ、大きな空気の乱れが発生する。これが大きな音を出す源となっている。管に接続したノズルから高速度で空気が噴出するときには管内の空気柱が共鳴して、共鳴周波数の音圧レベルが高くなる。

　管内を高速度で空気が流れる場合でも、途中でバルブやオリフィスがあると、流れが急にしゃ断されたり、減速されたりすると、そこで大きな渦が発生して大きな音を出すようになる。さらに、急速な圧力変化によってバルブや管路が振動し、管路やバルブ自体の固有振動もあって複雑な音を出すことになる。

　ボイラや化学プラントなどに用いている安全弁や減圧弁などは、高い圧力の流体を急に圧力の低い大気中へ流すのがその役目であるため、作業時に大きな音を発生している。

4.11 音の特性を利用しよう

　空気中を伝わる音は空気の粒子の粗密波であり、圧力の高いところと低いところが交互に現われる波であるから、この波の特性を利用する。図4.21(a)

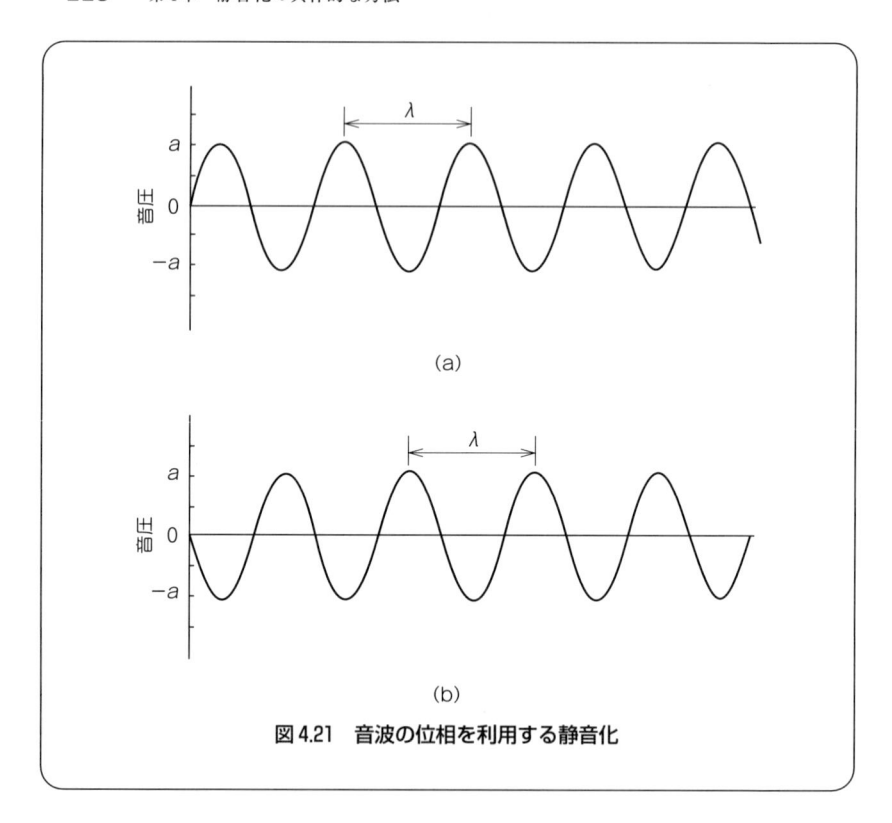

図4.21 音波の位相を利用する静音化

および(b)に示したのは，周波数が一定で，ひずみのない波形をもつ正弦波である。これは純音でありこの音の波長は一定である。

図4.21(b)の波は(a)の波と比較すると，位相が半波長ずれている。つまり，波形が全く逆になっていることがわかる。この2つの波が合流するとお互いに波の山と谷が逆になっているので，2つの波の和を求めることになり，波が消えてしまい音圧が0になる。すなわち，理想的な静音化の方法となる。しかし，これはきわめて理想的な条件がそろった場合に成り立つものである。現実に発生している音の波形はひずみがあったり，多くの周波数の音が重なり合ったり，位相もまちまちな場合がほとんどで，図のように完全に音圧を0にすることは困難である。

4.11 音の特性を利用しよう

　目的の音と位相が半波長異なる同一周波数の音を別に発生させ，その2つの音を合成させて静音化する方法と，同じ音源から出た音を2つに分けてその通路の長さの差を利用して位相を変えることによって静音化する方法の2つがあるが，前者は別に音源を必要とし，音源の設置場所に配慮が必要となる。後者は**図4.22**に示すように，音源と受音者との間に通路差を設けるもので設置が簡単である。

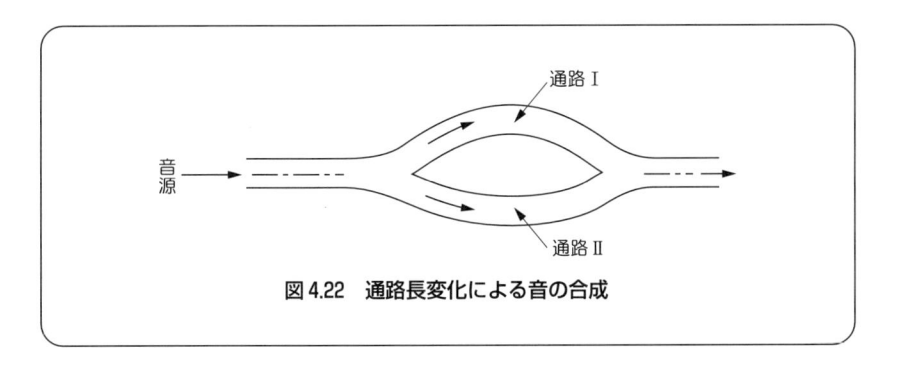

図4.22　通路長変化による音の合成

　通路ⅠとⅡとの長さの差を半波長に等しくすると，音の減衰は最も大きくなる。

$$a - b = \frac{n\lambda}{2} = \frac{nC}{2f} \qquad (4 \cdot 11)$$

ここで，
　　　a：通路Ⅰの長さ
　　　b：通路Ⅱの長さ
　　　λ：波長
　　　C：音の伝わる速さ
　　　f：音の周波数
　　　$n = 1,\ 3,\ 5,\ \cdots\cdots$

(4.11)式を満足させるように，通路長さaとbを決めるとよい。

　$n = 2,\ 4,\ 6,\ \cdots\cdots$となると$(a - b)$は波長の倍数に等しくなるので，合流点における2つの音の波形が同じになるため音圧レベルは大きくなる。

(4.11)式より周波数 f は，

$$f = \frac{nC}{2(a-b)} \qquad (4 \cdot 12)$$

となり，f, $3f$, $5f$, ……において音の減推量が最も大きく，$2f$, $4f$, $6f$, ………へ移るにしたがって減衰量は小さくなる。

したがって，特定の周波数で大きな音圧レベルを出すような音の静音化には有効であり，広い周波数帯域にわたってほぼ一様な音圧レベルを示すような音に対しては減音の効果は低い。たとえば，共鳴周波数において大きい音を出す圧縮機，エンジンの給排気音，振動式搬送機音などの減衰に用いるとよい。

周波数の高い音は吸音材や吸音器を用いると静音化の効果は高いが，周波数の低い音に対しては減衰量は小さく静音化の効果は低いので，このような音に対しては位相差を利用して静音化させる方法を選ぶとよい。

4.12　音のマスキング効果を利用しよう

喫茶店やレストランでは，音楽を流して人々の話し声を聞こえにくくしている。また，テレビやラジオから出る音が大きくなると，人の会話が聞き取りにくくなる。このように，対象としている音が他の音によって聞き取りにくくなる現象を音のマスキング効果という。

このマスキング効果のマスクとは，ヨーロッパの古都のお祭りや喜劇によく出てくる顔の前面や一部を覆う仮面のことで，顔を覆うとともに他のイメージを与えるのに利用している。さらに，身近なものでは風邪をひいたときに口や鼻を覆うのに用いている布のことをマスクとよんでいる。これらはいずれも特定のものを覆い，見えなくしたり，出なくしたりする役目をしているのである。

音のマスキング効果もある周波数または周波数域の音を，別の音が作用して聞き取りにくくするマスクの役割を果たしているところから，その名前が

用いられている。

　この効果を上手に利用することによって，特定の周波数とくに高い周波数域の音をマスクして人間の耳には感じにくくすることができる。

　マスキング効果を定量的に表示できれば便利である。人間が聞くことのできる最低の音圧レベル（音の最低可聴限）が，マスクする別の音が存在しないときと，存在するときとで変化するので，その変化量が採用されている。これをマスキング量とよんでいる。単位は［dB］である。マスキング量が大きいほどマスキング効果は大きいことになる。

　音のマスキング効果については次の特徴がある。
① 低い周波数の音は高い周波数の音をマスクして聞こえにくくするが，反対に高い周波数の音は低い周波数の音をマスクしにくい。
② マスクする音の周波数から離れた音よりも，近い周波数の音ほどマスクされやすい。
③ マスクする音のレベルが大きいほどマスキング量は大きくなる。

　このような音のマスキング効果の特性をよく承知したうえで，まずマスクされる音の周波数，音圧レベルを測定し，次にマスクする音の周波数やレベルを決めることがマスキング量を高めるために大切である。

4.13　膨張・収縮を利用しよう

　一様な内径の管内を音の平面波が管の軸方向に進行してゆくとする。その途中で急に管の内径を大きくすると，そこで音響インピーダンスが変化するので，音波の一部は反射し，他は進行する。管の内径が大きくなった部分を進行した音波は，管の内径が小さくなるところで一部は反射する。その反射した音波と進行してくる音波とが干渉し合って音が減衰する。

　図4.23は，一様な内径の管に接続して一箇所で膨張・収縮する単一空洞の形式を示した。このような管の膨張・収縮を利用するときには，膨張する空洞部の内径より長さが長いこと，さらに管内径が音の波長より小さいこと

図 4.23　膨張・収縮管

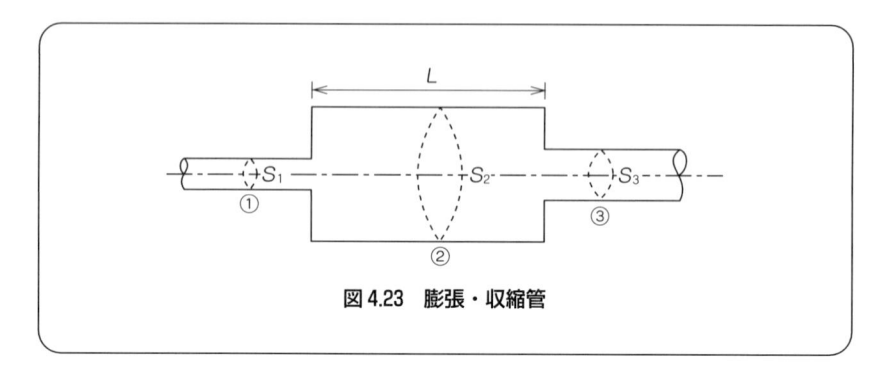

が条件である。

　さらに一層の減衰を期待するには，空洞部を2つ，3つ，……と増加させて多重空洞連結形にすると効果は大きくなる。

　いま，図4.23に示す単一空洞の場合の音の減衰量を求めてみる。音波は断面積S_1の細い管から，断面積S_2，長さLの空洞へ伝わって膨張し，さらに，断面積S_3の細い管へ結ばれて収縮する。この場合の音の減衰量は次の式となる。

$$減衰量 = 10 \log \frac{1}{4}\left\{\left(1 + \frac{m}{m'}\right)^2 \cos^2 kL + \left(m + \frac{1}{m'}\right)^2 \sin^2 kL\right\}$$

$$+ 10 \log \frac{m'}{m} \quad [\text{dB}] \tag{4・13}$$

ここで，

$$k = \frac{2\pi}{\lambda},\ m = \frac{S_2}{S_1},\ m' = \frac{S_2}{S_3},\ L = 管の長さ\ [\text{m}]$$

　(4.13) 式をみると，mおよびm'の大きさによって減衰量の大きさが決まることがわかる。さらに，$kL = 2\pi L/\lambda$ によっても減衰量の大きさが影響を受けることもわかる。

　また，内径が大きくなった空洞部の内面に，グラスウールなどの吸音材を貼り付けて吸音することもできる。この場合には，かなり厚い吸音材を用い，管壁との間に空気層を設けるなどすると効果が大きいが，空洞部の外径が大

4.13 膨張・収縮を利用しよう

きくなる欠点もある。

さらに，よく似た形状で減衰させている方法に共鳴吸音がある。これは音波が伝わっている管の壁に丸い穴をあけ，その外側に管を包むように一定体積の大きな空洞部を取り付けたもので，空洞部の空気体積と管の穴によって決まる共鳴周波数において大きく減衰する。

図4.24は，共鳴を利用した減衰器の形である。管にあける穴は1つでも複数でもよい。次の共鳴周波数の式

$$f_0 = \frac{C}{2\pi}\sqrt{\frac{d}{V}} \quad [\text{Hz}] \qquad (4\cdot14)$$

によって決まる周波数において大きく減衰する。Cは音の伝わる速さ。しかし，その他の周波数においては減衰が見られない欠点がある。特定の周波数で音圧レベルが大きい音の減衰には有効である。

(4.13)式に示す膨張形の減衰では，より広い範囲の周波数において減衰する特徴があるので，共鳴形よりその用途は広くなる。

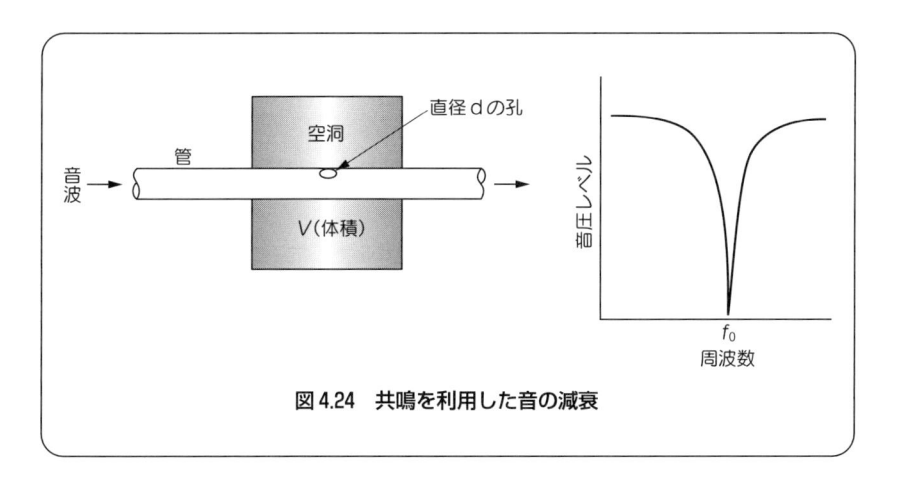

図 4.24 共鳴を利用した音の減衰

第Ⅱ編　各種機器の静音化方法

　音を発生している源は，一般家庭にある電気製品から，工場にある大形機械，交通機関など多岐にわたっている。これらの機器はその大きさ，形状，材質，駆動機構などが一様でない。すなわち，音源の数，音響出力，音の発生機構，音の伝わりかたなどが同じではない。そこで，これらの各種機器から発生する音に対して，どのような具体的な静音化方法を利用すると効果があるか，静音化設計について説明する。

第5章 家庭にある機器の静音化

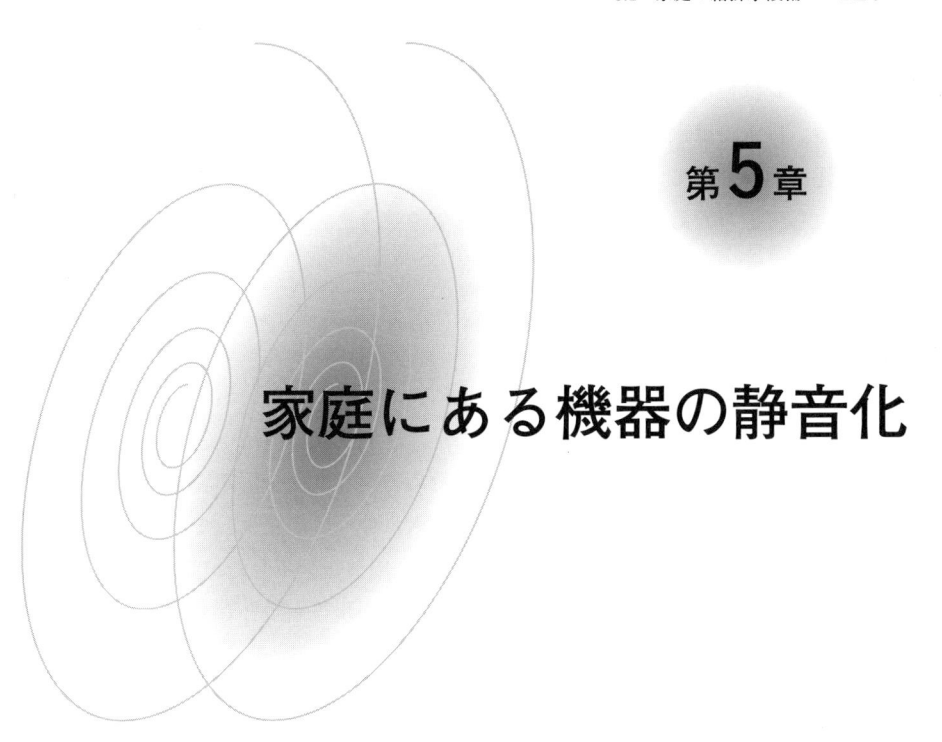

　生活水準の向上とともに，一般家庭に電気製品や情報機器などが広く普及するようになってきた。それに伴って，家庭内にある多くの機器から出る音に対する苦情が増え，静音化が製品の購入を決める1つの要素となってきた。静かな環境のもとで生活したい人々の要求を満足させるには，家庭内にあるそれぞれの機器の静音化を施すことが必要である。

5.1 家庭の給排水設備

　多くの家族が同一の建物内に居住するマンションなどでは，吸排水管が共用され，その管が途中で分岐して，それぞれの住居や部屋へ通じて使用されている。そのため，隣室の給排水によって発生する音が伝わることもあり，

とくに夜間に使用する際，迷惑になる場合もある。

水洗トイレは使用後に排水のみの場合と，排水と吸水が同時に行われるものとある。排水時は水量が短時間に多く流れるため発生する音が大きく，排水管が建物内を通っているため，排水管から音が伝わる。また，給水時でも音が発生しているため，夜遅く使う場合に気を遣うことを経験した人は多いと思う。

（1）給水設備

高い建物の給水設備の多くは建物の屋上にタンクを設置し，ポンプでそれに給水し，タンクの高さ（位置のエネルギー）を利用して各階へ給水する方式が多い。したがって，タンクへ給水するためのポンプや機器が音を発生している。さらに，流水管，弁，水栓などに流水に伴う音が発生している。

図5.1は，家庭用水道の蛇口から出る水の音を周波数分析した結果である。周波数が1,800 Hz付近で音圧レベルが少し高くなる現象が現われている。これは蛇口の形状や大きさが変わると周波数も変化する。しかし，かなり広い周波数範囲にわたって音圧レベルが比較的等しく分布していることがわかる。

水が管の中を流れるとき，圧力や流速が大きいと流れに乱れが生じる。さらに管が急に曲がっていると流れが乱れてしまう。このような乱れが流体を振動させ，さらに管を振動させて流体音や管の振動による固体音を発生させる。

管の振動が床に伝わらないようにロックウールやゴムを用いて防振した例

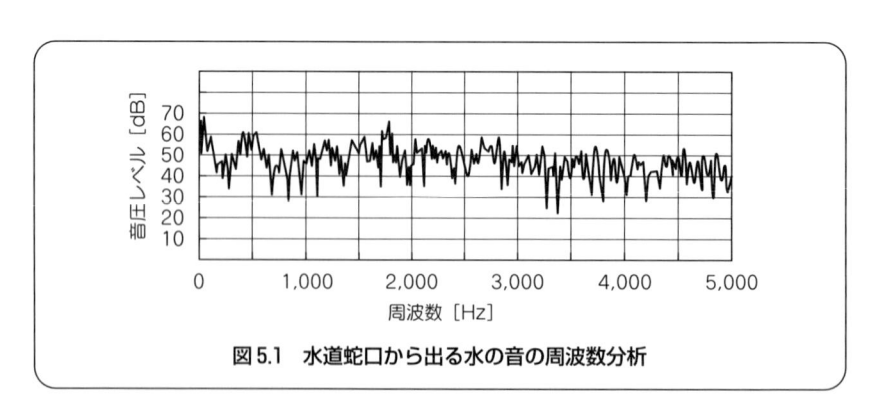

図5.1　水道蛇口から出る水の音の周波数分析

が図5.2である．さらに，管の振動が壁に伝わらないようにした取付け例を図5.3に示す．また，バルブで管内の水の流れを急に閉じると，大きなウォータハンマが発生してバルブや管が振動する．

給水管内の給水量を一定にして水の圧力を大きくすると，発生する音は大きくなる．さらに，水の圧力を一定にして管内の水の流量を次第に増加しても音は大きくなる．比較的大きい水道管の場合は，蛇口を徐々に開けてゆくと流量は増加してゆき音も次第に大きくなるが，あるところまで開けるとそ

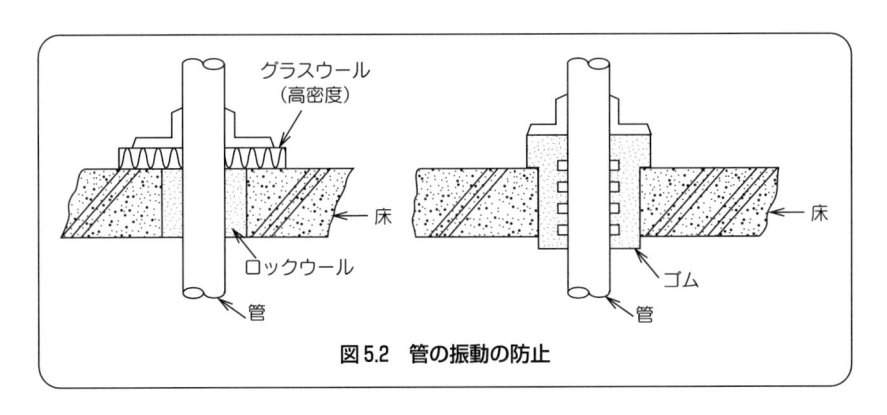

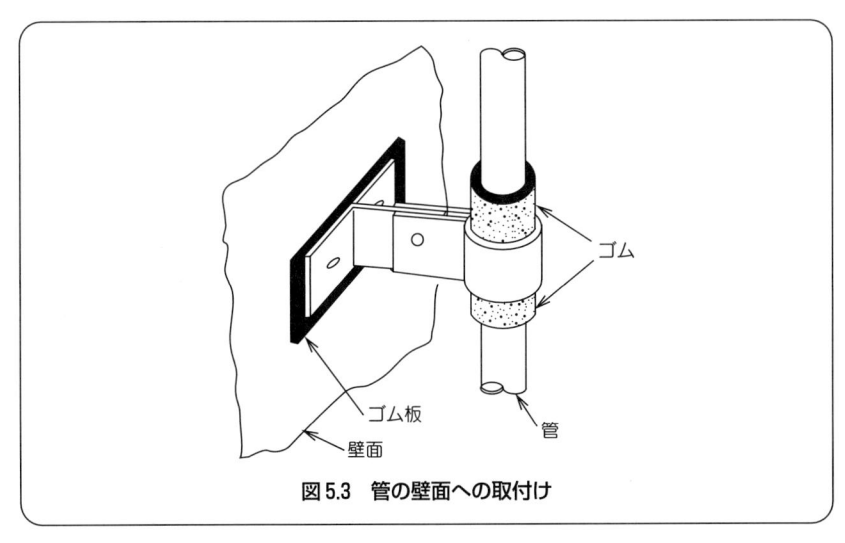

図 5.2　管の振動の防止

図 5.3　管の壁面への取付け

れ以上開けても圧力が低下することもあって，流量が増加しても音は大きくならないことがある。

　給水時の音を小さくするには，管の圧力を調節できるのであれば圧力を低くし，水の流れる速度も低くして時間をかけて給水する。さらに，流路によって影響を受けることが多いので，流路内で激しい乱流が発生しないようにし，流れの急激なしゃ断を避けるように考慮することである。

（2）　排水設備

　高層マンションでは，キッチン，洗濯機，洗面所，風呂などに設けた排水管が上階から下階へ通じている。さらに，水洗トイレの排水管も，各階の排水を集めて下水道管へ導いている。

　これらの排水は，上水道と違ってつねに水が満水になって流れているわけでなく，むしろ断続的に流出する場合が多い。したがって，排水が空気を伴って流れるために，空気の圧縮や膨張に伴う音が発生する。

　水洗トイレでは，水が便器を洗浄する音，便器から水が排出するときに発生する音，排出した水が排水管を打つ音，排水管内を流れるときの乱れによる音などがある。水洗トイレでは，排水時の単位時間当たりの流量が多いので，短時間ではあるが大きな音が発生している。

　排水を通す管の材質が管の外への音の放射にも影響している。鋼管よりも鋳鉄管は排水の衝撃による振動を吸収するため音は小さくなる。さらに，内面または外面に合成樹脂を張り付けた管では，合成樹脂が粘弾性層になって振動を減少させるため，発生する音も小さくなっている。つまり，管も振動しているので，使用する管の振動の減衰率が大きいか小さいかによって，管の表面から出る音が影響を受ける。したがって，使用する管を選定するときには，加工や取り付けの容易さ，価格などに加えて，振動の減衰率も選択の要素に加えるべきである。

静音化設計

　①ポンプをはじめとする給水機器は振動が発生するので，それを防止す

るため防振装置を用いて支持し振動を吸収する。
② 管路系を通して壁や床に振動が伝わらないよう，接触部にゴムシートや発泡材を用いるほか，管路表面を吸音材や防振材などで包むラギング*を行って，管路からの音の伝搬を防止する。
③ ポンプの静音化については第7章7.3節に記す。
④ 鋼管よりも鋳鉄，合成樹脂，およびゴム管の方が水の衝撃による振動を吸収するため，発生する音は小さくなる。このように小さい振動を吸収するような材質を採用するように考慮する。
⑤ 鋼管の内面と外面に合成樹脂を貼り付けると，それが粘弾性層の役割をして発生音を小さくする。
⑥ 吸・排水時の水の圧力や流量を小さくすることによって，発生する音を小さくできる。
⑦ 水洗トイレの便器を洗浄したり，排出するときの排水による衝撃で便器が振動して音を発生し，振動が床に伝わるのを防止すること。そのために便器と床との間にゴムシートを敷いたり，ボルトの締付け部にもゴムを介して締め付ける。

*管や板が振動して音を放射している場合には，その振動体に制振材を巻き，さらに，吸音材やしゃ音材を表面に巻いて音の放射を小さくする対策をラギングという。

5.2 コンピュータ

パーソナルコンピュータ（PC）によるe-mailをはじめとする通信手段の普及や，ホームページからの情報収集の必要性の増加などによって，企業はもちろん一般家庭におけるPCの台数は増加している。

家庭内の静かな環境でPCを使用すると，ディスプレイに表示される内容に見入り，熱中して長時間使用することが多い。そのため，PCから出る音が気になるものである。PCから出る音の音圧レベルは低いので，長時間PCに接しても難聴などの騒音公害になることはない。

人々は静かな環境にいて，自分が接するものと長く付き合っていると音圧レベルが低くても，案外その音が気になるものである．とくに，PCはパーソナルの名のごとく，これは自分の物，いや自分自身の一部だとの感覚をもつ人もいて，PCの静音化には関心をもつ人が多い．

PCの音源となっているものは以下の通りである．

（1）電源ユニット

電源ユニットは電力を消費して，その多くが熱に変わるので，それを冷却するためファンを用いている．そこで，まず電源ユニットの発熱量を減らすことが大切である．小さい容量の電源ユニットをフルに稼動するよりも，十分に大きい容量のものを用いる方が発熱量が小さくなるので，容量の大きいものを用いるのが好ましい．

発生する熱を除去するためには，
　　1）物体（発熱体）表面の熱伝達係数を大きくすること
　　2）物体の伝熱面積を大きくすること
を考慮することである．

熱伝達係数を大きくするためには，まわりの空気のレイノルズ数を大きくする．すなわち，空気が全表面を流れる速度を速くするとよいので，そのためにファンを用いて空気の流速を速くしている．しかし，ファンからの音が大きくなるので，むしろ，流速を高めるよりも，伝熱面積を大きくして熱を除去することが音響面からは好ましい．

伝熱面積を大きくするために，図5.4に示すようなヒートシンクを用いるとよい．ヒートシンクは表面積を広くするとともに，熱源からの熱を速く表

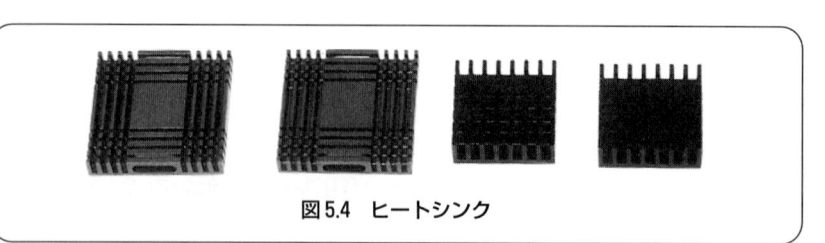

図5.4　ヒートシンク

図 5.5 ファンにつけた大きいヒートシンク（銅板）

面に伝えるため熱伝導率の良い材料が好ましいので、銅板が適当である。

図 5.5 は、PC 用のファンに取り付けた銅製の大きいヒートシンクである。電源ユニット冷却用のファンから出る音は、

1) ファンの軸の回転による摩擦音
2) 羽根の回転に伴う空気に発生する渦の流体音
3) ファンからの空気流が周辺の物体に当たり、その物体を振動させたり、渦を発生させることによる音
4) ファンの回転に伴う振動がシャーシに伝わり発生する固体音

が主なものである。

（2） 中央演算処理装置（CPU）

CPU には IC や LSI などの集積回路があり、これらの高速処理化に伴って多くの電力を消費することになり、そのため発熱量が大きくなっている。使用時間とともに高温度になり、誤作動するため、ヒートシンクを付けて放熱したり、冷却用にファンを用いたりしている。このファンが音の発生源となっている。

ファンの音は回転数と関係があり、回転数が大きくなると大きい音が発生する。そのため最低必要な風量を確保すればよい。

（3） シャーシ

シャーシ内部には発熱体が多いので，内部の温度を下げるためファンを用いている。このファンはシャーシに固定されている。シャーシは薄い板であり剛性が低く，振動が伝わりやすいのでシャーシ自体が振動して音源となっているものもある。

シャーシ内部には多くの発熱体があるので，吸入する空気が発熱体周辺を流れて，効率よい空気の流れになるよう，ファンをはじめ内部の部品配置を考えることによって，ファンの空気量を減らすことができる。

（4） ハードディスク駆動装置（HDD）

ディスクの駆動装置が作動することによって機械的な摩擦音が発生する。さらに，アクセスする時の「ジージー」，「グルグル」などのシーク音も発生する。CD-ROMの光メディアドライブは使用していないときは静かだが，メディアが入って動き出すとうるさく感じることがある。

簡単なことであるが，HDDやCPUは机の下に置くなどディスプレイと離して設置できれば，音の伝搬における距離減衰を利用できることになり好ましい。

静音化設計

① ファンの回転数とシャーシの固有振動数が一致しないようにし，シャーシの共振を避けるとともに，ファンの取付け部に防振材を用いて振動が伝わらないようにする。

② ファンの音を小さくするため翼の長さを長くし，回転数を小さくして必要な風量は確保する。翼の長さが短く，回転数を大きくするのは好ましくない。

③ ファンの音を小さくするには限度があるので，大きいヒートシンクを付けることによって放熱が十分にでき，ファンを用いなくてよくなればそれが好ましい。ヒートシンクは表面積を大きくする形状にし，熱

伝導率の大きい材料を用い，発熱体とヒートシンクの接合部には空気が入らないようシリコンオイルなどの液体で熱抵抗を小さくする。

④ シャーシの内部にリムを付けたり，角部にL形板を付けてシャーシの剛性を高め振動を小さくする。

⑤ シャーシ表面に空気層を設けた吸音材を張り付け，表面からの音の放射を小さくする。

⑥ HDDは駆動によって振動が発生する。これがシャーシにも伝わるのでシャーシとの間に防振材を用いる。さらに，振動が発生する装置と振動の伝わる部分に制振材を用いる。

5.3 電気掃除機

電気掃除機は使用時にはつねに室内を移動している。つまり，電気掃除機は音源が移動している特性をもっている。移動するためには小型で軽量であることが要求される。しかし，内部に吸音やしゃ音を施すと重くなり相反することになる。

電気掃除機の種類には，空気をゴミとともに吸い込んでゴミと空気を分離し空気を外へ出すもの，排気をなるべく外へ出さないで循環して使用するものなどがある。

さらに，空気とゴミを分離する方式にもいろいろ考案されており，小さいメッシュの紙パックのフィルタに空気を通して分離する方式，サイクロンを用いて空気とゴミを分離し集めたゴミの中を排気が通らないようにする方式，静電気を用いて集塵する方式などがある。

どの電気掃除機にも共通している点は，高速度で回転するモータとファンによって空気とゴミを吸い込むのである。モータは3,000〜3,600 rpmの高い回転数であり，回転数とファンの羽根の枚数との積によって決まる周波数とその倍音において音圧レベルが高くなる。モータの回転に伴う音は500〜600 Hzとなり，羽根の枚数が8枚の場合にはその周波数は4,000〜4,800 Hz

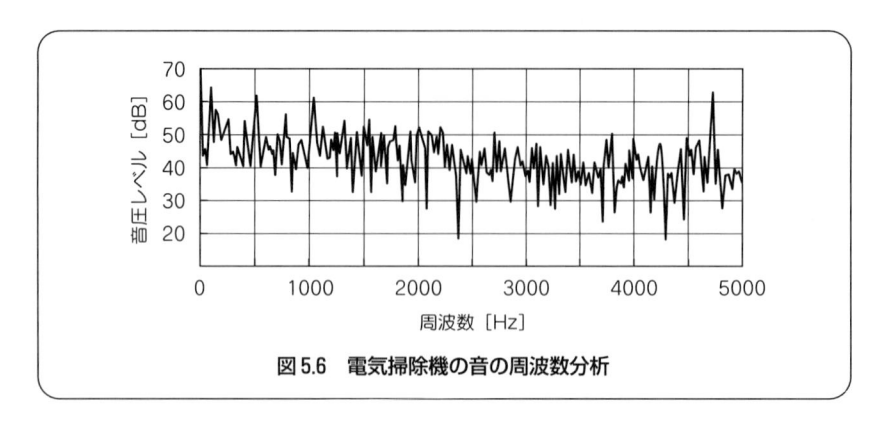

図 5.6　電気掃除機の音の周波数分析

とそれぞれの倍音において音圧が高くなることがわかる。

図5.6は，電気掃除機の音を周波数分析した結果の一例である。この図をみると，500 Hz，1,000 Hzおよび4,700 Hz付近において音圧レベルが高くなっている。周波数が約500 Hzおよび1,000 Hzは，モータの回転に伴う音とその倍音であり，4,750 Hzの音はモータの回転数と羽根の枚数の積から求まる周波数である。

電気掃除機内のファンはモータと一体になっており，本体に固定されているので回転に伴う振動が伝わって音を出しているが，この振動は大きなものでなく，本体も金属でなく樹脂が多いので，振動に伴う回転音は大きくない。むしろ，内部に発生した回転音が本体の隙間や，吸・排気口，ホースなどから外部へ伝搬している音が大きい。

さらに，床からゴミを吸い込むためのブラシの音やノズルからの吸込音，空気とゴミが延長管やホース内を流れる音，空気が本体から流出する排気音などがある。

[静音化設計]

① 電気掃除機の音源は比較的少ないので，ファンモータの回転に伴う振動が本体へ伝わるのを防止するためファンモータ支持部にゴムなどの防振材を用いる。

② 音源のファンモータからの音を吸音材で吸収する。音圧レベルの大きい音の周波数が決まっているので，逆位相の音を出して消してしまう方法もとることができる。さらに，特定の周波数の音を吸収する共鳴吸音の方法も有効である。
③ ファンモータを静音化するため，ファンモータのカバーをはじめ使用している金属材料をできるだけ樹脂などの振動減衰率の大きい材料に変える。
④ モータの回転数が大きいので，ロータや羽根などの回転体にアンバランスがあると，不均衡な遠心力のため振動が発生するのでアンバランスをなくする。
⑤ ファンモータの回転周波数の倍音が，ファンモータのファンケースの共振周波数と一致しないようにする。もし，両者が近い場合には，ファンケースの厚さを変えたりリムをつけて共振周波数を移動させる。
⑥ ホースは蛇腹になっているため凹凸が大きく，ゴミと吸気が蛇腹に衝突するので，ホースを二重構造にし空気の流れの音を小さくする。
⑦ 吸込み口の床ノズル部はブラシ，モータ，接続パイプから成っている。これらの内部の空気の流れる通路を平滑にし，突起をなくするとともに，接続部にくぼみのような変化を作らないようにする。
⑧ 電気掃除機の使用において手動のパワーコントロールができるようにし，ゴミの多少によってパワーを調節し，吸音力を調整することによってゴミが少ないときの静音化に効果を発揮させる。

5.4 電気洗濯機

単身赴任の男性が増加しても，やはり洗濯機を使うのは女性が多い。最近は働く女性の増加とともに洗濯を朝早くしたり，夜間にしたりする傾向が増えてきている。夜間の電力を利用しタイマーでセットして使用する場合も多くなってきた。とくに共同住宅で生活している場合には，洗濯機の振動や音

は隣家への影響も出てくるのでその静音化は大切である。

発生する音の対策を考えるときに大切なのは，その物体の構造，音源の位置や使用状態をよく把握することである。

図5.7と**図5.8**に，一般的な全自動電気洗濯機の構造を示した。モータが回転してその回転をベルト，プーリを介してクラッチ部へ伝え，ここで減速，反転し外槽内に設けたバスケット（アジテータ）内の洗濯物を回転洗浄，すすぎ，脱水，乾燥するのである。

図5.7は，モータからベルトを通して変速部へ回転を伝える形式で，図5.8は，ベルトを使用しないで直接駆動する方式である。ベルト駆動式はベルト駆動によって音が発生するほか，ベルトによってある方向へ力が作用し，不均一な遠心力が作用するので振動が発生しやすくなる。したがって，直接駆動方式の採用が好ましい。

脱水は，バスケットを回転させたときの遠心力を利用するので，洗濯物がバスケット内で不均一に分布していると不均一な遠心力が作用して大きな振動の原因となる。そこで，バスケット，外槽，駆動系などを吊り棒でスプリ

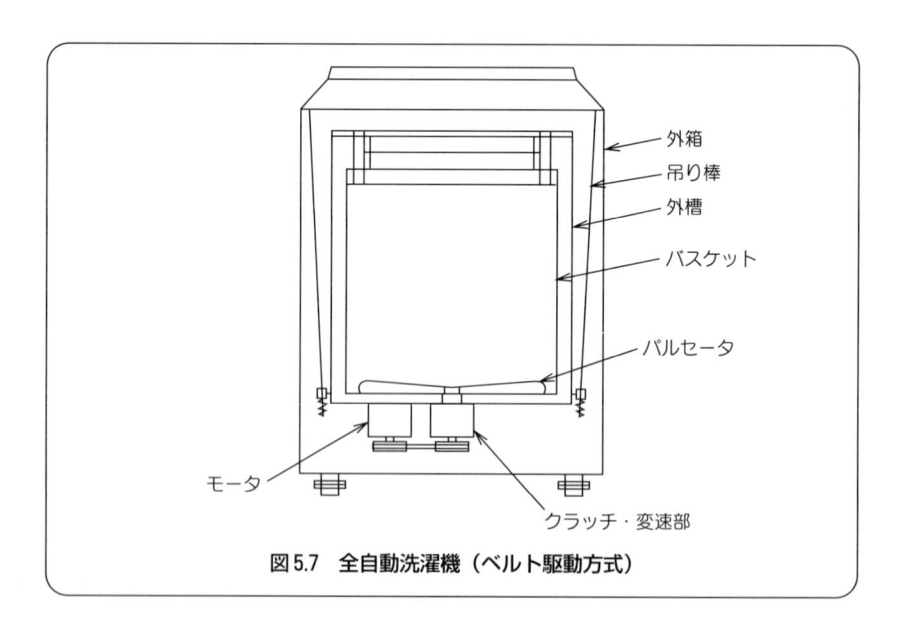

図5.7　全自動洗濯機（ベルト駆動方式）

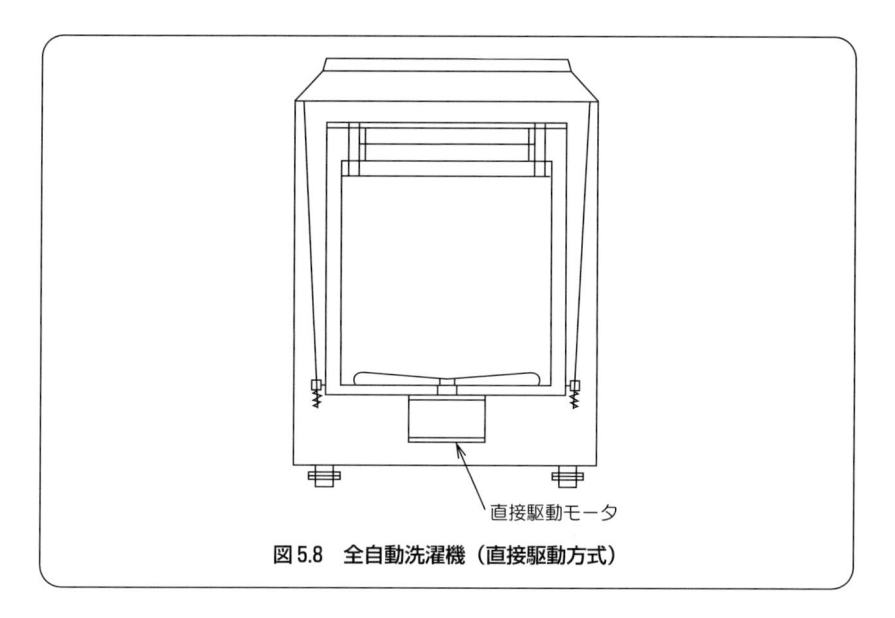

図5.8 全自動洗濯機（直接駆動方式）

ングを介して吊り下げ，振動を吸収し，外箱へ伝わる振動を小さくするようになっている。

（A）モータ

モータ主軸の回転力や電磁力によって振動が発生する。さらに，主軸を支える軸受における振動や摩擦音が発生する。電磁力を生ずる電源の周波数とその整数倍の周波数における音が低域周波数において大きな音圧レベルを示している。電磁力のバランスはモータ部品の加工精度に大きく依存している。

（B）ベルト

モータの動力をプーリとベルトを通してクラッチへ動力を伝える方式の場合には，モータ固定部の剛性が低いのでロッキング振動することがあり，プーリ間の距離が変化し，ベルトが振動して音を発生する。さらに，ベルトで駆動すると，プーリ軸はベルトが引っ張る方向に力が作用した状態で回転するので，回転時にアンバランスな力が作用し振動を発生する。騒音・振動の防止から判断すると，図5.7に示すベルトを用いる方式は好ましくない。

（C）クラッチ部

　バスケットの回転数や回転方向を変換するのがクラッチ部である。洗濯中の回転数は比較的低く，回転方向が変わることもよくある。脱水時になると回転数が大きくなる。このように，使用する人が最初にプログラムした通りの変換がこのクラッチ部で行われている。回転速度や回転方向を変えるのに歯車を用いると，歯車の噛み合い時に音が発生する。

（D）槽内部

　電気洗濯機は外槽内部にバスケット，パルセータがあって洗濯物と水を入れて回転させている。回転の向きを自動的に変換しており，そのたびに水の流れの方向が変わり，水の流動音や洗濯物の衝突音が発生している。急停止や急始動によって大きな音を発生するので，ゆっくり始動するなど運動パターンに留意が必要である。

　脱水時に大きな音を発生するが，槽内部における洗濯物の不均一な分布によって高速度で回転したときに中心軸に対する遠心力の分布が不均一になり，大きな振動を発生し大きな音の原因となっている。

（E）外　箱

　電気洗濯機内部の動力源，動力伝達部，外槽，バスケットなどは吊り棒で外箱に支えられている。吊り棒にはスプリングなどのダンパーがあり振動を吸収しているが，その一部は吊り棒から外箱へ伝わったり，モータなどに発生する音が外箱へ伝わったりして外箱が振動し音源となっていることがある。

（F）給水バルブ

　給水パイプ内を流れる水をバルブを操作して急停止すると，ウオータハンマが発生して大きな衝撃力となり振動が発生する。これは水圧が大きいほど大きくなる。バルブの操作やスイッチ構造に対する配慮が必要である。

　洗濯時においては，給水，洗い，すすぎ，排水，脱水および乾燥の行程のなかで音が最も大きいのは，瞬間的音を除くと脱水である。これは遠心力を利用した脱水であるため，回転数が約 1,000 rpm と大きいことが原因である。さらに，脱水終了時の回転を停止させるブレーキ音も大きい。次いで洗いの行程中の音が大きく，さらに給・排水時のバルブの音や水の流れに伴って発

生する流体音も大きい。

> 静音化設計

① 電気洗濯機の動力源のモータに発生する振動を吸収するため，モータのハウジングは金属に代えて樹脂や制振材を用いる。
② モータからの回転を伝達・変換するプーリ，ベルト，クラッチ，変速機などを用いないで，モータをバスケットに直結し，電気制御装置を用いてモータの回転数，回転方向を変換する方法を採用する。
③ 洗濯機はその目的から，バスケットを振動させることが洗浄のために必要であるので，振動の発生はある程度やむをえないが，その振動が外箱へ伝わって外板を振動させて音を発生し，周辺へ伝搬しているので，振動が外板へ伝わるのを防止するため接続部に防振材を用いる。
④ 洗濯機本体の振動が床へ伝わり，室内の振動や音を発生するので，洗濯機の足部に防振装置を施す。
⑤ 脱水中の運転音が大きいため，洗濯物が回転中心軸に対して均等に分布するように配慮する。
⑥ 洗濯機の内部に発生する音が外へ伝わるまでに内部で吸収できるように，吸音材を外箱内側へ貼り付ける。
⑦ 給水バルブの開閉音，瞬時に発生するスイッチ音，ブレーキ作動音などを小さくするために，作動する時間を少し長くして急激な停止を避ける。

5.5 ルームエアコン

快適な生活を求める人々の要求の高まりとともに，ルームエアコンは一部屋に1台を備えるようになっている。しかし，夏の冷房だけに使用していたルームエアコンを，冬の暖房にも使用する人々が多くなって，ルームエアコンの普及はマンション，アパート，住宅密集地など設置場所を選べなくなり，小型化，高性能化とともに静音化はルームエアコンの必須条件となっている。

ルームエアコンは，室外機と室内機を管が接続し，その中を冷媒が流れている。しかも双方には回転や往復運動する動力源があり，多くの音源が発生している。

室内機と室外気の主な音源を，図5.9と図5.10に示す。

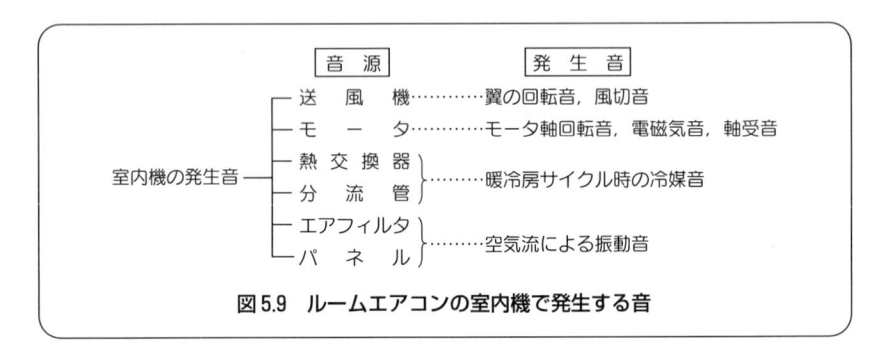

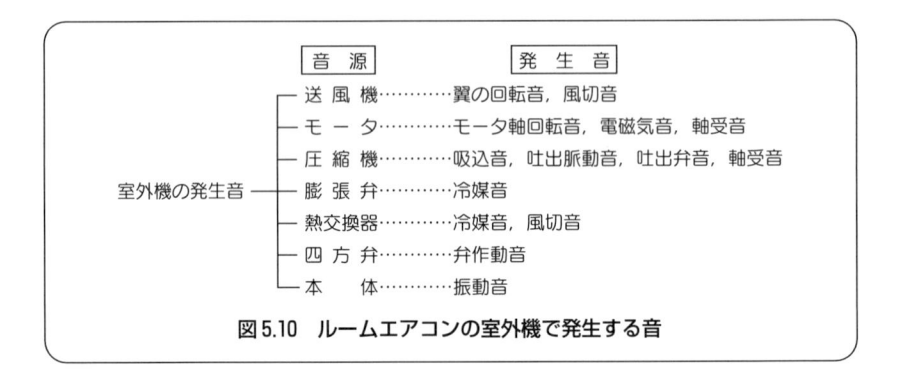

```
            ┌ 音　源 ┐          ┌ 発　生　音 ┐
          ┌ 送 風 機 ……… 翼の回転音，風切音
          ├ モ ー タ ……… モータ軸回転音，電磁気音，軸受音
室内機の発生音 ┼ 熱 交 換 器 ┐
          ├ 分 流 管   ┘……… 暖冷房サイクル時の冷媒音
          ├ エアフィルタ ┐
          └ パ ネ ル   ┘……… 空気流による振動音
```
図5.9　ルームエアコンの室内機で発生する音

```
            ┌ 音　源 ┐          ┌ 発　生　音 ┐
          ┌ 送 風 機 ……… 翼の回転音，風切音
          ├ モ ー タ ……… モータ軸回転音，電磁気音，軸受音
          ├ 圧 縮 機 ……… 吸込音，吐出脈動音，吐出弁音，軸受音
室外機の発生音 ┼ 膨 張 弁 ……… 冷媒音
          ├ 熱 交 換 器 ……… 冷媒音，風切音
          ├ 四 方 弁 ……… 弁作動音
          └ 本　　 体 ……… 振動音
```
図5.10　ルームエアコンの室外機で発生する音

（1）　室内機

室内機の断面を図5.11に示した。室内機の内部は熱交換器とそれに冷媒を流す管，熱交換する空気を送る送風機，それを回転させるモータおよびエアフィルタから成っている。

（A）送風機

これは室内機のなかでは最も大きな音源である。送風機から出る音は回転

図5.11　エアコン室内機の断面

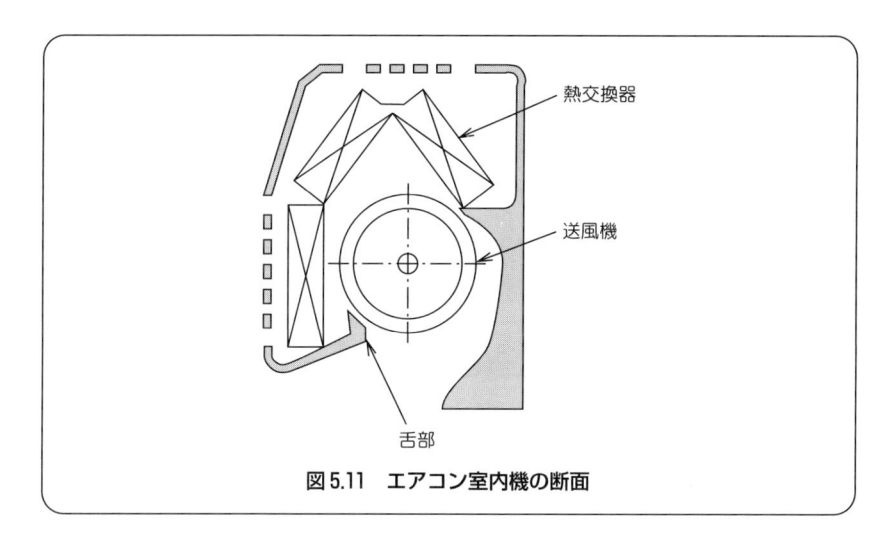

数と羽根枚数との積によって決まる基本周波数の音と，その倍音から成る離散周波数成分と，羽根の回転によって空気が羽根の後縁から離れるときや，翼面上における空気流の剥離によって発生する乱流音で，比較的広い帯域の周波数音に分類できる。

　離散周波数音は，回転する羽根と舌部の干渉によるもので，大きな音であるため，舌部と羽根先端との隙間を小さくすることによって発生音を小さくできる。

（B）送風機モータ

　モータは回転に伴いそのシャフトやそれを支える軸受において振動が発生し，機械音が発生している。さらに，モータ内部の電磁石により電磁気音も発生している。

（C）冷　媒

　コンプレッサで圧縮された冷媒は，室外機から管を通って室内機の熱交換器へ送られ，管内を通過するときに流体音が発生しており，さらに管の振動に伴う音も発生する。

　また，エアフィルタを通過する空気によってフィルタの振動音や，パネルケーシングも振動して音を出している。

（2）室外機

室外機には圧縮機(コンプレッサ)，送風機，モータ熱交換機，四方弁などにおいて音が発生している。

（A）圧縮機

室外機の中で主要な役割を果たしており発生音も大きい。圧縮機の種類としてレシプロ形，ロータリ形，ヘリカル形，スクロール形などがある。これらは冷媒を圧縮する機構が異なるため，負荷トルクの変動にも大きな差があり，発生する音も異なってくる。

冷媒の圧縮部やモータなどで振動が発生すると，そこが固体音発生の源となる。さらに，冷媒を加圧し吐き出す時に流体音が発生する。冷媒の加圧機構の中で発生する音が大きいのはレシプロ形である。シリンダ内を往復運動するため，冷媒に作用する圧縮負荷トルクの変動が大きいためである。ロータリ形の発生音はやや小さくなり，スクロール形になるとかなり小さい音になっている。

スクロール形のように吐出弁が不必要な場合には，弁に発生する圧力変動による振動や，それに起因する音が発生しない特徴がある。

圧縮機が高速度で回転することにより，遠心力が作用するために振動が発生する。これが配管にも伝わり，配管系の固有振動数と圧縮機の回転周波数が一致すると大きな共振が発生し，振動や音が大きくなる。

（B）送風機

室外送風機にはプロペラファンが用いられている。送風機に発生する音は大きく，近隣への影響もあるのでその音を小さくすることが必要である。プロペラファンは回転数が大きくなると空気の流量が大きくなるので，熱交換の効率は高くなるが音が大きくなる。そこで，翼の直径を大きくし回転数を下げて，送風量は維持しながら音を小さくすることである。さらに，翼の形状を改良して，翼後縁に発生する空気の乱流音を低減することが大切である。

（C）熱交換器と配管

圧縮機には吸入管と吐出管が接続され，熱交換器により室内で吸収した熱

を室外機で送風機からの空気により放熱している．その空気圧によって熱交換器が振動し音を発生しているので，これらの振動を小さくするとともに，その振動が伝わらないよう防振することである．

（D）モータ

圧縮機やファンにはそれらを回転させるためにモータを接続している．このモータの電磁気音を小さくすることと，回転による振動が本体へ伝わらないように防振することを考慮することが大切である．

（E）弁

エアコンには冷媒の流動条件を良くするためのバルブや除霜用バルブなど複数のバルブがあって，その切替え時に冷媒の圧力変化による流れのため音が瞬間的に発生する．

静音化設計

① 室内送風機の回転に伴い発生する離散周波数音を小さくするために，羽根先端と舌部との間の隙間を小さくし，さらに羽根と羽根とのピッチを不均一にし，羽根が舌部を通過する時間差を不均一にして位相に変調を生じさせる．

② 室内送風機およびモータからの振動がケーシングに伝わらないように防振材を用いて取り付け，ケーシングやパネルからの発生音を小さくする．

③ 室外送風機は回転数を下げて，翼の直径を大きくする方が音は小さくなる．

④ 圧縮機に発生する音を小さくするため，冷媒の加圧機構として振動や音の発生しにくいスクロール形やロータリ形を選ぶ．

⑤ 圧縮機からの振動が熱交換器や配管に伝わらないように，防振材を介して圧縮器，熱交換機，配管を本体内に取り付ける．

⑥ 冷媒を送る管に付けたバルブに発生する音を小さくするために，バルブを用いなくてもよいような圧縮機の加圧機構を選ぶ．

⑦ フェルトなどの吸音材で圧縮機を囲み吸音する．

5.6 電気冷蔵庫

　電気冷蔵庫は新しい製品が出るたびに静音化への配慮がされ，次第に音も小さくなり家庭における機器のなかでも騒音が大きな問題となることは比較的少なくなった。

　しかし，電気冷蔵庫は，冷凍食品の普及や女性の就労人口の増加などによって，次第に大型化し，一般家庭においては400 L以上の内容積をもつ場合が多くなっている。内容積の大型化は冷凍能力を増大させる必要が生じ，圧縮機や庫内の空気を循環させるファン，凝縮器冷却ファンも大型化や高速回転化することになり音圧レベルは大きくなる。

　電気冷蔵庫は毎日昼夜を問わず運転を繰り返す機器であるため，とくに音圧レベルが低いことが求められている。さらに，住宅事情の変化はリビングルーム，ダイニングルームおよびキッチンの共通化が進み，キッチンにおいて発生している音がリビングルームへ伝わる。すなわち，途中でしゃ断されることも少なくなってきた。また，住宅の外壁や窓の高断熱化，高気密化により外部から住宅内への音の伝搬も減少してきている。

　このように室内を静かにする建築技術が進むなかで，電気冷蔵庫の静音化は必要となっている。

（1）電気冷蔵庫内の冷却

　一般に冷蔵庫の冷却原理は，前節に述べたルームエアコンと類似した熱交換を行っている。すなわち，冷媒を圧縮するための圧縮機を冷蔵庫下部後方に設置し，圧縮された冷媒は高温，高圧になる。この冷媒を凝縮器へ通し，庫外空気と熱交換し熱を外部へ放出している。熱効率を高めるため伝熱面積を広くしたり，ファンを用いて冷媒を高圧の液体に凝縮したりしている。この冷媒を冷凍室の後方の冷却器内で蒸発させる。蒸発するときに冷媒は熱を吸収するので冷凍室が冷却される。

　庫内の各室の温度を均一化するために，庫内ファンがあり空気を循環させ

図5.12 冷蔵庫の断面と音源

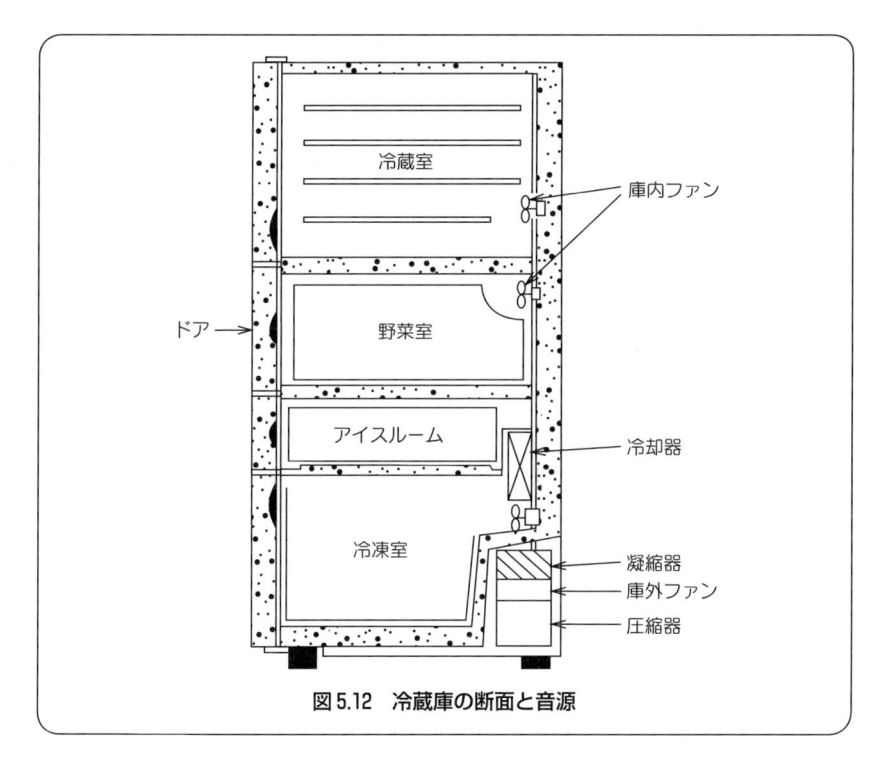

ている。各室内が所定の温度になると圧縮機は停止状態となり，温度が上昇すると再稼働する。

図5.12に冷蔵庫の断面と音源の配置を示した。

(2) 電気冷蔵庫の音源

電気冷蔵庫の主な音源は，圧縮機，その配管，庫内ファン，庫外ファン，凝縮器，冷却器である。

(A) 圧縮機

モータにより稼働させ冷媒を圧縮するものであり，圧縮するときに圧力の脈動が発生する。さらに，圧縮機で発生する振動が圧縮機本体を共振させ音を発生する。また，圧縮機に連結した配管が共振し音を発生している。

これらはいずれも圧縮機の稼働に伴って発生するものであるから，音源を

なくすることはできないが，圧縮機の加振エネルギーを減少させるとともに，発生する振動を吸収したりしゃ断する必要がある。

（B）ファン

庫内の空気を循環させるファンと，凝縮器を冷却するファンがある。

庫内ファンは，1つのファンで全体を循環させる方式と，庫内各室にファンを付けた方式がある。ファンは回転数が大きくなると音が大きくなる。つまり，流量を確保するために回転数を上げ，静圧を高くすると音が大きいので，低静圧で十分に空気が流れるような流路とその形状の設計が大切である。

庫外ファンは，圧縮機で圧縮された冷媒を凝縮器で熱交換する空気を送るために必要なもので，ファン自体の回転，振動に伴う音のほかに空気の乱流に伴う流体音が発生する。空気の乱流を小さくすることが必要で，そのためには流量を低くすることである。流速を低くすると熱交換の効率が低下するので，それを補うため伝熱面積を広くしたり，空気が全面を流動するよう考慮することが必要である。

静音化設計

① 圧縮機に発生する音が大きいので，インバータを採用して回転数を低くし振動を小さくする。
② 圧縮機に制振材を採用したり，振動を吸収する防振材を用いたり，防振指示を施して振動が圧縮機本体や配管へ伝わりにくくする。
③ 圧縮された冷媒の吐出圧力の変動が小さい圧縮機を選ぶ。
④ 配管を保持したり固定する箇所に防振材を用い振動を吸収する。
⑤ 庫内ファンの回転数を低くし，冷凍室吸い込み流路断面積を大きくし，空気の流動抵抗を小さくする。
⑥ 冷却器にフィンを多く付けて伝熱面積を大きくし，効率良い熱交換をするとともに，大型冷却器を用いることにより，庫内ファンの負荷を小さくして音の発生を小さくする。
⑦ 庫内のエアダンパを大きくする。
⑧ 庫外ファンの回転数を低くし，凝縮器の伝熱面積を大きくし，ファンの空気を広く伝熱面へ流動させる。

第6章

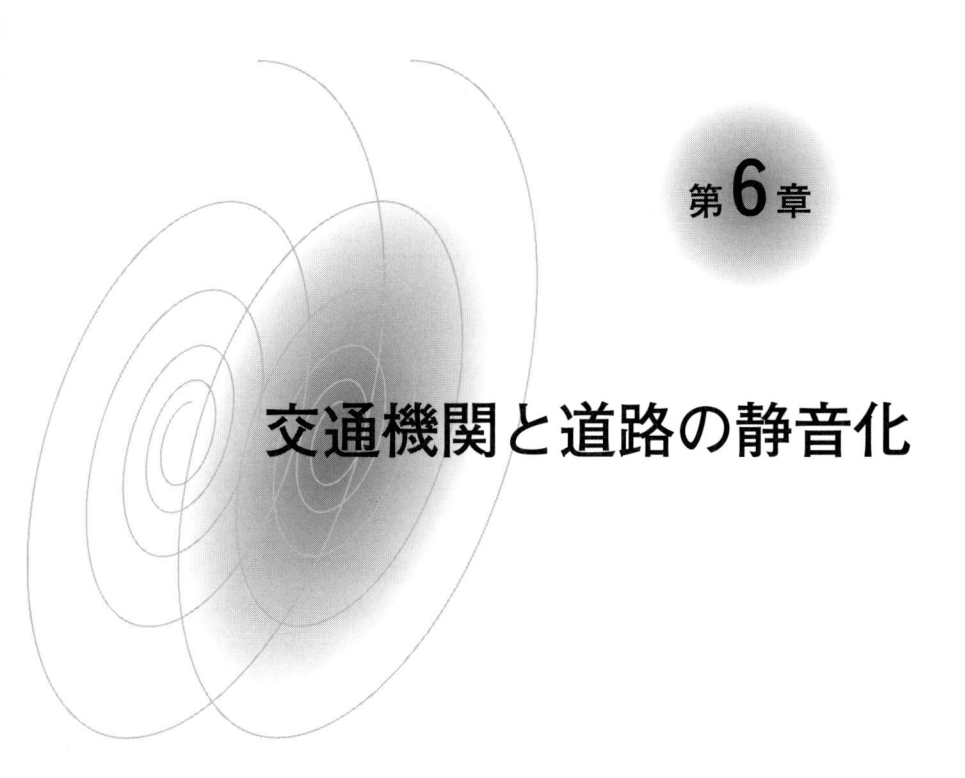

交通機関と道路の静音化

　交通機関は家庭用機器と異なり，大型化，高速化しているため，1台で大きな音を発生し，広い範囲にその影響を及ぼしている。また，自動車のように人々の生活に欠かせないものが多数民家に近い道路上を移動し，広い場所で騒音の影響を与え，騒音苦情の原因のかなりの部分を占めている。そこで，交通機関に発生する音とその静音化対策についてこの章で扱うことにする。

6.1　自動車

　産業界が活況になるにしたがって物資の輸送が活発になり，トラックの運行が増加してくる。さらに，一般家庭では複数の自家用車をもつようになり，道路を走行する車の数は多くなっている。そのため，道路交通騒音は社会問

題化し苦情も出ているが，加害者が被害者である場合も多いので問題が複雑である。

自動車は，その大きさが軽自動車から大型のトラックやトレーラまで多種類であり，動力源もガソリンエンジン，ディーゼルエンジン，燃料電池，蓄電池など種類が多くなっている。これらの種類によって，発生する音のレベルや周波数分布が著しく異なってくる。

自動車の走行時に発生する固体振動や流体の乱れなどによる騒音の発生源を分類すると，図6.1に示すように，エンジン系，排気系，吸気系，冷却系，駆動系，タイヤと路面，制動系などである。これらをトラックについて示したのが，図6.2である。

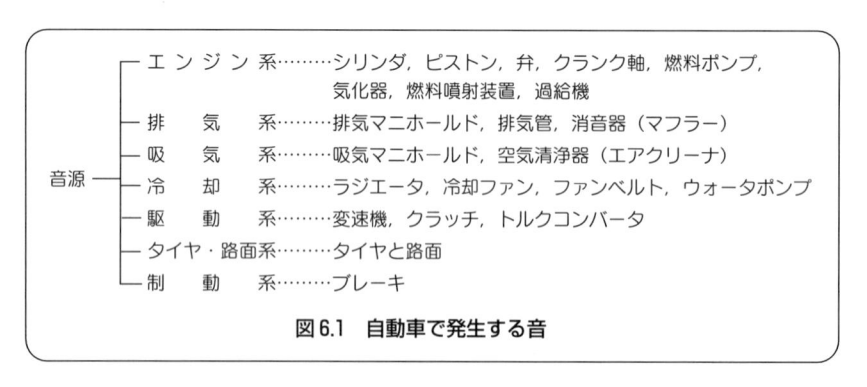

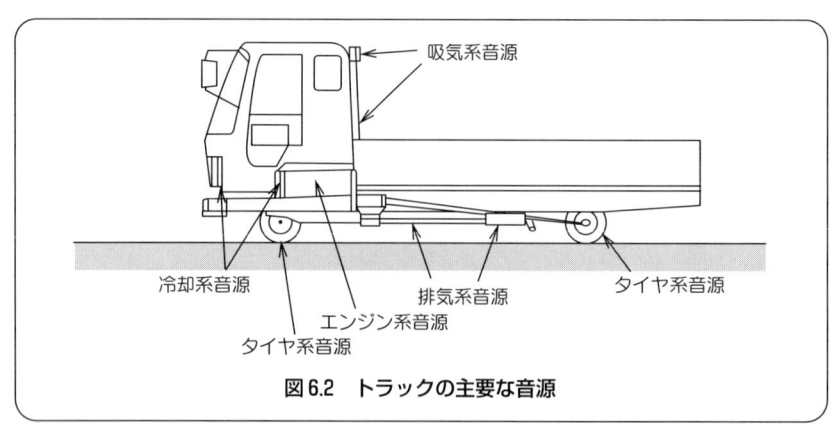

```
         ┌── エンジン系………シリンダ，ピストン，弁，クランク軸，燃料ポンプ，
         │                 気化器，燃料噴射装置，過給機
         ├── 排  気  系………排気マニホールド，排気管，消音器（マフラー）
         ├── 吸  気  系………吸気マニホールド，空気清浄器（エアクリーナ）
 音源 ───┤
         ├── 冷  却  系………ラジエータ，冷却ファン，ファンベルト，ウォータポンプ
         ├── 駆  動  系………変速機，クラッチ，トルクコンバータ
         ├── タイヤ・路面系………タイヤと路面
         └── 制  動  系………ブレーキ
```

図6.1　自動車で発生する音

図6.2　トラックの主要な音源
（吸気系音源，冷却系音源，エンジン系音源，排気系音源，タイヤ系音源）

（1） エンジン系

　エンジンから発生する音は，シリンダ内で混合した空気と燃料に点火し，爆発燃焼するときに発生する振動が主な原因である。燃料が瞬間的に燃焼するとき大きな圧力が発生し，その圧力によるピストンやシリンダの衝突，シリンダブロック，クランクシャフトなどが振動に伴う音源となって音を出している。

　さらに，付属部品や表面積の大きなオイルパンなどにも振動が伝わり大きな音源となっている。個々の部品の固有振動数とそれに伝わる振動の振動数とが一致すると共振することになる。

　エンジンの音を低減するには，エンジンの回転数を低下させ，大きなトルクを発生させることである。そのため，回転数が低くても必要な動力が得られるエンジンを用いることである。エンジンの稼動時や走行時に発生する振動は，自動車の部品と部品との接触や衝突を起こすことになり，音を発生する原因となるので，部品間の隙間をなくしたり，できるだけ一体化することが必要である。

（2） 排気系

　エンジンの排気弁を開くことによって，高い圧力の排気が管内を通り，排気管端から外部へ排気とともに音が放射される。エンジンの弁を開くと爆発音が排気管内へ放射される。シリンダから出る排気の流れは脈動を伴う乱流であり，管壁面などに衝突してさらに乱れが大きくなって，大きな流体音となっている。

　エンジンの振動が排気管へ伝わり，さらに，排気の脈動や圧力変化も管を振動させる原因となっている。そのため管の表面から音を放射している。

　大きな排気音を静音化するため排気管の途中に消音器（マフラ）を設けているが，消音器は表面積が大きいので，その外表面が振動すると消音器の表面から音を放射することになる。そのため，排気管や消音器の取り付け時に防振材を用いたり，二重壁化の対策も必要になる。

（3） 吸気系

エンジンで燃料を燃焼させるために空気を供給しなくてはならない。空気はエアクリーナを通して過給器へ送られ，高い圧力で多量の空気がエンジンへ導かれる。

音の発生は排気系と類似しており，管内を流れる空気の乱れにより発生する音，管の振動により管外壁から発生する音，吸気時に発生する音，過給器の内部でコンプレッサホイールの回転やそれにより圧縮された空気流による音などである。吸気口近くにはエアクリーナがあり，これが空気を清浄にする役目とともに吸気系の消音器の役目も果たしている。

（4） 冷却系

エンジン内部で燃料が燃焼するため，エンジンは高温度になる。それを冷却するため，冷却液を使用している。エンジンの熱を吸収した冷却液は高温度になり，ラジエータで空気と熱交換して，ウオータポンプによりエンジンブロックおよびシリンダヘッドのウオータジャケット内へ送られる。そのラジエータで空気と熱交換を促進するため電動ファンを採用している。

冷却系における音は電動ファン，ウオータポンプ，ラジエータなどに発生している。ラジエータは直接の振動や音を発生させるものではないが，熱交換をよくするため伝熱面積を大きくしてあるので，他からの振動が伝わり音を発生する。

電動ファンによる音はファンの振動による音と，その周辺に発生する空気の乱流による音である。

ファンからの音を減らすには流速を低くすることであり，ファンの回転数を低くすると効果がある。しかし，冷却効果が低下するためファンの直径を大きくして流量を高め冷却効果の低下を防止することが必要である。

（5） 動力伝達装置

これはエンジンで発生した動力を駆動輪へ伝えるもので，トランスミッ

ション，クラッチ，プロペラシャフト，ファイナルギヤ，ディファレンシャルおよびドライブシャフトから構成されている．

　トランスミッションは歯車の噛み合わせを変えて変速比を変えたり，出力軸の回転方向を変えるためのもので，自動で行うものと手動で行うものとある．速度を変化させるために歯車を用いているので歯車の噛み合いに伴う音が発生する．

　クラッチはエンジンとトランスミッションとの間にあり，必要なときに動力の伝達をしゃ断したり，動力を徐々に伝達したりする役目もしている．クラッチは2つの向き合った摩擦板が，スプリングによって圧力を加えて接合され，入力側から出力側へ動力を伝えている．動力を徐々に伝達するときには，2つの摩擦板の接触面で摩擦が発生するので摩擦音が放射される．

　ドライブシャフトは，ディファレンシャルからホイールへ動力を伝えるもので，両端にユニバーサルジョイントが付いている．ここでも小さい摩擦が発生し音を出している．

　ファイナルギヤおよびディファレンシャルは，エンジンから伝わる動力の回転速度を変え，駆動力を増大させ左右の駆動輪に伝えるもので，歯車を介しているために歯の噛み合いによる音が発生している．

（6） タイヤと路面

　高速度で自動車が走行すると，タイヤおよびタイヤと路面との接触部で大きな音が発生する．タイヤと路面で発生する主な音源は，タイヤ表面にトレッド溝があるために，タイヤが回転するとその周辺に空気の乱れを発生することによる気体音，タイヤが路面と接触するときに発生するタイヤの振動による音，トレッド溝内の空気の共鳴音，ブレーキをかけたときにタイヤと路面との間に発生するスリップ音などが主な音である．

　これらの音は，路面の状態によってかなり支配され，路面が平滑でないとタイヤの振動を誘発し振動音が大きくなる．

　平滑なアスファルト路面では，タイヤのトレッド溝内の空気が路面で塞がれて，その空気柱の共鳴音が大きくなるが，排水性舗装路面のように，路面

は水平であるが多孔性になっていると，トレッド内の空気が路面の穴と交流し，共鳴音が小さくなる。

　タイヤに発生する音は，タイヤのトレッド長さや形状によってその発生音の周波数が異なる。タイヤと路面が接すると，路面によってタイヤのトレッド溝が塞がれて，管内の空気の共鳴と同様の現象が現われる。トレッド溝の長さが長いと共鳴周波数は低くなる。溝の端が開口か閉口かによって共鳴周波数が変化する。

　さらに，タイヤが振動することにより音が発生する。これはタイヤの端のジグザグ部分が路面と衝突し，その振動がタイヤ各部へ伝搬し，タイヤの膜が共振して音を出している。

　タイヤのトレッド溝をはじめとする凹凸は，周辺の空気の擾乱を発生させるので，音の発生から考えると好ましくないが，これは安全上の制動性を高めるために避けられないことである。タイヤ面よりも，むしろ路面に対して制動面の安全性を高める工夫が必要である。タイヤによって発生する音は，周辺へ伝搬しやすいので通行人や周辺住民への影響が大きくなる。

　このほかに制動装置からの音，つまり自動車の走行中に減速したり，停止させるためのブレーキ（サービスブレーキあるいは常用ブレーキという）によって，鳴き音が発生する。

　自動車の音は，その発生源や発生機構がエンジンの出力などに直接関係し，自動車の性能へ影響を及ぼすので，原因の除去や対策を十分に取りにくい点が多い。自動車は快適なドライブを楽しみたい人も多いので，車内音が人々にとって心地よい音に聞こえるような音質に対する研究や改善対策がますます必要になっている。

静音化設計

① 自動車のエンジンの回転数を小さくし，大きなトルクの得られるエンジンを用いる。
② エンジンから駆動輪へ至るまでの接続部や部品間の隙間をなくし，それらが互いに衝突するのを避ける。

③自動車全体の剛性を高め，さらに，バネなどによる振動の減衰や絶縁を十分にすることにより音圧レベルを低減する。
④エンジンルームから音が外へ出にくいように，エンクロージャに近い状態にし，ルーム内で音を吸収する。
⑤排気管，吸気管，消音器などの取付け部には，防振材や制振材を用いて振動を防止し，固体振動の発生面積を小さくする。
⑥排気管など振動が発生している部分は2重壁化し，間に空気層を設けて音圧レベルを下げる。
⑦冷却用のファンからの音を小さくするために，ファンの直径を大きくして回転数を小さくする。
⑧動力伝達装置に発生する音は，主に歯車の噛み合い時に発生しているので，歯車を使用しない変速機が好ましい。
⑨エンジンに発生した振動が広く自動車の各部へ伝わらないようにしゃ断する。
⑩車内へ音が伝わらないようにするため，エンジンルームからの音の透過音を小さくする。そのためにしゃ音材を用い，その単位面積当たり

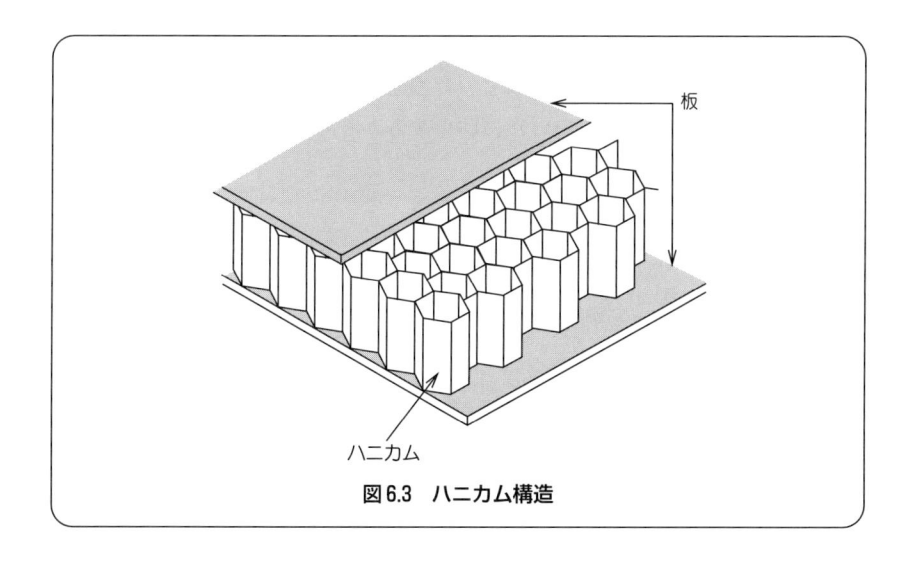

図6.3 ハニカム構造

の質量を大きくする。とくに車室前面と床に対して施すとよい。
⑪車室内壁にエンジンやタイヤなどから振動が伝わり内壁が振動するので，振動音を吸収するための吸音材を，空気膜を設けて，内壁に取り付けたり，図6.3に示すようなハニカム防音材を用いるとよい。
⑫車内へ別の音源から音を出し，位相差を利用して騒音レベルを低下させるアクティブ騒音制御の方法も用いるとよい。
⑬バスなどのようにたくさんの人々が乗車する車には，制振合板を床などに広く採用する。

6.2 道 路

道路を走行する車から発生する音のうち，車のタイヤと路面との関係によって発生する音は通行人に直接伝わるので，これを低減することが大切である。未舗装の道路は別として，舗装道路の材質や路面のあらさ状態によって，発生する音の周波数や音圧レベルが決まってくることがわかってきた。

道路の舗装と舗装との継ぎ目や橋梁部の路面における金属との継ぎ目などは段差を生じたり，不連続になっているので，振動や音が発生している。

道路騒音については車両や路面での音の発生への対策を施すとともに，発生した音が周辺へ伝わるのをいかに防止するかその対策も大切である。

(1) 路面における音の発生

舗装路面の材質は大別するとコンクリートとアスファルトである。

コンクリート舗装では，路面が比較的平滑でタイヤのトレッド溝を塞いでしまうため，溝の中の空気が共鳴して特定の周波数で大きな音を出している。さらに，アスファルトに比べると弾性が低いため，車からの振動が吸収できないなどによって一般にアスファルトより音が大きい。最近は一部にコンクリートが使用されている所があるが，ほとんどがアスファルトである。

以前から使用されてきたアスファルトは内部に粒子の細かい砂が多くあ

り，内部が密になって透水性がなく，表面に降った雨水は表面を流れて側溝へ集まる様式であった。このようなアスファルトはコンクリートに近い状態になり音が大きい。

これに対して，最近は**図6.4**に示すように，アスファルト路面の表面から内部へ向けて多孔質になったポーラスアスファルトが多くなっている。雨水が内部へ流れ表面に水が残らない排水性アスファルトや，ポーラスにして内部へ給水材料を入れた給水性アスファルトなどがある。

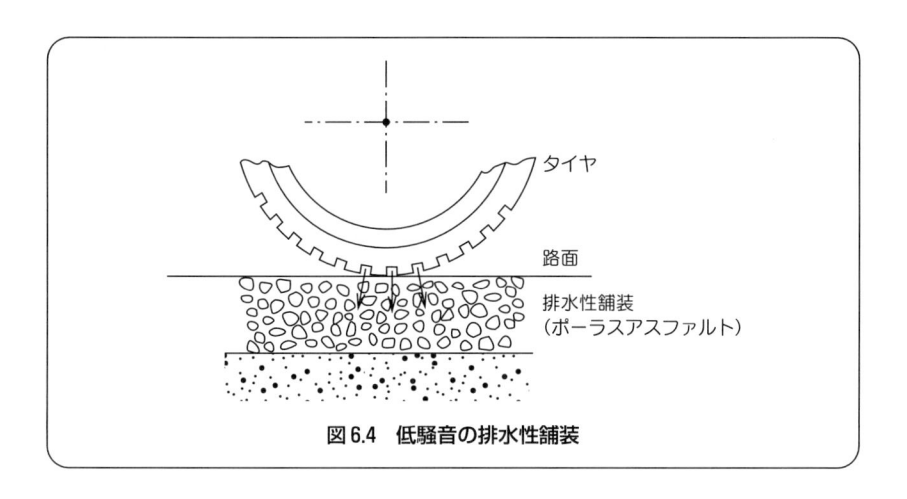

図6.4 低騒音の排水性舗装

これらはいずれも集中豪雨時に多量の排水を防止したり，路面におけるスリップやハイドロプレーン現象を防止したり，路面が高温度になるのを防止するなどの効果があるために広く使用されるようになっている。

さらに，タイヤと路面が接したときにタイヤのトレッド溝の空気が路面の穴にも流れて，ポーラス層の厚さに応じて特定の周波数で音の減衰が大きくなる利点がある。アスファルトのポーラス層が厚くなるほど低い周波数における音の減衰が大きくなっている。タイヤと路面との間で発生した音の一部はポーラス層へ伝わり，アスファルトの内部でも吸音されていることが音が小さい1つの理由でもある。

（2） 舗装材料と舗装の継ぎ目

　自動車はその構造上から振動体である。その振動は路面へ伝わる途中でタイヤ内の空気がバネの働きをして吸収されているが，タイヤも振動しているのでこれらの振動は路面へも伝わる。したがって，路面が振動を吸収することが好ましい。

　そのため，舗装材料を多孔質の弾性体にするとよいことがわかる。この材料はアスファルト内に砂を用いないで採石を用いて多孔質にし，さらに小さい粒状のゴムを入れてウレタン樹脂で結合するものである。これは排水性舗装材として用いられてきたものより空隙率が大きく，ゴムの弾性も利用して振動を吸収したり，タイヤが路面と接触するときにタイヤのトレッド内の空気も流動しやすくしたりして発生する音を小さくできる。

　舗装面には継ぎ目がある。とくにコンクリートの舗装においては，その施工上から一定の長さに区切って舗装しているため，ほぼ一定間隔で横方向に溝がある。またその溝をアスファルトなどで埋め合わせている。そのためここで振動が発生し走行時に周期的な音を出す。このような溝をなくして連続舗装することも大切である。また，道路と橋脚部の継ぎ目においても同様の現象が発生する。

（3） 道路発生音の伝搬防止用壁

　道路に発生している音が，周辺の民家などへ伝わらないようにすることも大切である。高速度で走行する車が多い高速道路では音が大きいので，図6.5に示すしゃ音壁が用いられている。

（A） 吸音しゃ音壁

　道路の両側に民家が密集している所では，発生する音をなるべく多く吸収して減衰させる必要がある。屋外で使用するため風雨にも耐えるよう，金属板や樹脂板の表面に数mmから10 mm程度の穴をあけ，あるいはスリット状に隙間をつくり内部に吸音材を入れ，内部へ入った音を吸音材で吸収する。図6.6および図6.7は道路に用いた吸音壁である。

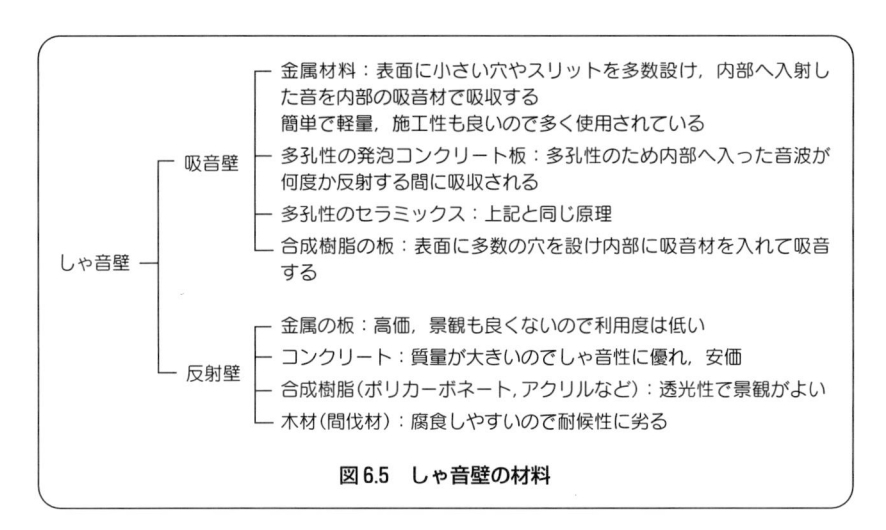

```
                ┌ 吸音壁 ┬─ 金属材料：表面に小さい穴やスリットを多数設け，内部へ入射し
                │       │   た音を内部の吸音材で吸収する
                │       │   簡単で軽量，施工性も良いので多く使用されている
                │       ├─ 多孔性の発泡コンクリート板：多孔性のため内部へ入った音波が
                │       │   何度か反射する間に吸収される
                │       ├─ 多孔性のセラミックス：上記と同じ原理
                │       └─ 合成樹脂の板：表面に多数の穴を設け内部に吸音材を入れて吸音
 しゃ音壁 ─────┤           する
                │
                └ 反射壁 ┬─ 金属の板：高価，景観も良くないので利用度は低い
                        ├─ コンクリート：質量が大きいのでしゃ音性に優れ，安価
                        ├─ 合成樹脂（ポリカーボネート，アクリルなど）：透光性で景観がよい
                        └─ 木材（間伐材）：腐食しやすいので耐候性に劣る
```

図 6.5　しゃ音壁の材料

図 6.6　道路吸音壁

図 6.7 道路吸音壁（拡大図）

　発泡コンクリートやセラミックスに小さい穴をあけたしゃ音壁もあるが，これらは風雨に耐える耐候性があり，排出ガスに対する耐食性もある。

（B）反射しゃ音壁

　道路周辺の民家が少ない所では，道路上に発生している音をある特定の方向へ反射させる方法がある。それが反射壁である。しゃ音壁に音波が入射すると一部は反射し，一部は壁に入射する。その入射した音がどの程度壁によってしゃ断されるかが大切である。そのしゃ断される効果を示すのが透過損失である。

　しゃ音壁としては，透過損失の大きいものを用いるとよい。透過損失は壁の質量の対数に比例して大きくなる質量法則があるので，質量の大きなしゃ音壁を用いると音をしゃ断する効果が大きくなる。そのためコンクリート壁

が最も多く使用されている。

（C）透光性しゃ音壁

しゃ音壁は一般に景観を害することが多いし，道路を走行する車に乗車している人々にも，外部の景色がよく見えないのは心地よいものではない。さらに，道路近くの住民の日照を阻害することもあるので透光性のポリカーボネート板，アクリル板などが用いられている。

（D）低層しゃ音壁

しゃ音壁は走行する車に乗車している人々にも道路景観上好ましくないので，なるべく低層にしてしゃ音効果を維持することが好ましい。

しゃ音壁は一般に高さが高い場合が多いので，しゃ音のみの目的でなく，太陽電池を埋め込んで太陽光発電にも利用するなど，複数の目的に使用するのが好ましい

（4） しゃ音壁による回折

しゃ音壁を高くするほど音の伝搬防止には有効である。高速道路では6m以上のしゃ音壁が連続している様子を見かけることは多い。しかし，しゃ音壁が高くなるほど走行する車からの景観は悪くなり，風圧に対する安全性や建設費が高価になる欠点もある。そこで，しゃ音壁を高くしないで，壁の上端における音の回折現象を利用する種々の工夫がされている。

壁の上端にグラスウール吸音材を円筒状にして，まわりをフィルム，穴あきアルミ板，ステンレス格子などで包んだものを取り付けると，2〜3 dBの音圧レベルを下げる効果がある。

図6.8に示すように，しゃ音壁の上端がトナカイの角のような形をしたものが使用されている。さらに，**図6.9**に示す種々の形状が考案され使用されている。これらはいずれも音の回折を利用して，音が標的領域へ伝わるのを避けるようにしたものである。

さらに，壁の上端にスピーカなど別の音源を設けて音を出し，音波の位相差を利用した方法（アクティブ制御法）や，道路に発生した音が壁の上端に達すると，そのうちの一部の音の通路を変え，他の音と合流するときに位相差

図 6.8　トナカイ形分岐

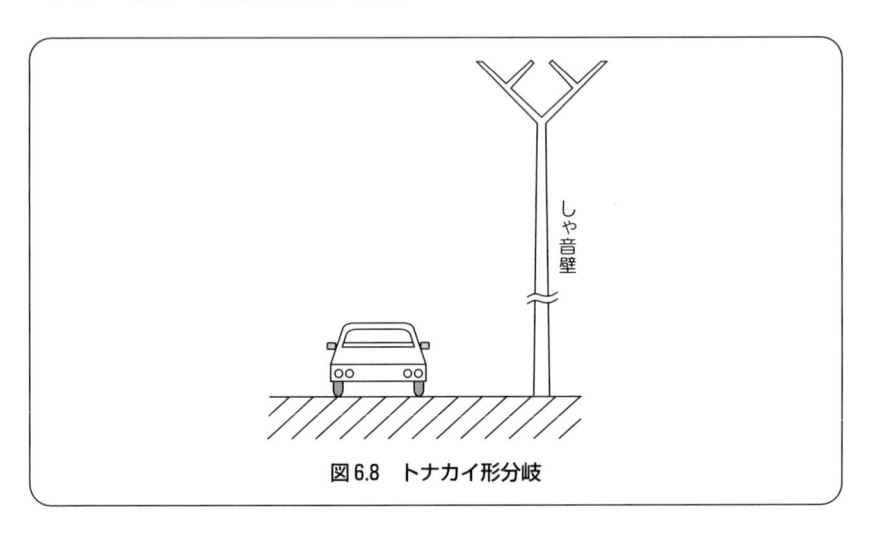

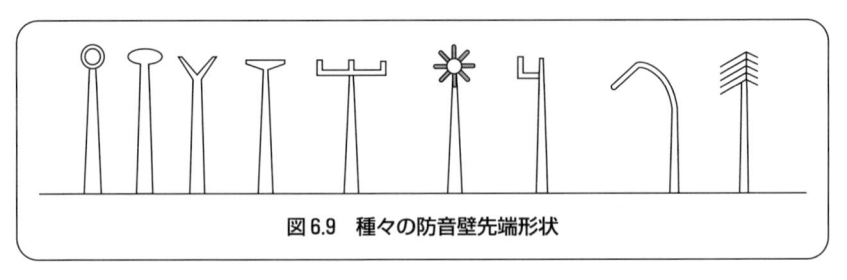

図 6.9　種々の防音壁先端形状

を変化させるアクティブ制御法もある。

> 静音化設計

① 多孔質で弾性のあるアスファルトを路面に用いる。
② アスファルトの凹凸がタイヤの振動を発生させないように，凹凸を小さくする。
③ 舗装面や橋梁部などの継ぎ目の段差をなくし，同じ材質の舗装材を用いる。
④ 高速度で走行する道路の両側に防音壁を用い，音の反射，吸収，景観なども考慮した材質を選ぶ。

⑤ しゃ音壁は適当な高さにし，壁の上端部に種々の工夫を凝らした形状を用い，高さを高くしたのに匹敵する効果をあげる。

⑥ しゃ音壁に小さい直径で種々の深さの円筒状の穴をあけ，広い周波数範囲の音を共鳴吸音させて道路音を低減する。

6.3 鉄道車両

新幹線鉄道をはじめ新交通システムの発展に伴って，鉄道車両の高速化および自動化が進んでいる。とくに航空機や高速道路と競合する幹線部の鉄道の高速化は避けて通れない課題になっている。そこで，高速化に伴って発生する音は沿線の住民にとって大きな問題となっている。さらに，夜間に走行している列車からの音も，夜間の暗騒音の小さい環境のもとでは大きな音と感じる。

そこで，まず走行する鉄道車両から発生する音を分類すると図6.10となる。これらの音の発生原因とその特徴は次の通りである。

鉄道発生音 ・転　動　音……車輪がレール上を転動するときに発生する音
・車両本体音……車両，機器などの内部に発生する音
・構　造　物　音……車両走行時の高架橋など構造物から発生する音
・電　気　系　音……パンタグラフなどの摺動，スパークによる音
・車両流体音……走行時の空気の流れに伴う空力音

図6.10　鉄道で発生する音

（1）転動音

車輪がレールの上を転動するときに，車輪とレールの双方の振動によって発生する音が転動音である。車輪は駆動装置からの動力によって駆動されるものと，動力は直接駆動装置から伝わらないが駆動輪の回転に伴って回転するものとある。これらの車輪がレールと接触する輪郭（タイヤコンタ）面の

あらさやうねり，車輪の偏心，レール接触面のあらさやうねり，2つの軌道が互いに交差するレールのクロシング，レールの継ぎ目などが振動の原因となっている。したがって，車輪とレールとの摺動面を定期的に研削加工して凹凸をなくすことが必要である。

さらに，レールが曲線を描いている軌道では車輪とレールとの間で「きしみ音」が発生する。

転動音が発生して周辺へ音が伝わる過程では，レールの条件によって伝わる音の大きさがかなり異なっている。通常の砕石を敷いた上に置いたレールの場合は発生音が砕石の隙間に入り，一部は吸収されてしまう。さらに，砕石がばねの作用をして振動を吸収してくれる。

これに対してコンクリートや鉄骨に直結したレールの場合には，減衰が少なく，振動がそれらに広く伝わって広い音源となり大きな音を発生する。

車両の走行時に発生する音は，走行速度が速くなるほど音圧レベルの増加は大きくなる。とくに，車両の種類によって異なるが，ある速度を超えると急激に音圧レベルが上昇する。

さらに，レール締結部に車輪が接するときに衝撃音を発生することが多い。この音は，一定の間隔でレールが締結されている場合が多いので，特定の低い周波数で発生している。

（2） 車両本体音

車両本体の内部には，モータ，変速装置，連結部，軸受などが音源となって音を発生している。これらから出る音が車両本体音である。

なかでも起動時や加速状態にあるときは，駆動装置にある歯車の噛み合い時に発生している音が大きく，歯車の歯数と回転数との積から求まる周波数とその倍音の周期的な音が発生している。周波数が 500 Hz から 3,000 Hz の間において大きな音圧レベルを示すことが多い。

歯車を用いる駆動装置では必然的に音が大きくなるので，この音を小さくするために液体内で駆動させたり，振動を吸収したり，制振鋼鈑のケーシングを用いるなどの対策が取られているが，それにも限度があるので歯車を用

いない手法も考え出されている。

（3） 構造物音

　交通手段の立体化に沿って鉄道も橋梁や駅舎とともに高架になり，車両の振動が構造物に伝わり，構造物から音を出している。これが構造物音である。

　構造物の材質，大きさ，形状によって発生する音の周波数や音圧レベルが変化する。構造物には，鋼材を用いた橋梁や鉄筋コンクリート，鉄骨コンクリートなどが多く用いられている。レールがこれらに直結されていると車両からの振動が伝わりやすく，しかも，減衰しにくいので，構造物下の通行人や近くの住民には大きな音となってしまう。

　高架になった新幹線の駅を高速度で列車が通過する場合に，階下を通る人々は大きな音を耳にする。このような構造物へ振動が伝わらないように防止することが大切である。

（4） 電気系音

　電車は外部から電気を導入するために，電線であるトロリー線にパンタグラフが摺動している。パンタグラフは高速度で走行しながらトロリー線の高さ変化や振動に対し，トロリー線に一定圧力で追随するように摺板が45〜60N程度の力でトロリー線を押し上げている。トロリー線とパンタグラフは列車の走行速度に等しい速度で摺動するために，摩擦や振動による摺動音が発生している。

　この摺動音は車両の走行速度が大きい時は，転動音，車両本体からの音，車両の空力音などが大きいので相対的には大きく感じない。むしろ，低速度で走行すると摺動音が大きく感じるようになる。

　さらに，列車の振動によってトロリー線とパンタグラフは接触状態から離れる場合もあり，その時にスパークが発生し，スパーク音を出している。スパーク音は走行速度が大きくなるほど，パンタグラフとトロリー線が離れやすくなるので発生しやすくなる。さらに，トロリー線の結合部が不十分な場合にも発生しやすい。しかし，このスパークは静音化に好ましくないだけで

なく，トロリー線やパンタグラフの寿命にも影響することからスパークを防止する研究が進んでいる。

さらに，パンタグラフおよびパンタグラフカバーは車両の上部に取り付けられて，高速度の風を巻き込み大きな風切音が発生している。この風切音は走行速度が大きくなるほど急激に増加するので，パンタグラフに当たる風の流れを解明した対策が取られている。パンタグラフの寸法をできるだけ小さくし，風に当たる面積を小さくして空気の流れに渦が発生しにくいよう流線型にすることが必要である。

図6.11は，在来鉄道のパンタグラフであるが，摺板を支える保持部が大きく複雑であり，高速度には適していない。

図6.12は，新幹線鉄道に採用されているパンタグラフで，構造がきわめて簡単で空気抵抗が小さく，渦の発生も少なくなっている。

(5) 車両流体音

高速度で走行する車両は一体化した流線形で表面の凹凸や突起物のない形

図6.11 在来鉄道のパンタグラフ

図 6.12 新幹線鉄道のパンタグラフ

状が好ましい．在来線の車両は理想的な流線形とはいいにくく，多くの流体音を発生する音源がある．また，新幹線車両にも多くの音源がある．

それらを挙げると次のようになる．

（A）先頭車両の前頭部形状

車両周辺の空気の流れの形がこの部分によって大きく決まる．とくに，前頭部形状はトンネルへ突入するときの衝撃的な音の大きさに影響している．

（B）車両上部外側の付属物

車両上部外側には，パンタグラフ，パンタグラフカバー，パンタグラフ支持碍子，車両間の渡り用の碍子（ケーブルヘッド），アンテナなどが主な空力音の発生源となっている．これらにより発生する音は全体の音のなかでかなり大きい割合を占めている．

図6.13は，新幹線鉄道車両上部に使用している渡り用の碍子である．

（C）車両の空調換気装置

車両の空調換気装置は，一般に車両上部に取り付けられ，上部あるいは側板に吸排気口があり，外の空気との間で熱交換を行っている．そのため，吸

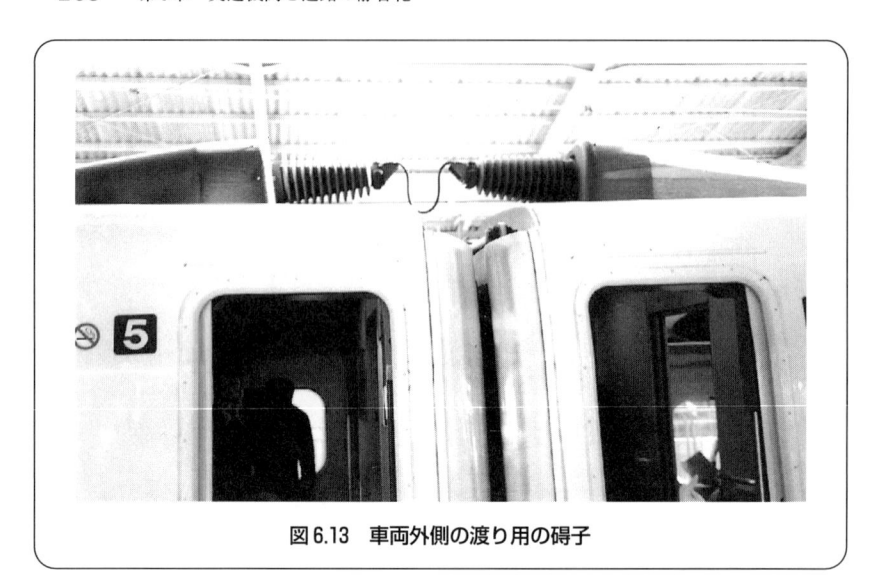

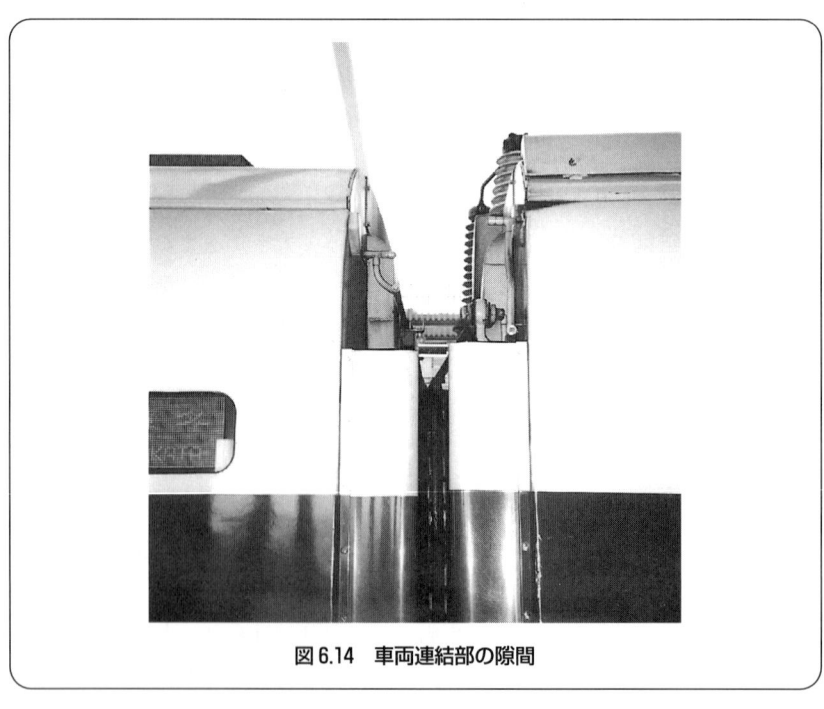

図6.13　車両外側の渡り用の碍子

図6.14　車両連結部の隙間

排気口における空気の乱れが音源となっている.

（D）車両連結部における車両間の隙間

図6.14に示すように，車両と車両との連結部には隙間があり，そこへ空気が流れ込んで乱れを発生する．そのため車両流体音を発生する原因の1つとなっている．

（E）ドア，窓，車両下部のくぼみ

ドアや窓は車両外面からやや内部へくぼんでいる車両が多い．図6.15は車両ドアとその付近のくぼみを示した．このくぼみによって空気の乱れが発生する．ヨーロッパの高速車両にはドアが外側へ押し出され，スライドして開閉する形式が多い．閉じたときのドア部分のくぼみをなくしている．

また，車両下部にはカバーできない部分やカバーの開いた部分もあり，空力音を発生している．

図6.15 車両のドアとその附近のくぼみ

静音化設計

（A）パンタグラフのスパーク音を減らす方法
　①編成車両の複数のパンタグラフで全車両の電動車が受電できる高圧引き通し線を採用する。
　②トロリー線の高さを一定に維持する精度を高める。
　③トロリー線が一様になるよう架線金具を小型軽量化し，接続箇所を少なくする。

（B）転動音を減少させる方法
　①駆動装置として歯車を採用しないようにする。
　②レール面のあらさ，うねりなど凹凸を少なくする。
　③車輪のあらさ，うねりおよび偏心を少なくする。
　④車輪の転動に伴う振動が伝わらないよう，レールの下に防振材や防振装置を用いる。レールを鉄骨やコンクリートに直結するのを避ける。
　⑤レールとレールとの継ぎ目の隙間をなくする。なるべくロングレールを採用する。
　⑥レールの曲線をなくした直線軌道が好ましい。
　⑦車軸を支える軸受の潤滑を良くし，摩耗を少なくする。

（C）流体音を減らす方法
　①車両表面から外部への突起やくぼみを減らすか，なるべく小さくし流線型にする。
　②車両先頭部の形状を流線型にし，渦の発生を少なくする。
　③空調や換気などのため車両表面にあけた穴が渦発生の原因となっているので，穴の大きさを小さくし，その数も少なくする。
　④車両下部にもカバーを施して空気の乱れを少なくする。

（D）構造物からの音を減らす方法
　①構造物は鉄骨やコンクリートが多いので，これらへ振動が伝わらないよう防振材や防振装置を用いる。
　②振動源に近い所には制振鋼板を用い振動を減衰させる。

③ サンドイッチパネルを用いて構造物からの音の放射を吸収する。
④ 構造物が音源となっている場合もあるので、構造物表面に空気層を設けて吸音材を取り付ける。

6.4 航空機

　航空機は長距離の移動や輸送にきわめて便利であるため、人々の仕事や生活のなかに密接な交通手段の1つとして、年ごとにその重要性が高まっている。それに伴って、航空機の静音化対策の必要性が増している。そこで、航空機に発生する音の特性と音源の場所を知って、有効な音圧の低減対策をたてることが大切である。

　航空機は固定翼のジェット機とプロペラ機、さらに回転翼のヘリコプタがその主なものである。民間旅客機や軍用戦闘機はほとんどジェット機であり、小型機もプロペラからジェットへ代わってきている。ヘリコプタは、災害、救急、取材、散布、小規模の輸送、遊覧などに用いられて、その用途がはっきり分かれている。

　航空機は音響出力が他の交通機関の鉄道や自動車などに比べるときわめて大きい。そのため民家に近い空港周辺では離着陸する航空機からの音の影響が大きい。さらに、航空機による音圧レベルの分布は離着陸の向きや風向きによって大きく変化するし、ジェット機でもその機種によって大きく変化する。

　ヘリコプタは比較的低空を通過し、回転翼も大きいため音圧レベルは大きいが、一般に非定期的で、飛行回数も少ないため大きな騒音被害になりにくい。

（1）航空機の音源と音の特性

　航空機の最も大きい音源はエンジンである。エンジンは航空機が飛行するための揚力を得る源であるため、大きな動力が発生している。
　航空機のエンジンはガスタービンエンジンとして、
　　　　　・ターボジェットエンジン

- ターボファンエンジン
- ターボプロップエンジン
- ターボシャフトエンジン

がある。

さらに，ピストンエンジンとして，

- ガソリンエンジン
- ディーゼルエンジン

がある。

　現在のジェット機はターボファンエンジン，プロペラ機はターボプロップとピストンエンジン，ヘリコプタはピストンとガスタービンエンジン，が多い。

（2）ジェット機

　ターボジェットエンジンは初期のジェット機に用いられたが，音が大きいという欠点があった。その音を低減する目的で開発されたのがターボファンエンジンである。ターボファンエンジンは，図6.16に示すように，コアエンジンの前面に大きなファンを取り付けて，空気流の一部をバイパスさせ，それがジェットエンジンと排気を包むようにしたものである。

　現在多く飛行しているボーイング777，ボーイング747，エアバスA300，

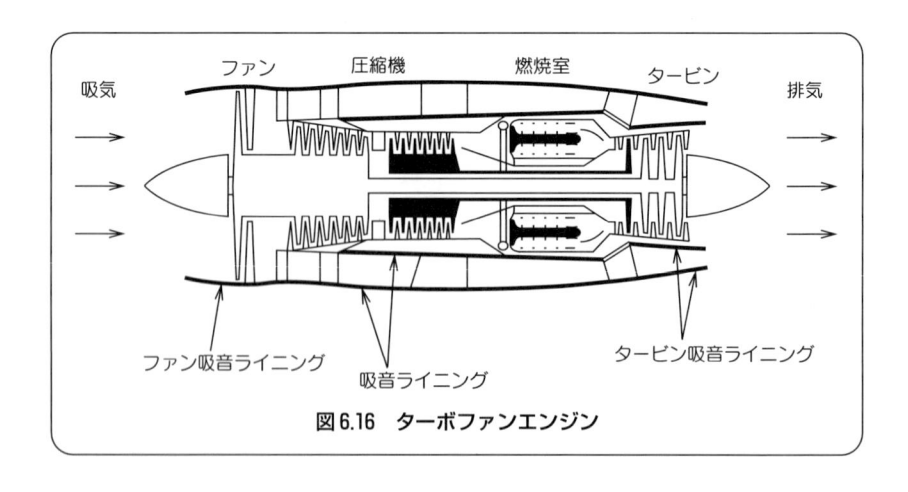

図6.16　ターボファンエンジン

マクドネルダグラスMD90など，多くのジェット機はこのエンジンを使用している。バイパスする空気流とコアエンジンへ流入する空気量の比をバイパス比とよんでいるが，バイパス比が大きくなるほど音圧レベルは低下する。

ターボプロップエンジンは，ガスタービンエンジンにプロペラを付けたもので，このエンジンを搭載した航空機はプロペラ航空機とよばれている。発生する音はプロペラの回転音，タービンエンジン音，機体振動音，機体周りの空気流による空力音が主である。

一般にジェット機のエンジンの音は次のものから成っている。

（A）ファンの音

ジェットエンジンにはその前部に大きなファンが付いており，動翼と静翼がある。動翼は回転して空気を後方へ送るもので，その回転に伴う回転音とその倍音が発生している。

さらに，動翼から後方へ送られた空気が静翼に当たり，静翼の翼面に圧力変動を生じ音を発生している。また，動翼の後流は流速が大きく乱流となり渦が発生して流体音となっている。

このファンによって発生する音は，ファンの回転数が大きくその回転音が多くの高調波成分を示すことからキーンという金属音として聞こえ，音圧レベルが100 dBを越えることもある。

（B）圧縮機の音

圧縮機は低圧圧縮機と高圧圧縮機が連なっており，いずれも翼が回転し空気を圧縮するため，音の発生は前項のファンと類似している。

（C）燃焼室の音

圧縮機で圧縮された空気は燃料と混合して燃焼させるので，燃焼音が発生する。さらに，燃焼した高温高圧のガスが流れるため大きな音を発生している。しかし，燃焼室の壁で囲まれているため外部へ放射する音圧レベルは低下している。

（D）タービンの音

タービンは燃焼した高温高圧のガスを翼に当て回転させる。燃焼ガスの流れが進むにつれて圧力が低下し，膨張するため翼列は次第に大きくなる。そ

のため音の発生機構はファンや圧縮機と類似している。

（E）ジェット音

エンジン後方から排出される燃焼ガスジェットは，周囲の空気を巻き込んで渦を発生し，速度が大きくなるほど衝撃波が大きくなるため極度に音圧レベルが大きくなる。ジェットにより発生する音はエンジン後方への排気流に伴って発生するため，排気流の斜め後方へ指向性を示し，周波数は広帯域にわたっている。

ジェット機が頭上に近づいてくると，一般に最初は周波数の高い音が聞こえ，遠ざかるにつれて周波数の低い音が聞こえる。

（3）ヘリコプタ

ヘリコプタはロータ（回転翼）をエンジンの力で回転させ，それにより生じる揚力で機体を支え飛んでいる。ロータは2～5枚のブレードから成っている。軍事用や輸送用の大型のものから，農薬散布などに用いる小型のもの

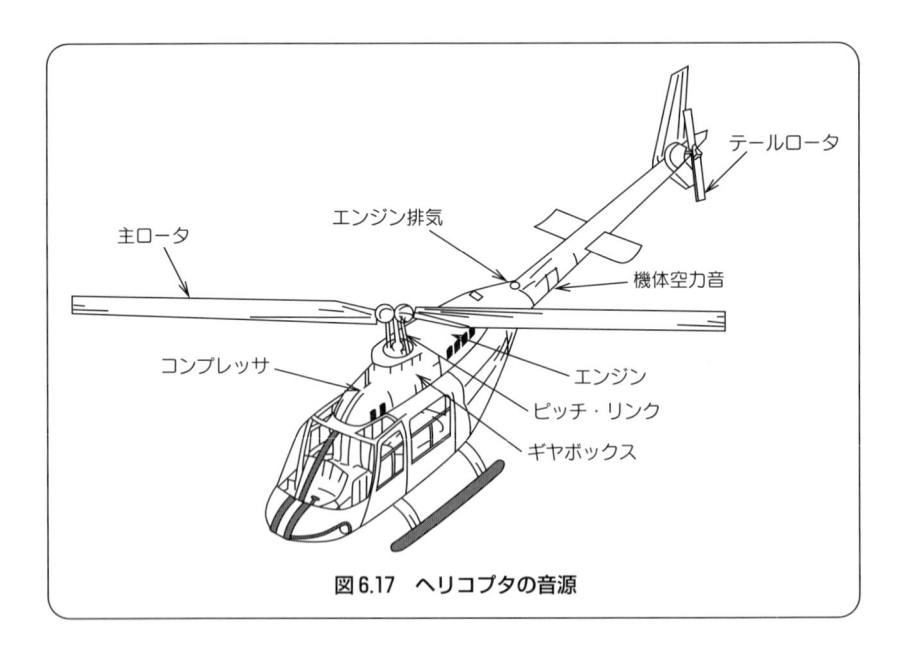

図6.17　ヘリコプタの音源

まで多種類ある。

ヘリコプタの音源を**図6.17**に示す。ヘリコプタに発生する音はエンジン音，メインロータ（前方の回転翼）の回転による音，テールロータ（後方の回転翼）の回転音，ロータギヤボックス音，コンプレッサ音，ロータなどによって発生する空気の渦による音などが主である。

したがって，ヘリコプタの音の周波数はかなり低く，300 Hz 以下の周波数において高い音圧レベルを示しているのが特徴である。さらに，ヘリコプタはパタパタと衝撃的な大きな音が発生しており，飛行速度が低く，機体が対称になっていない場合が多く，音の放射も音圧分布も非対称になっている。

今後はごく近距離の輸送用などにヘリコプタが多用されてくると考えられる。大きな空港施設が必要でなくても飛行できるので便利であり，低速かつ低空で不規則に飛行すると騒音問題が大きくなってくる。

> 静音化設計

① ジェットエンジンのファンを静音化するために動翼を単段にする。さらに，動翼の前に置かれている場合がある前置静翼をなくする。

② ジェット機に使用しているターボファンエンジンのバイパス比を大きくして空気をエンジンの外周へ流し，燃焼室，タービン，ジェット流を囲むようにして音を低減させる。

③ ジェットエンジンの音源となっているファンやタービンにおいて，動翼と静翼列間隔を増大させたり，翼数比の最高値を選択し，動翼と静翼の干渉により発生する音を小さくする。

④ ファンダクト長さを短縮してエンジン全体を軽量化することによって，エンジン動力が軽減できエンジンの音圧レベルを低下できる。

⑤ 動翼列の間隔（ピッチ）を不等間隔にし特定の周波数で音圧レベルが高くならないよう，広い周波数へ音響エネルギーを分散させ音圧レベルのオーバオール値を下げる。

⑥ ジェットエンジンのファンやタービンの周辺ダクトに吸音材をライニングして吸音する。この場合の吸音材は高速気流や高温度に耐え，軽

量で，風雨により劣化しないことなどが要求されるので，アルミニウムか鋼の多孔表面板とハニカムとを組み合わせて，ハニカム内の空気のヘルムホルツ共鳴吸音を利用するとよい。
⑦ジェット機ではエンジン音が機体の空力音より大きいので，エンジンに対する静音化対策が大切であるが，機体に対しても空気の流体力学的な流れの解析を行って空力音を小さくする必要がある。
⑧飛行機から出る音の音圧レベルはきわめて高く，エンジンや機体のみの対策だけでは十分な音圧レベルの低下は困難であり，飛行場やその周辺に対しても対策を施す必要がある。
⑨その他に，航空機の離着陸のコースを民家から遠ざけたり，滑走路を遠ざけて距離減衰を利用する。音の伝搬途中での塀や樹木による減衰は小さく効果は低い。民家に対する2重ガラス窓，吸音材の採用などが必要である。

6.5 船　舶

　自動車や鉄道車両は，人間が居住している場所や通行している場所からかなり近い所にある場合が多いので，音が問題になることはしばしば見受けられる。これに対して，船舶は人々からかなり離れた海や川を航行するため，距離減衰が大きく，騒音公害として苦情が出ることは少ない。
　しかし，港に出入りする大きな船舶，川や海岸近くを走行する漁船，観光地を航行する遊覧船，競技場や川を走るモーターボートなどが騒音問題となることがある。
　客船やフェリーボートなど乗客を多く運ぶ船は長時間，船内に滞在することが多い。さらに，乗組員は長期間生活する場にもなっている。そのため，船舶内における騒音レベルは居住地域における騒音規制値を越えないことが必要となる。表6.1に，船内各室における各国の騒音規制値を示した。まず，船舶の音源や音の特性について知ることが大切である。

表6.1　各国の船内騒音規制値　　　　　　　　[dB(A)]

		IMO	日本	ノルウェー	イギリス
居室		60	60 (6.5万t以上) 65 (2〜6.5万t以上)	60 (2000t以上) 65 (2000t未満)	60
事務室		65		65	65
操舵室		65		65	65
食堂		65		65	65
作業室		85		85	90
機関室	機関制御室	75	75	75	75
	常に人がいる所	90		90	90
	常に人がいない所	110		110	110

　大きい船舶の音源としては，出力を大きくするため大きな主機を用いるので，これの運転に伴う音や振動が大きい。そのほかに推進機，発電機，空調機，ポンプ，換気扇，各種モータ，上部甲板の走行・歩行，デッキチェアの移動などがある。しかし，小さい船舶(漁船など)になると主機，推進機および発電機しかないものもあり，その種類は多様である。

(1) 主　機

　船舶の動力源は船舶の大きさと用途によって異なっているが，一般にディーゼルとタービンである。タービンの振動はディーゼルに比べて小さいが，燃費がよくないので現在はほとんど使われていない。
　現在最も多く使用されているのがディーゼル機関で，出力軸の回転数を低くし，推進軸に直結して回転させて使用するようになっている。舶用の大型ディーゼル機関は，低速2サイクルクロスヘッド形機関で推進軸に直結して使用されており，プロペラ効率を高めるため機関の回転数は低くしてある。
　舶用の中型ディーゼル機関はほとんど4サイクル機関で，推進軸に直結する直結形と，減速歯車を介して推進軸を駆動するギヤード形がある。ギヤー

ド形は機関をコンパクトにするため回転数を高くとるので，小型軽量であることから，カーフェリーや小型客船のように高さが低い機関として用いられている。

　ディーゼル機関は往復運動や回転運動があるため振動や音が発生しやすく，機関を固定する台が船舶構造体であるため振動が船内へ伝わりやすい。さらにディーゼル機関での燃焼ガスの排気音が，機関に発生した音とともに煙突から外へ伝搬している。ディーゼル機関の音の特徴はその周波数が500 Hzから1 kHzの間で音圧レベルが高く，かなり低い周波数の音である。

（2）推進機

　推進機としてはプロペラ軸とプロペラである。プロペラは主機に次ぐ大きな振動源である。プロペラへ流入する水の速度が均一でないため，プロペラに作用するトルクや推進力が一定でなく，変動することによってプロペラを振動させるほか，プロペラの回転運動によって生ずる水圧の変動が船尾を加振する。

　したがって，プロペラへ流入する水の流速を均一にすることが大切である。水の流速が不均一になると，流れの中に大きい渦を発生し振動や音の原因となる。

　プロペラの形状が振動や音に影響しており，プロペラの翼先端部を円周方向へ引き延ばした形状にして音を低くしたものもある。

　さらに，二重反転式プロペラもある。これは前方のプロペラと逆方向へ回転する後方プロペラの2つからなっている。この方式は前方プロペラでおこした水の回転エネルギーを，後方のプロペラで受けるので推進効率や燃費がよく，キャビテーションが少ない。したがって，振動も発生しにくいので発生する音も小さいという特徴がある。

（3）発電機

　船舶内の発電用としてディーゼル発電機を用いている。このディーゼル発電機としては先に述べた舶用中型ディーゼル機関が多い。負荷の多少によっ

て運転台数が変化するので，それとともに発生音の音圧レベルも変化する。ディーゼル機関と発電機との両方が回転するため双方から音を発生する。

客船は主として船内の人々への音の影響を考えることが必要で，そのための対策を施すことが必要である。

[静音化設計]

① 船内のディーゼル機関からの排ガス音を低減させるため，消音器を取り付ける。
② ディーゼル機関から船体へ振動が伝わるのを防止するため，防振装置を取り付ける。さらに，不均衡な力が作用すると振動の原因になるので避ける。
③ 排気管からの音を低減させるため，排ガスの流速を低くしたり，管を二重壁にして防振支持する。さらに，煙突を高くし高所へ音を出す。
④ ディーゼル機関のヘッドカバーを設けるなどの二重構造化するとともに，制振鋼板も用いて表面の振動を減らす。
⑤ ディーゼル機関，発電機，駆動軸，軸受などにしゃ音カバーを設け，音が外部へ放射するのを防止する。
⑥ プロペラの回転に伴うキャビテーションを小さくするよう，翼の形状や種類に配慮する。
⑦ 船内の音は振動が構造体を伝わって，船内の壁や柱を振動させて音を出す固体音があるため，振動源の振動エネルギーを空気層を設けた吸音材で吸収する。さらに，振動が伝わる途中で防振材や絶縁材を用いる。
⑧ 大型客船では多数の乗客の走・歩行に伴う音が大きいので，甲板に制振材を用い，じゅうたんを敷く。さらに床を浮き構造にし，内装用パネルも防振処置する。
⑨ 船舶は固体振動が原因の固体音が大きいので，とくに大形船舶の建造に当たっては，モーダル振動解析を行って，振動伝搬をあらかじめ予測し，機器配置の最適化を図る。

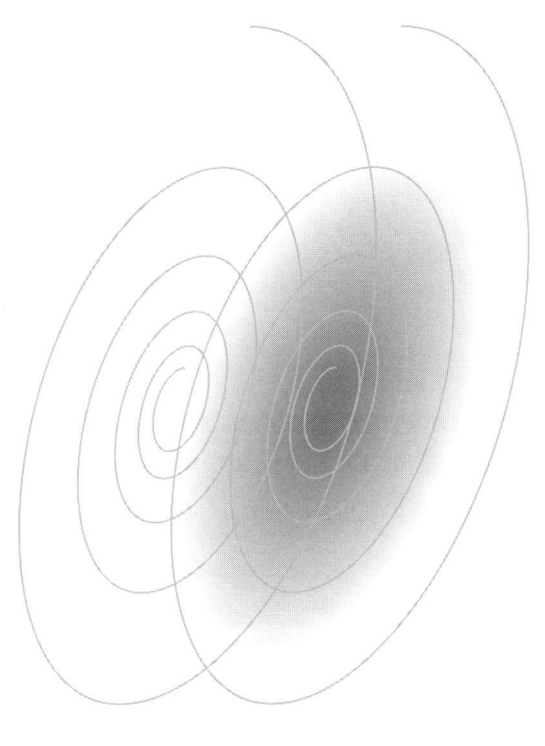

第7章

機械の静音化

　機械には多くの音源を内蔵している場合が多いので，1台の機械から出る音響エネルギーは大きい。さらに，機械工場にはこれらの機械が多数配置されており，工場で作業する人々は高い音圧レベルのもとに長時間さらされることもしばしばある。このような場合には，難聴や身体上の疾患を伴う場合もあるので，静かな環境のもとで作業することが必要である。そのため，種々の機械に発生する音の特性をよく知ることが大切である。

7.1　機械要素

　歯車，軸受，ねじ，ベルトなどの機械要素は，動力の伝達，物体の移動，軸の回転，荷重(力)などに関係している場合が多い。動力を伝達したり変速

するためにはベルトや歯車を用い、回転する軸を支えるためには軸受が必要で、機械部品の移動にはねじを用いるなど、機械要素は多くの機械装置の一部分として用いられている。

機械要素は、機械の内部で回転したり移動したりするため、音源となっている場合が多い。とくに発生する音が大きいのは歯車と軸受である。しかし、これらはそれぞれ種類が多いので音の発生機構が異なっている。その構造を十分に知ったうえで静音化対策を施すことが大切である。

(1) 歯 車

歯車は動力を伝達したり、回転数や回転方向を変えるのには簡単であるため、かなり古くから使用されている。**図7.1**に歯車の種類を示した。図に示すように歯車にも種々の形があり、それぞれその使用目的が異なっている。

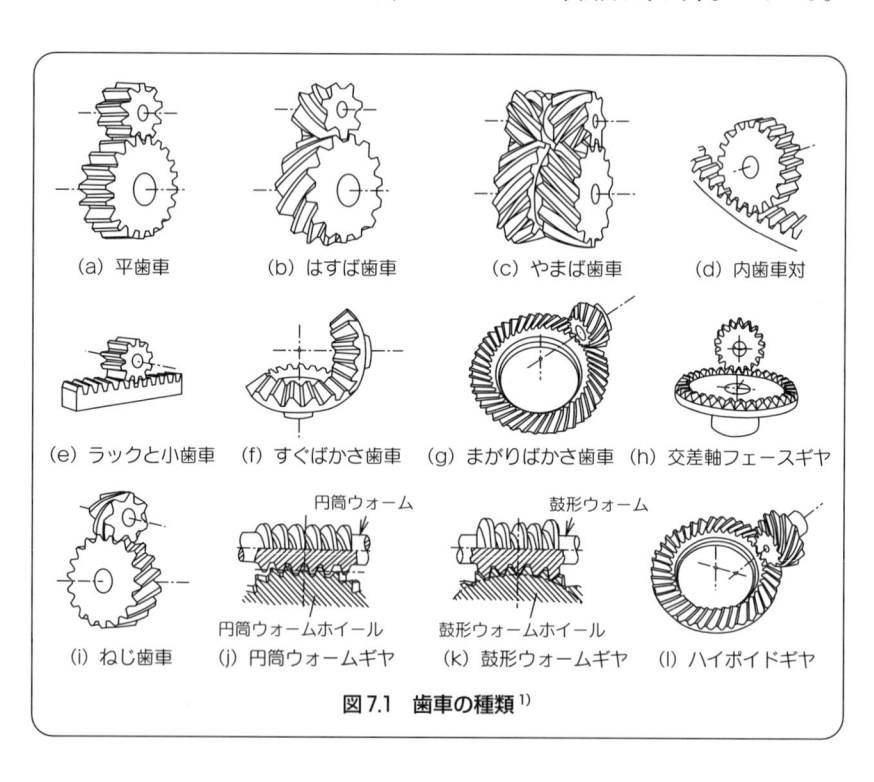

(a) 平歯車　(b) はすば歯車　(c) やまば歯車　(d) 内歯車対
(e) ラックと小歯車　(f) すぐばかさ歯車　(g) まがりばかさ歯車　(h) 交差軸フェースギヤ
(i) ねじ歯車　(j) 円筒ウォームギヤ（円筒ウォーム／円筒ウォームホイール）　(k) 鼓形ウォームギヤ（鼓形ウォーム／鼓形ウォームホイール）　(l) ハイポイドギヤ

図7.1　歯車の種類[1)]

最も簡単で多く使用されている歯車は平歯車である。これは図7.1(a)に示すように2つの歯車の中心軸が平行で，各軸の中心線に平行に歯形が切られている。一方の軸が駆動軸となり軸に取り付けた歯車を回転させ，それに他方の歯車の歯を次々と噛み合わせて回転を伝える。噛み合う2つの歯車の歯数を変えることによって変速することができる。

駆動軸の歯車が回転することによって，噛み合う歯車の歯面と歯面が接するときに衝撃力が作用して振動し，音を発生している。したがって，軸の回転数N [rpm]，歯車の歯数Zの積によって決まる周波数f_1の音およびその倍音が発生する。

$$f_1 = \frac{NZ}{60} \quad [\text{Hz}] \tag{7・1}$$

たとえば，歯車変速機で歯数30，軸の回転数1,000 rpmの場合には，f_1 = 500 Hzおよびその整数倍の周波数において高い音圧レベルを示すようになる。とくに，回転数が大きくなると歯面への衝撃のエネルギーも大きくなるため，(7.1)式によって求まる周波数において大きな音圧レベルを示すことになる。

とくに，平歯車は2つの歯面が互いに瞬時に噛み合うために大きな衝撃が発生するので，噛み合い周波数の影響が顕著に現われる。**図7.2**は2つの噛み合う平歯車に発生する音を，歯車から200 mmの位置にマイクロホンを置いて周波数分析した結果である。噛み合い周波数とその整数倍において音圧レベルが急上昇していることがわかる。

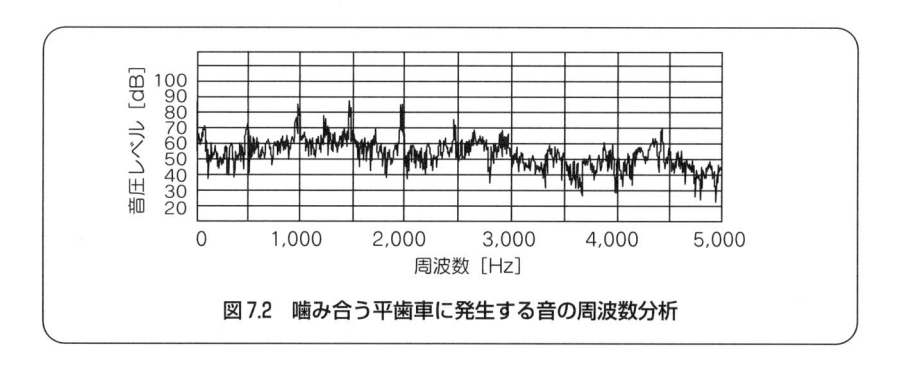

図7.2　噛み合う平歯車に発生する音の周波数分析

歯面に作用する急激な衝撃力を緩和するため，図7.1(b)および(c)に示すような，はすば歯車およびやまば歯車がある。これらは歯面の歯すじの一端から噛み合いが徐々に始まるために，接触時の衝撃が小さく，接触線の全長における力の変動が小さい。そのため平歯車より運転性能が良いので高動力，高速度用に用いている。

はすば歯車およびやまば歯車は，平歯車に比べて，同じ回転数や動力を伝達する場合には噛み合い周波数の音圧レベルは低くなり，平歯車ほど急激な音圧レベルの上昇を示さないでその周辺の周波数における音圧レベルが上昇する。

（2）軸　受

回転する軸を支えるのが軸受であり，大別するとすべり軸受，ころがり軸受，静圧軸受および特殊軸受となる。

（A）すべり軸受

回転する軸の外周面を薄い油膜をもつ面で支え，両者の間にすべりが発生し，軸に作用する負荷を支えている。軸に作用する負荷の方向から，軸の半径方向の負荷を支えるジャーナル軸受と軸方向の負荷を支えるスラスト軸受に大別することもできる。

すべり軸受は負荷能力が大きく，吸振性および耐衝撃性が大きいなどの長所をもつ反面，摩擦係数が大きいので，発熱が大きく，さらに潤滑や保守の面からも高速回転には適していない。

軸受に発生する音は振動が原因であるが，すべり軸受では軸の回転数が低く，面と面が接触しているため安定した摩擦が発生しており，大きな振動は発生しにくい。さらに，接触面に油膜があるため振動を吸収し大きな衝撃音にならない場合が多い。しかし，潤滑油がなくなったり，すべり速度が大きくなると摩擦音が大きくなる。

（B）ころがり軸受

ころがり軸受は回転する軸を転動体であるボール(玉)，円筒ころ，円錐ころなどが回転しながら支えるものである。したがって，軸を支えているのはすべり軸受のような大きな面でなく小さい点や線に近い状態である。

```
                          ┌ 玉軸受の玉と軌道面に発生する音
         ┌ 転動体のころがりにより発生する音 │  （レース音）
         │ （軸受の本質的な音）        └ 円筒ころ軸受のころと軌道面に
         │                        発生する音（きしり音）
ころがり軸受 │                      ┌ 保持器の振動による音
に発生する音 ├ 軸受の製造誤差により発生する音 ┤ 保持器と転動体の衝突音
         │                      └ 内輪と外輪の軌道面および転動体
         │                        表面のうねりによる音
         │                      ┌ 軌道面や転動体につく圧こん,
         └ 軸受の使用上の不備により発生する音 │  きず,さびなどによる音
                                ├ 潤滑剤中の異物による不規則音
                                └ 組込み不良による音
```

図 7.3　ころがり軸受に発生する音

ころがり軸受に発生する音を分類すると**図 7.3**となる。

転動体は一般に複数個であるが，転動体が接している部分は点状に近い不連続状態である。したがって，**図 7.4**に示すように，軸に荷重が作用しているときに回転するボールの位置によって，ボールに加わる力とその方向が異なってくる。つまり，時間とともに転動体のボールに加わる力の大きさと向きが変化している。これが振動を発生させる原因となる。

つまり構造上振動は発生し，ボールが荷重 W_0 の作用する位置を通過する周期の振動，すなわち玉通過振動が発生する。この振動はボールの数が少な

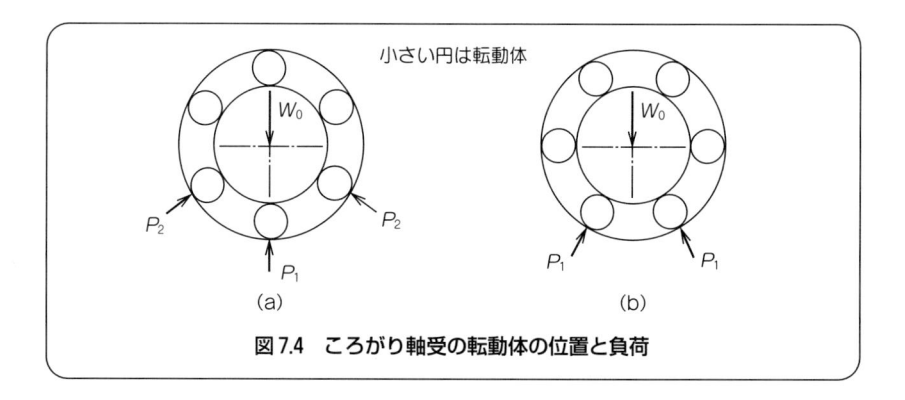

図 7.4　ころがり軸受の転動体の位置と負荷

く，回転速度が低いと顕著に現われる．この振動周波数fはボールの公転周波数f_aとボールの数nの積で求まる．

$$f = nf_a \tag{7・2}$$

ころがり軸受は軌道輪と転動体が接触し，荷重を受けると弾性変形しばねとして作用する．そのため，潤滑が不十分な場合には振動が発生する．とくに，運転初期段階や低温度で使用する場合にグリース潤滑が十分でないこともあり，軸方向に振動が発生することがある．そのため大きな音が発生する．

大きな軸受になると，回転軸が半径方向に大きく振動することがある．これは（7.2）式に示す振動周波数が軸受，軸などを含む振動系の固有振動数に共振したときに大きな音を発生する．

そのほかに，軸受の製造時における誤差，とくに転動体の表面や内輪および外輪の軌道面におけるうねりの存在，軸受を取り付けるときの不注意，潤滑剤とその量が適切でない，などによって振動がおこり音を発生する．軸受の内輪や外輪の軌道面にうねりが存在すると軸方向に振動が発生することがあり，うねりの大きさによっては大きな振動になる．

ころがり軸受に発生する音は，軸が回転することによって，転動体のボールが軌道面を転がりながら移動するため発生する連続した音がある．この音はラジアル玉軸受に顕著に発生しており，「レース音」とよばれている．この音を周波数分析すると，回転速度が変化しても音圧レベルが大きく現われる周波数音の周波数にはほとんど影響しないで，音圧レベルが回転速度や荷重の増加とともに大きくなる．

さらに，軸受のボールの隙間によってレース音の大きさが変化し，半径方向の隙間が小さくなると音圧レベルは大きくなる．このようなレース音の主な周波数は，ボールと軌道輪の固有振動が関係している．

つぎに，円筒ころ軸受になると玉軸受と違って金属性のきしるような音を発生するので，これを「きしり音」とよんでいる．この音の特徴は軸受の潤滑剤にグリースを用いると発生しやすく，潤滑性能が悪くなるほど発生しやすい．油を用いると発生しにくくなる．軸受のラジアル隙間が大きい場合に発生しやすい．きしり音は外輪の軌道面と円筒ころの間で発生している．

さらに，軸受の製作誤差や軸受取付け部の加工精度が発生する音の大きさに関係しているし，軸受に不純物が混入してきずや圧こんなどの損傷を与えると周期的な音が発生する。この音は回転速度によって変化し，速度が低下すると周期が長くなってくる。

また，軸受を機械へ組み込む場合に，大きな力を加えて無理に組み込むと，軸受にひずみが生じて振動や音の発生原因となるので，組み込みにも注意が必要となる。

（3）ね　じ

ねじに音が発生するのは，物体を移動させるのに用いる場合である。ねじによる移動は距離が短く，移動速度も低い場合である。それ以外の移動用には油圧を用いている。とくに精密な移動用としてボールねじが採用されている。ボールねじは転動体のボールがねじ面と接触しながら移動するので，点状に近い状態でころがり摩擦を発生している。そのため，振動や音が発生する。

しかし，一般にボールねじは玉軸受に比べて軸の回転数も小さく，移動速度が低く，精密な位置決めを要求する場合が多いので，十分な潤滑剤を供給して熱膨張も小さくなっているので発生する音も小さい。

静音化設計

（A）歯車の静音化

① 歯車を動力伝達や変速の目的で使用する場合は，潤滑油を用いて歯面における摩擦係数を小さくし，つねに十分な潤滑を維持して振動を軽減する。

② 歯車の使用目的や使用条件をよく知って歯車の種類を選択する。

③ 大きい動力を伝達する場合には，平歯車よりもはすば歯車ややまば歯車の方が歯と歯の衝撃による振動や音が小さいので好ましい

（B）軸受の静音化

① ころがり軸受は転動体の半径方向の隙間ができるだけ小さいものが静

音化には好ましい。
② ころがり軸受は使用する前に適当な予圧を加えてから使用する。
③ 使用するに当たっては潤滑剤を供給し，十分に潤滑が行われるようにする。
④ 軸受を機械などに取り付ける場合には，無理に押し込まないようにし，外輪がゆるめに入るようにする。軸受にひずみが残らないようにする。
⑤ 軸受および取り付ける本体の剛性を高めて，振動によって大きな振幅が発生しないようにする。
⑥ 軸受にゴミや不純物が混入しないようにし，軌道面や転動体にきず，圧こん，さびなどが生じないようにする。

7.2　圧縮機（コンプレッサ）

　圧縮機は空気を圧縮して空気の圧力を高めるのが目的で，その空気を直ちに直接供給したり，圧力容器に一時保存している。空気を圧縮する方法によって圧縮機は分類されている。その方法を大きく分けると図7.5に示すようにターボ形と容積形である。

　空気を圧縮する方法によって発生する音の大きさや性質が異なるので，対象とするコンプレッサがどのような構造をして，どのような方法によって空気を圧縮しているかを十分に理解し，音に対して適切な方法を採用すること

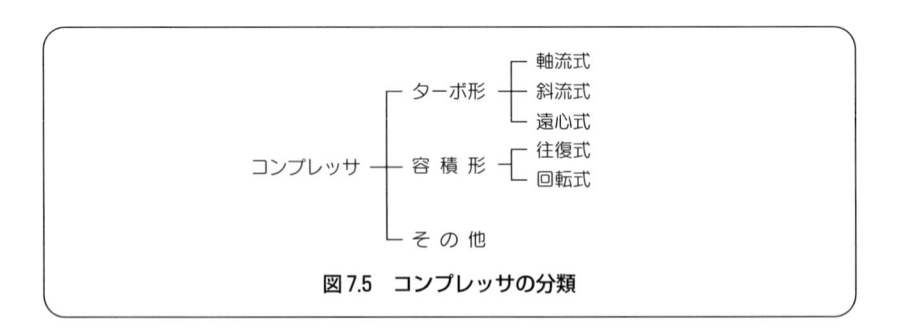

```
                  ┌─ 軸流式
          ┌ ターボ形 ─┼─ 斜流式
          │         └─ 遠心式
コンプレッサ ─┼ 容 積 形 ─┬─ 往復式
          │         └─ 回転式
          └ そ の 他
```

図7.5　コンプレッサの分類

が大切である。

コンプレッサは送風機と構造が類似しており，吐出圧力と吸込圧力の比である圧力比が2以上，または圧力上昇が100 kPa以上のものがこれに属する。それ以下のものを送風機（ファンまたはブロア）と呼んでいる。

（1） 容積形のコンプレッサの原理

シリンダ内の空気をピストンが往復することによって体積を小さくして圧力を高くしている。多量の圧縮空気を必要とする場合には，複数のシリンダを用いているコンプレッサが多い。シリンダの配列方法によって形式が分かれている。2つのシリンダを水平に対向させて配置した水平対向形，V字形に2つのシリンダを配置したV形，W字形に3つのシリンダを配置したW形，X字形に4つのシリンダを配置したX形などがある。

モータに接続したクランクシャフトが一回転すると，1つのシリンダ内のピストンが一往復する場合には圧力変化の周波数は，

$$f = \frac{nR}{60} \quad [\text{Hz}] \tag{7·3}$$

となる。ここで，R = 回転数 [rpm]

$$n = 1, 2, 3, \cdots\cdots$$

1/2回転して一往復する場合には，

$$f = \frac{nR}{30} \quad [\text{Hz}] \tag{7·4}$$

となる。したがって，回転数によってこれらの周波数は決まるが，一般に使用されている範囲では20 Hz以下の基本周波数を示す超低周波数音を発生することがある。しかし，シリンダの数Nが多くなると，(7.3) および (7.4) 式で示す基本周波数fのほかにfからNfの範囲の周波数成分の音が発生する。

発生する音はこの他に，コンプレッサ本体，配管系，モータ，軸受などの振動による音，さらに吸・吐出音や圧縮された空気の乱流や渦によって発生する流体音もあるので，低周波数成分ばかりではない。しかし，容積形の場合はシリンダの数や回転数で決まる周波数成分の音が比較的大きい特徴がある。

(2) ターボ形のコンプレッサ

軸流式と遠心式が多く用いられている。いずれもモータによって回転する軸に翼が付いており、翼が一定の回転数で回転することによって空気に圧力を加えるのである。したがって、空気の吐出側には、

$$f_1 = \frac{NR}{60} \quad [\text{Hz}] \tag{7・5}$$

N：翼の数，R：回転数 [rpm]

で示す圧力変動の基本周波数の音が発生する。これにより発生する音は低い周波数であるが、(7.3) および (7.4)式に示す容積形のコンプレッサよりは高い周波数音となる。

さらに、このような翼の回転に伴う音のほかに、翼に沿って流れる空気に起因する音が発生する。翼の後流に境界層の剥離が発生し、空気の渦が発生して音を出すほか、渦を翼が横切ることによってさらなる渦を発生させ、これが乱流音の原因となっている。この音は周波数が中域から広域にわたる広い範囲となっている。また、このような空気の乱れが圧力変動も起こすことによって、コンプレッサ本体や配管系の振動の原因となり、機械音を発生させる。

以上ような種々の原因によってターボ形コンプレッサは、低い周波数から高い周波数域にわたり広い範囲の音を発生している。翼の数や回転数によって決まる周波数の音より、流体的原因によって発生する高い周波数域の音が比較的大きい特徴がある。

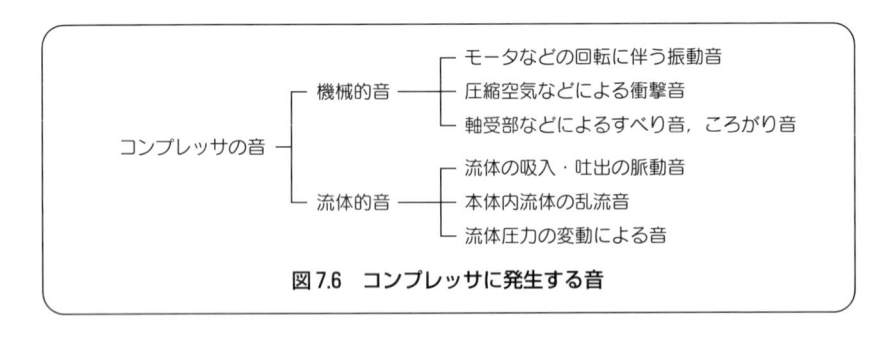

```
                         ┌─ モータなどの回転に伴う振動音
           ┌─ 機械的音 ──┼─ 圧縮空気などによる衝撃音
           │             └─ 軸受部などによるすべり音，ころがり音
コンプレッサの音 ─┤
           │             ┌─ 流体の吸入・吐出の脈動音
           └─ 流体的音 ──┼─ 本体内流体の乱流音
                         └─ 流体圧力の変動による音
```

図 7.6　コンプレッサに発生する音

7.2 圧縮機（コンプレッサ）　*191*

コンプレッサに発生する主な音を分類すると，**図7.6**に示す通り，大きく機械的音と流体的音に分けることができる。

静音化設計

コンプレッサに発生する音は比較的音圧レベルが大きく，人に対して医学的，心理学的に及ぼす影響が大きいので，静音化がきわめて大切である。
① コンプレッサ内に発生する音が吸気口からも放射するので，吸込側に消音器をつける。
② 空気の吐出側にも消音器をつける。消音器は吐出圧力が高いので安全基準を満たしていることが必要である。
③ 空気吐出側の消音器は膨張・収縮形（4.13節参照），共鳴形（4.6節参照）の構造を採用する。
④ 吐出空気の圧力は脈動している場合が多いが，脈動を減少させる。
⑤ 吐出空気には水分が含まれるので，消音器にドレーンがたまらないようにする。
⑥ コンプレッサ本体や配管系から出る音に対しては，防音ラギングや吸音材でそれらを包み込む。とくに高圧，大型のコンプレッサに対しては，防音エンクロージャや防音建物内に収納する。この場合，長時間使用時の温度上昇に留意し冷却も考慮する。
⑦ 空気が圧力を伴って移動するコンプレッサの消音器はダクト系に施すのが好ましいが，空気の吸込み側の消音器にグラスウールやロックウールを用いるときは，その繊維質が空気に混入しないように留意する。
⑧ コンプレッサ本体の振動が取付台やタンクへ伝わり音源となっているので，コンプレッサ本体の振動低減と，取付台の振動低減を図るため，ゴムなどの防振材を用いたり，ばねによる防振装置を取り付ける。さらに，振動面積を小さくするため取付台には平板をなくし，梁材を用いてコンプレッサを保持する。
⑨ コンプレッサの回転部に不釣合いがあると不均一な遠心力が作用し，振動の原因となるので不釣合いをなくし，クランク軸のバランスを均

等に保つようにする。

7.3 ポンプ

ポンプは吸・排水施設，上水道施設，下水道施設，建設現場，ビルディング，化学工場などにおいて，液体やスラリーなどを加圧して所定の場所へ送るために使用されている。

ポンプから放射される音はポンプの形式，大きさ，羽根の枚数，回転数などによって，音圧レベルや周波数分布が異なる。ポンプを分類すると，**図7.7**に示すように，主として遠心ポンプ，軸流ポンプ，斜流ポンプなどのターボ形ポンプ，容積形ポンプおよび特殊ポンプである。

これらのポンプから発生する音は大きく分けると，
　　機械的要因によるもの
　　流体的要因によるもの
である。

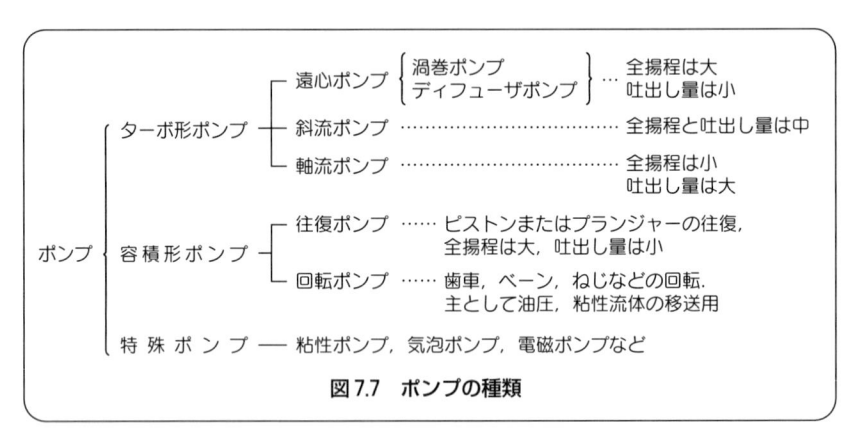

```
                    ┌ 遠心ポンプ ┤ 渦巻ポンプ          ├ … 全揚程は大
                    │           │ ディフューザポンプ │    吐出し量は小
        ┌ ターボ形ポンプ ┼ 斜流ポンプ ……………………………… 全揚程と吐出し量は中
        │           └ 軸流ポンプ ……………………………… 全揚程は小
        │                                              吐出し量は大
ポンプ ┤ 容積形ポンプ ┬ 往復ポンプ …… ピストンまたはプランジャーの往復，
        │              │                全揚程は大，吐出し量は小
        │              └ 回転ポンプ …… 歯車，ベーン，ねじなどの回転．
        │                                主として油圧，粘性流体の移送用
        └ 特殊ポンプ ── 粘性ポンプ，気泡ポンプ，電磁ポンプなど
```

図7.7 ポンプの種類

(1) 機械的要因によるもの

主として回転運動や往復運動に伴って発生する振動である。ポンプは回転

運動するものが多いが，回転物体に不釣り合いが生じると不均一な遠心力が作用することになり，振動を発生する原因となる。また，往復運動するポンプにおいても往復の向きが変わるときに振動が発生しやすく，それに伴って音を発生する。

さらに，回転軸を支えている軸受のすべり，ボールや円筒のころがりなどによって音が発生する。また，ポンプを支えるベース，配管系などが振動したり，回転周波数と共振して音が大きくなる。

（2） 流体的要因によるもの

ポンプから配管へ流れる流体が，高圧で流速が大きい場合に乱流になって大きな渦が発生する。さらに，ポンプが空気を吸い込むことによって渦が発生するほか，羽根後流の乱れ運動，羽根と流体との衝撃，羽根面に作用する圧縮作用などによって音が発生する。

さきに記したコンプレッサと同様に，羽根の枚数と軸の回転数の積によって決まる基本周波数の音およびその倍音が発生する。ポンプはその構造上，流体の流れに脈動現象が発生しやすい。この脈動をできるだけ小さくすることが音の低減に大切である。

ポンプに発生する音の測定方法はJISに定められている。測定位置もポンプのケーシングから1mと決まっている。これにしたがって渦巻ポンプの音を測定すると，音圧レベルは出力の小さいポンプでは60 dBから，出力の大きいもので95 dBと広い範囲に分布している。モータの出力の大きさに連動して音圧レベルは大きくなっている。

静音化設計

ポンプの静音化設計にあたり考慮しなくてはならないことは，ポンプ本体だけでなく，モータ，配管系，ベースなど種々の設備や設置してある建物なども併せて考慮する必要がある。

① ポンプのボリュートの「巻き始め」部（図7.8に示す）の隙間を広げることによって流体圧力の脈動が減衰して音が小さくなる。しかし，

図 7.8 渦巻ポンプの断面

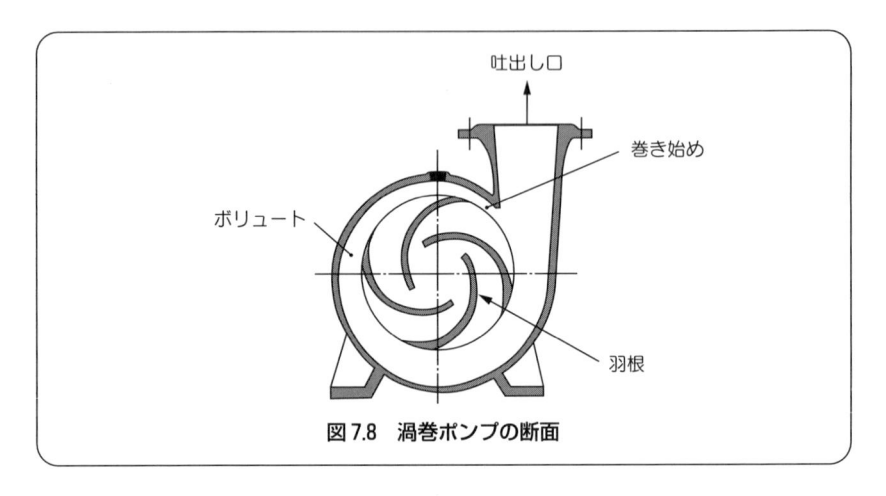

あまり大きく広げると流体の吐出圧力や吐出量に影響する。

② ポンプのボリュートの巻き始め部の先端を少しカットし，羽根から出る流体が狭い部分を同時に通過しないよう，時間的に流れを変化させると音が小さくなる。

③ 羽根の枚数と回転数との積による流体の脈動は，以上の方法でやや減少させることはできるが，基本的にはなくすることはできないので，この脈動による振動をポンプのケーシングで吸収したり，防止するよう剛性を高める対策を施す。すなわち，ケーシングの質量を大きくしたり，防振材を用いて振動を吸収したり，補強用のリムを付けることによって音を小さくする。

④ 吸込口が2つある両吸込ポンプの場合には，羽根車が背中合せになっている場合が多いので羽根から出る流体を半ピッチずらすことによって，圧力の脈動の波形が半ピッチずれることになるので，大きな脈動が減少することにより，音圧レベルの低減を期待できる。

⑤ 図7.9に示すように，ポンプやモータを固定するベースに防振装置を施す。モータがポンプを駆動しているために振動が発生する。その振動が広がらないように吸収することが必要で，ポンプやモータと受台との間にゴムを入れて振動を吸収するほか，ベースと床との間にバネ，

7.3 ポンプ **195**

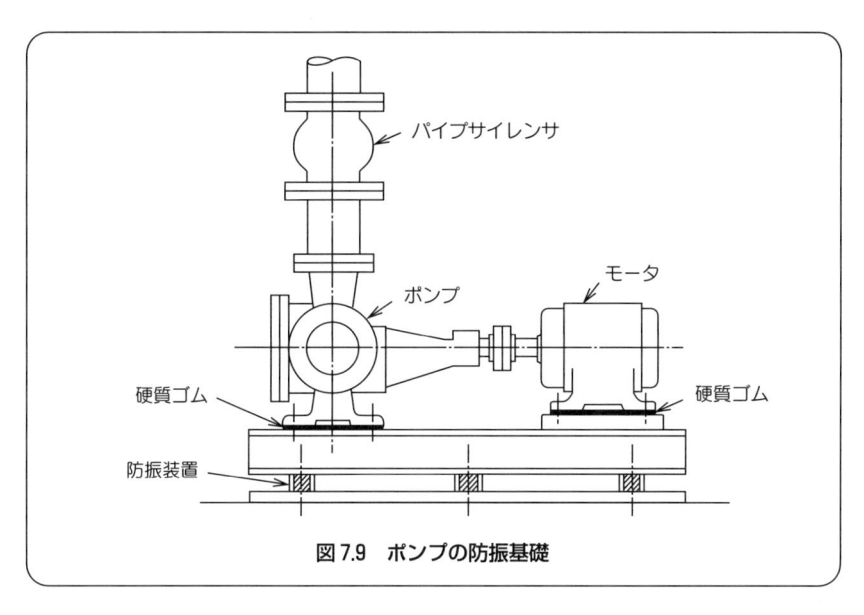

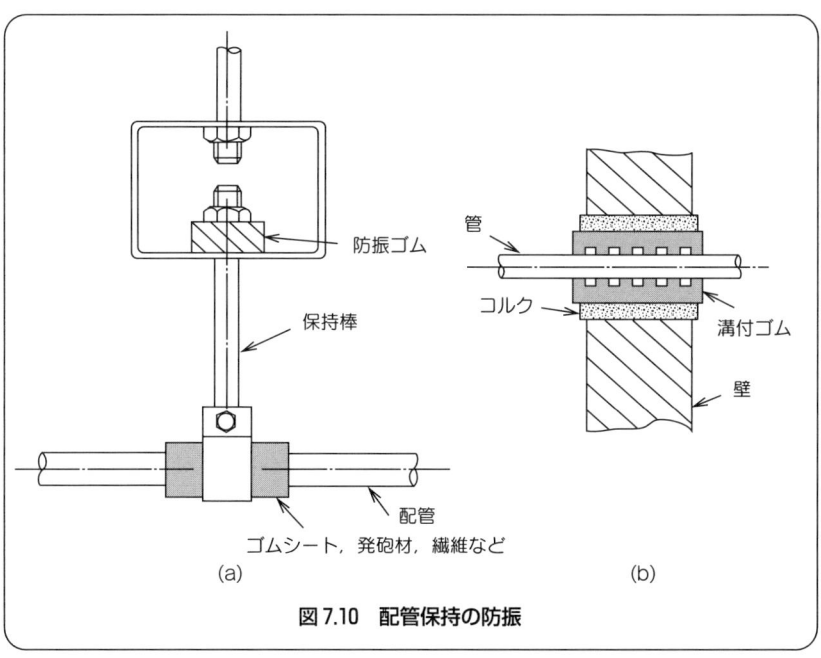

図 7.9 ポンプの防振基礎

図 7.10 配管保持の防振

ゴムなどの防振装置を取り付ける。
⑥ 配管を通して圧力脈動や振動が伝わるので，配管の途中でこれらを吸収するためパイプサイレンサを取り付ける。流体の通る管を内側と外側の二重にし，外側にはゴムを用いて圧力の脈動を吸収して静音化する。さらに，図7.10に示すように，管の保持部や壁との接触部にゴムや発泡材などの防振材を用いて振動が伝わらないように配慮する。
⑦ 大型ポンプで大きい音を出す場合にはポンプを囲む防音カバーを設ける。
⑧ ポンプを設置してある室内に対しては壁面，天井に吸音材を用いて音を吸収し反射音を減少させる。さらに，窓や出入口に対しては二重の複層ガラスや二重シャッタを用いる。採光用の窓に対してはガラスブロックを用いる。

7.4　送風機（ファン，ブロワ）

　一般に広く使用されている送風機は，家庭用やパーソナルコンピュータの空冷用などの小型のものから，工場，化学プラント，建設機械，交通機関などに見られる大型のものまで多種類で，羽根の回転数などの使用条件や使用環境も多様である。
　送風機から出る音に対する苦情はきわめて多いので種々の対策が必要となる。とくに大型の送風機からは大きな音圧レベルの音を放射し，風とともに広い範囲に音が伝わるため多くの人々に影響を及ぼしている。
　これに対して小型送風機は，室内で使用する機器に納められている場合が多いので音圧レベルも低い。しかし，室内のよい環境のため暗騒音のレベルが小さく，小型の送風機でも室内にいる人々には案外気になる。たとえば，室内にあるファンヒータ内の送風機の音やパソコン内の冷却用の送風機などは，使用している人には不快に感じる場合がある。したがって，小型の送風機は音圧レベルが低くても使用する環境が厳しくなると発生する音が問題になる。
　送風機は圧力比（吐出圧力と吸込圧力との比）または圧力上昇（吐出圧力

と吸込圧力との差）の大きさによりファンとブロワとに分けている。ファンは圧力比が1.1未満または圧力上昇が約10 kPa以下のものであり，ブロワは圧力比1.1以上2.0未満または圧力上昇が10～100 kPaの範囲のものである。

送風機とその構造が類似しているものの1つにポンプがある。ポンプは液体に羽根などを利用してエネルギーを与えるもので，送風機は気体を対象とするものである。したがって，気体と液体の違いであるから送風機の分類は構造上は図7.7に示したものと同じであり，ターボ形と容積形であり，ターボ形には遠心式，軸流式および斜流式がある。

送風機に発生する音は主として回転に伴う振動に起因するほかに，羽根車や管内の流体の流れに起因するため，気体の流れの状態に注目することが大切である。

遠心式送風機は，気体が羽根車内を半径方向へ通過する際に，回転している羽根車によって遠心力が気体に作用して圧力が上昇する。

気体の流れは送風機の羽根車と回転数に関係があり，流速が大きいと渦が発生したり，乱れが起こり音圧レベルが大きくなる。流速の低い状態で使用すると音圧レベルが小さくなる。

送風機の音を周波数分析すると，**図7.11**に示すように，羽根の枚数と軸の回転に伴う脈動周波数（羽根枚数と回転数の積）およびその倍音で音圧レベルが急に大きくなる現象が現われる。これに対して管内の乱流による音は回転に伴う音に比べて比較的広い周波数域に分布しているのが特徴である。

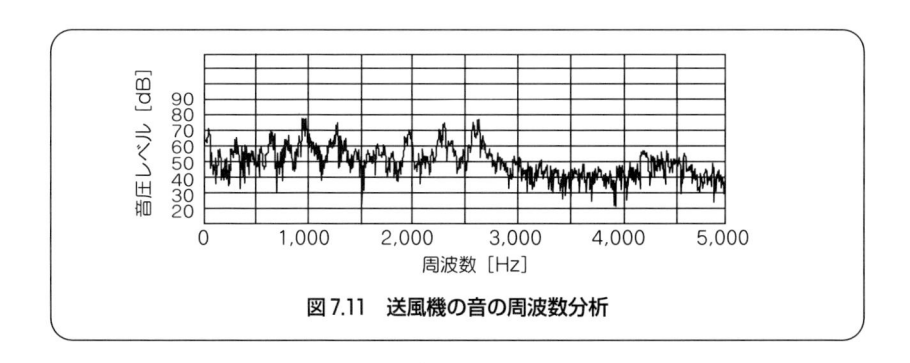

図7.11 送風機の音の周波数分析

送風機内部形状と発生音

送風機に発生する音を低減するためには，ケーシングや羽根の形状に考慮する必要がある。図7.12にケーシングの形状を示した。ケーシングの舌部と羽根出口との隙間 t，舌部先端の丸み半径 r，舌部のカット（スキュー）の形状，羽根車の直径 D などが発生する音に影響を及ぼす。

まず，t が小さくなると音圧レベルは大きくなり，さらに回転に伴って発生する羽根通過周波数（回転数と羽根枚数との積）における音圧レベルは顕著に現われてその倍音もみられる。しかし，t が次第に大きくなるにしたがって音圧レベルは低くなり，回転に伴う周波数の音圧レベルも顕著に現われないで，D と t との比で決まる「すきま率」(t/D) が10％程度になるとかなり小さくなる。これは t が小さくなると羽根の出口と舌部との間で流れに乱れが生じ羽根出口後流の圧力変動差が大きくなるためである。

舌部先端丸み半径 r による音圧レベルへの影響は t による影響のように大きくはない。一般に r が大きくなるとやや音圧レベルは低下する傾向を示す場合が多い。

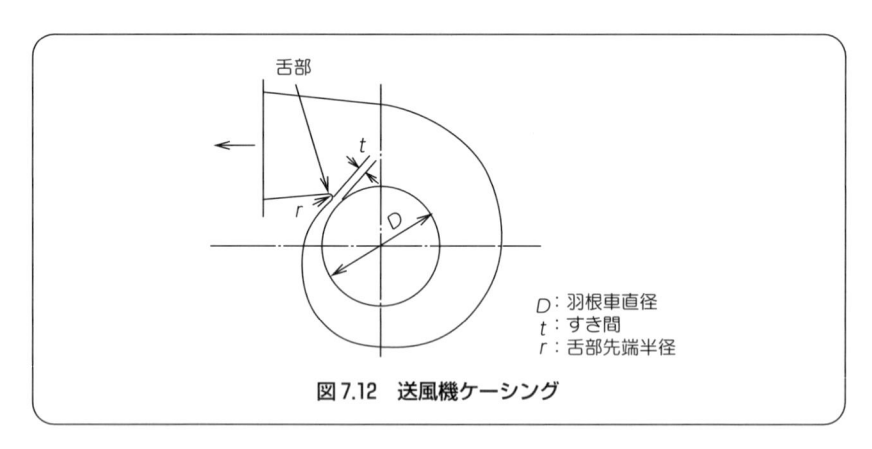

図7.12　送風機ケーシング

D：羽根車直径
t：すき間
r：舌部先端半径

静音化設計

①送風機の羽根枚数を少なくする。羽根枚数を減らすことによって羽根

通過周波数が低くなる。低い周波数音は人の耳には聴感補正が大きくなるので，音圧レベルが大きくても騒音レベルは大きくならない。
② 舌部と羽根出口との間の隙間（あるいは，すきま率）を大きくする。
③ 主軸や羽根の回転に伴う振動を低減させるため，送風機本体の厚さを厚くしたり，強度を増大する。
④ 舌部の形状を改善するため，舌部の先端をスキューし，スキュー率を大きくする。
⑤ 回転に伴って発生する振動がベースへ伝わらないように防振材や防振装置を用いる。
⑥ 振動する部分はできるだけ表面積を小さくし，音響放射エネルギーを減少させる。
⑦ 管を通して送風する場合は管系の振動を防止するため，ゴム，コルクなどの防振材やグラスウールなどの吸音材を用いる。

7.5 切削・研削加工機械

　工作機械は多種類あり，それぞれ加工方法や機械の形式が異なるため音の発生機構，音源の形状，大きさ，位置，音の伝わる経路などが多様である。したがって，それぞれの工作機械について静音化を検討することが必要となる。工作機械は大きく分けると図7.13となる。

```
           切削加工機械…旋盤，フライス盤，平削り盤，ボール盤，マシニングセンタなど
           研削加工機械…円筒研削盤，平面研削盤，内面研削盤など
工作機械   塑性加工機械…プレス機械，鍛造機械，圧延機，成形機など
           鋳造・溶接機械…サンドスリンガ，スクイーズマシン，ダイカスト機，
                         アーク溶接機など
           特殊加工機…放電加工機，レーザ加工機，電子ビーム加工機，化学加工機など
```

図 7.13　工作機械の種類

切削加工は切削工具（刃物）を用いて加工物を切削し，切りくずを出して所定の形状に加工する機械である。切削時に刃先に力が作用する。その力は常に一定値が作用している状態でなく変動している。この力の変動によって切削工具は振動し音を放射する。さらに加工物にも力が作用し，振動して音を出す。

研削加工は，高速度で回転する砥石が種々の形状の加工物表面を所定の形状や寸法に仕上げ加工するもので，砥石と加工物との間に研削によって力が作用し振動が発生して音を出している。さらに砥石が高速度で回転するため，その周辺の空気が乱れて流体音を発生している。

このような切削・研削加工を行う機械には種々の付属設備が必要である。たとえば，油圧駆動のための油圧装置，空気圧を利用するためのコンプレッサ，加工物や切りくずを搬送する装置などがあり，これらから音が発生している。その音は加工機械の本体から出る音よりも大きい場合がある。

（1）切削加工機械

切削加工機械として金属加工物を切削する機械が多く使用されているが，加工物の材質が非金属になると切削工具の形状が異なるため発生する音も異なり，金属の場合より低い音圧レベルを出す場合が多い。そこで以下に金属を切削する場合を扱う。

加工物を切削する場合に単一刃の切削工具（バイト）を用いる場合と，フライス切削のように多刃の切削工具を用いる場合がある。

（A）単一刃切削工具を用いて切削加工する場合

この場合に多く用いるのが旋盤である。旋盤を用いて丸棒の外周面を切削加工したときに発生する音は，切削するときの切り込みや送りが大きいほど大きくなる。つまり，切削時のトルクが大きいほど大きくなる。さらに主軸の回転数が大きいほど発生する音も大きい。

図7.14は，旋盤で切削したときの騒音レベルに及ぼす回転数とトルクの影響を示したものである。回転数とトルクが大きくなるほど，騒音レベルも大きくなっていることがわかる。

図7.14　旋盤で切削したときの騒音レベルに及ぼす回転数とトルクの影響[2]

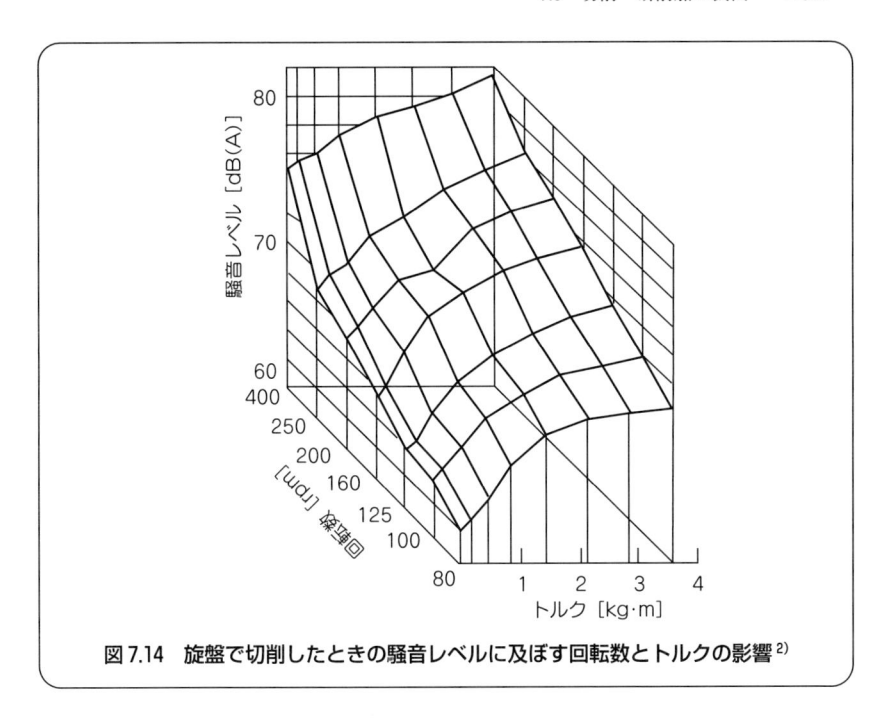

単一刃の切削工具を用い，旋盤に炭素鋼丸棒加工物を取り付けて切削したときに発生する音を周波数分析した結果が**図7.15**である。図をみると，旋盤を運転すると周波数が400～3,000 Hz程度の範囲で音圧レベルが高くなっている。切削を始めると2,000 Hz以上の高い周波数で音圧レベルが高くなっており，4,200 Hz付近でとくに音圧レベルが顕著に高くなっている。これは切削時に発生する切削抵抗によって切削工具に振動が発生し，それに伴って発生している音である。この音を小さくすることによって，音圧レベルのオーバーオール値を下げることができる。

一様な直径の丸棒加工物を一定の加工条件で加工するときには，一定の切り込みで連続した切りくずが発生するため，ほぼ一定の音圧レベルの音が発生する。しかし加工物に溝がある場合には溝の部分は切削しないため，不連続な切削の繰り返しとなる。そのため，溝の部分で中断した切削が再び始まるときに衝撃力が作用し，きわめて短時間に大きな音圧レベルを繰り返し発

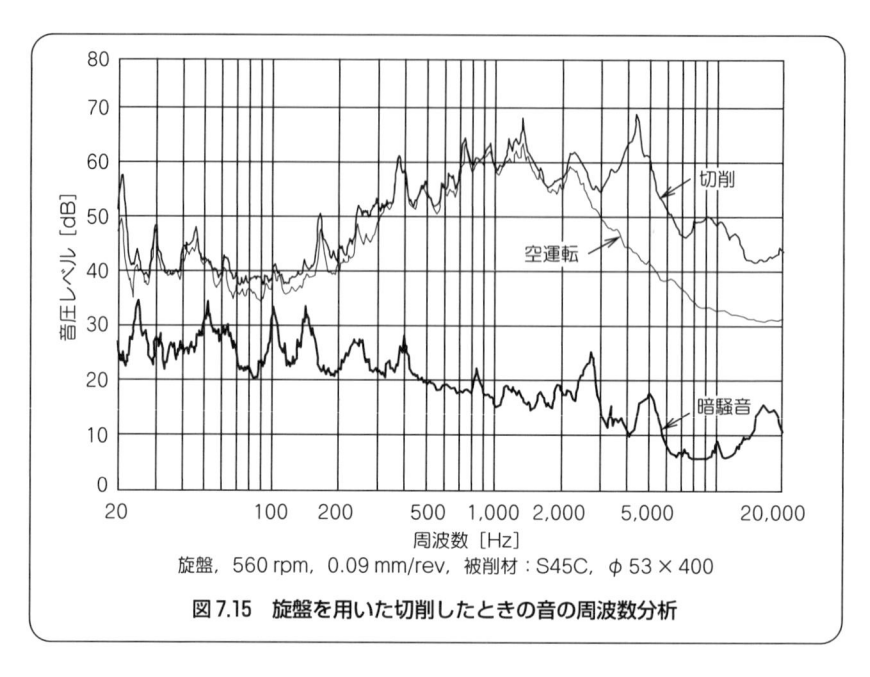

図7.15 旋盤を用いた切削したときの音の周波数分析

旋盤，560 rpm，0.09 mm/rev，被削材：S45C，φ53×400

生することになり，作業者にとっては煩わしい音に感じることになる。

周波数の低い音は人の耳の感度が低いが，周波数が2,000～5,000 Hz程度では耳の感度もよいし，内耳に及ぼす影響が大きいので切削時にバイトが振動して発生する音にはとくに注意が必要となる。

（B）多刃切削工具を用いて切削する場合

この場合は図7.16に工具の形状を示すように，寸法や形状が多種類で刃数もいろいろであり，不連続な切削が多いので大きな音を発生しやすい。

多刃切削工具で多く用いられるのはフライスである。フライスは円周面に多くの切刃をもち，それらが図7.17に示すように，中心軸の周りに回転しながら切削する。1つの刃に注目すると断続的な切りくずを出して切削しており，切り込みも一様でないため切りくずの厚さがつねに変化し，切削抵抗が時間とともに変化する。

フライスの回転数と刃数の積から求まる周波数における音のほかに，切り込みの変化に伴う切削抵抗の変化が振動の変化をもたらし，音圧レベルの時

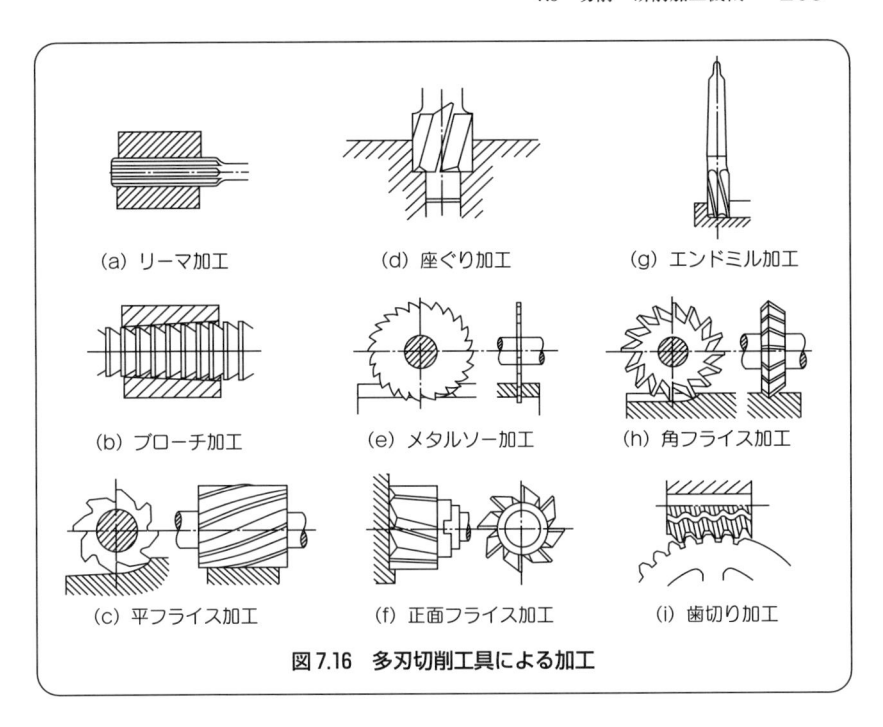

図 7.16　多刃切削工具による加工

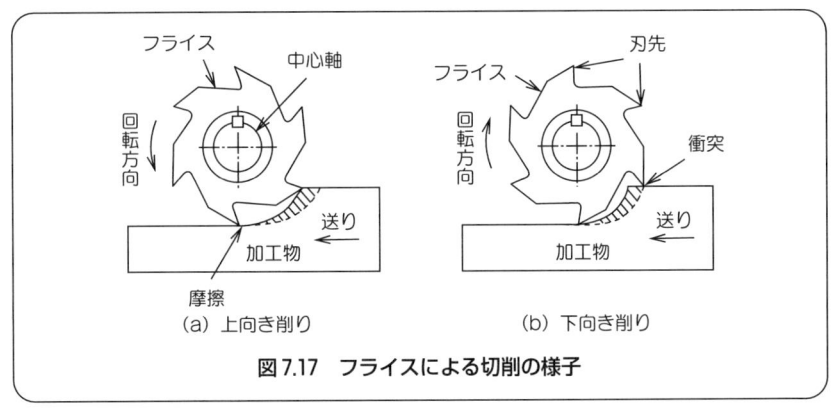

(a) リーマ加工
(d) 座ぐり加工
(g) エンドミル加工
(b) ブローチ加工
(e) メタルソー加工
(h) 角フライス加工
(c) 平フライス加工
(f) 正面フライス加工
(i) 歯切り加工

図 7.17　フライスによる切削の様子

(a) 上向き削り
(b) 下向き削り

間的変化を伴う音を発生することになる。刃数の少ないフライスほど切削時において切りくずを出している刃数が少なくなるため、切削力の変動が大きくなり、振動が発生しやすく、音も発生しやすくなる。

フライスによる切削の方法として，図7.17に示したように，上向き削りと下向き削りがあり，下向き削りは刃先が加工物に接触するときに大きな衝撃力が作用して，衝撃的な音が発生する。

これに対して，上向き削りは刃先が加工物に接触するときに滑りが発生した後，次第に切り込みが増加するので衝撃的な音は発生しないため，その点では上向き削りが好ましいことになる。

図7.18に示すようなツイストドリルを用いて穴あけ切削するときには，ドリルの刃先がドリル中心線に対称に2つの切刃があるため，一様に切りくずを出して切削している。そのため，フライス切削のような衝撃的な音は発生しない。

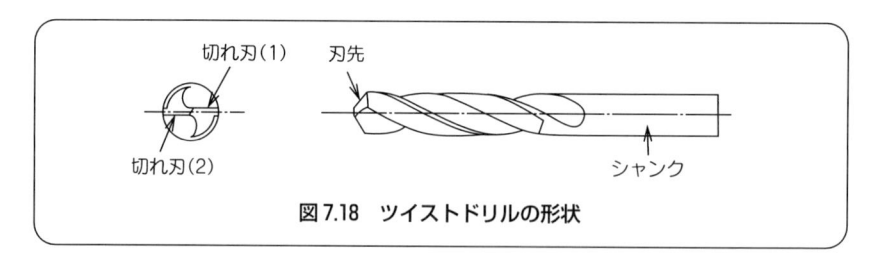

図7.18 ツイストドリルの形状

切削加工の方法はこれらのほかに様々なものがあり，図7.19に示すように種々の形状や寸法のバイトがある。切削工具や加工物の形状，寸法，材質などによって発生する音の特性も変化する。

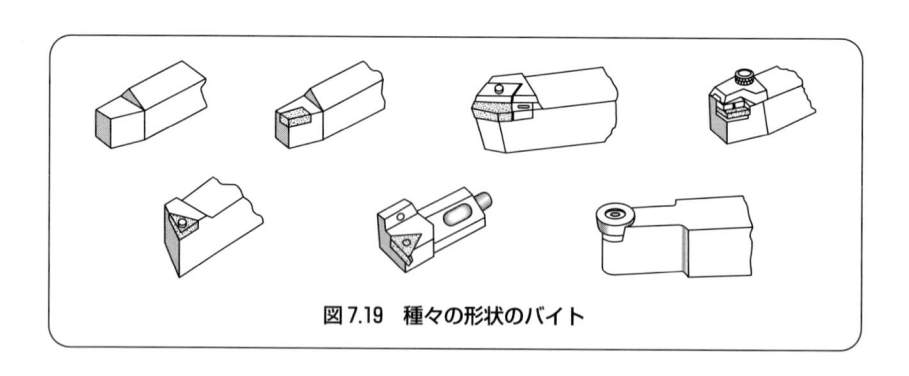

図7.19 種々の形状のバイト

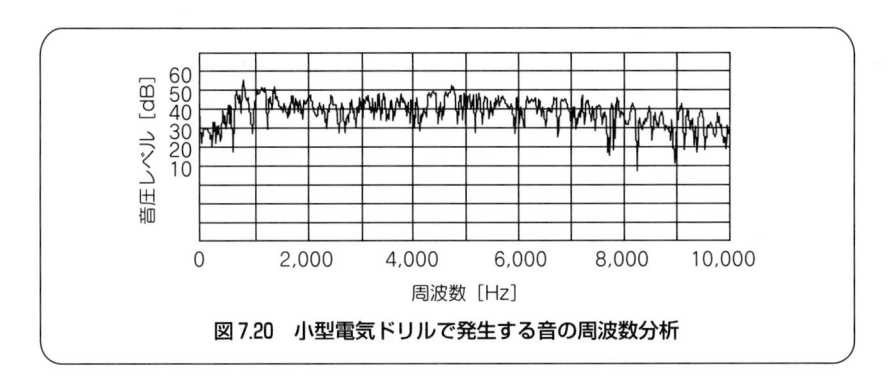

図 7.20 小型電気ドリルで発生する音の周波数分析

　図 7.20は，電動工具の 1 つである小型電気ドリル（出力 300 W）を回転させたときの発生音を周波数分析した結果である。この図ではとくに大きな音圧レベルを示す周波数は見られず，ほぼ一様な音圧レベルを広い周波数範囲に示している。この電動工具はモータに直結したチャックにドリルを取り付けて穴あけする工作機械で，歯車を使用していないので噛み合い周波数も現われていない。

（2） 研削加工機械

　研削加工は切削工具に代わって砥石を用い，加工の条件が切削とはかなり異なっている。研削速度が切削速度より 10 倍以上も大きいが，切り込みがきわめて小さく，加工後の加工物表面を平滑にしたり，加工物の寸法や形状の精度を高めることが加工の目的である。したがって，加工時に発生する音は研削速度が大きいために周波数の高い音が発生しやすい。

　研削加工は精度を高めるために研削熱を除去することが必要であり，そのため研削剤を多量に用いている。さらに高速度で噴霧や，ジェット状にして吹き付けており，それに伴う流体音が発生している。

　円筒研削や平面研削においては一般に砥石軸の両端が固定されて回転しているため，研削抵抗による砥石軸のたわみは小さいが，砥石の振動による音が発生する。

　砥石の構成によっても発生する音は変化する。**図 7.21** は，砥石の粒度お

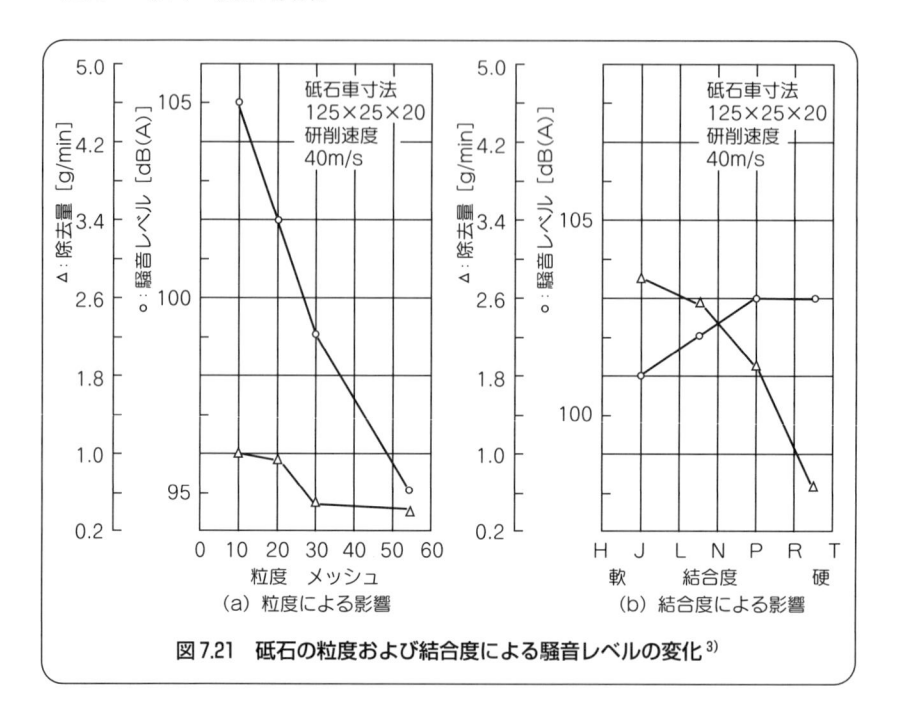

図7.21 砥石の粒度および結合度による騒音レベルの変化[3]

よび結合度による騒音レベルの変化を示したものである．図をみると砥石の砥粒の大きさが細かいほど騒音レベルが低く，砥粒の結合度が硬いと加工物の除去量が少ないのに騒音レベルが高いことがわかる．

平面研削の場合には加工物の取り付け状態によって加工物が振動して音を出している．とくに，薄物の大きい加工物の研削においては加工物の振動による音が大きくなっていることが多い．加工物の取り付けには鉄系材料の場合はマグネットチャックによって取り付けている場合が多いが，磁化しない材料の取り付けには直接固定しにくく音が発生しやすい状態になっている．

内面研削の場合には，図7.22に示すように砥石軸は片持ち軸で一端に砥石が付いており，さらに高い研削速度を得るために回転数が大きい．とくに加工物の内径が小さく長い穴の場合は砥石の外径が小さくなるため，回転数がきわめて大きくなる．そのため軸受から発生する音も大きいほか，砥石に発生する風切音が大きくなっている．

図 7.22 内面研削

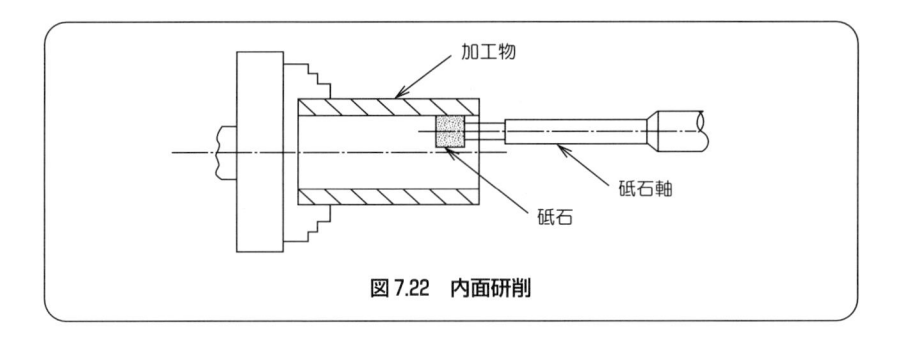

さらに，穴の深い内径の小さい加工物を研削する場合には砥石軸が細く長くなるため，研削抵抗による砥石軸の振動が大きくなり，特定の周波数における音圧レベルが大きくなる。

加工物の切断に用いる砥石の場合には，砥石の厚さがきわめて薄く高速度で回転しているため，砥石の振動によって発生する音が大きくその周波数も高いので作業者にとっては好ましくない。

静音化設計

① 切削加工時に発生する音のレベルが大きいので，バイトのオーバーハング長さ（刃先とシャンク固定部までの長さ）をできるだけ短くしてシャンクを固定する。

② バイトシャンク断面の断面2次モーメントを大きくする。すなわち，シャンク断面積を大きく，とくに断面の高さを大きくして使用する。

③ 加工物の切削条件，すなわち回転数，送りおよび切り込みをできるだけ小さく設定して切削する。

④ 丸棒加工物の外周に溝が付いている場合の断続切削では，回転数を低くして大きな衝撃力を避ける。

⑤ フライス加工においては，下向き削りより上向き削りを採用する。

⑥ フライス加工においては，刃数の多いフライスを用い切削抵抗の変動を小さくする。

⑦ 平フライスによる平面の加工においては，ねじれ刃フライスを用い衝

撃音を小さくする。
⑧切削時に切削剤を用いて加工物あるいは切りくずと刃先との摩擦音を小さくする。
⑨中心線に対称に配列された多刃切削工具は十分に仕上げ加工し、つねに精密に対称性を保つようにする。対称の精度が悪いと振動が発生して音が大きくなる。

7.6 木材加工機械

　木材を加工する機械には木材を切断する鋸盤、面を加工するかんな盤および面取盤、穴あけ用のボール盤、釘打機、木工旋盤、木工フライス盤などその種類は多い。また、鋸盤といっても円盤状の丸鋸が高速度で回転するものや、エンドレスの帯状の鋸刃が回転して切削する大型のものなど大きさもいろいろである。
　木材加工機械は加工物である木材の寸法が長い場合が多く、その機械だけをエンクロージャーで包み込んで防音することが困難な場合が多い。さらに、電動工具のように室内に固定しないで加工場所を移動することも多いので、機械本体に対する静音化対策と同時に、木材を切削する時に発生する音の発生機構をよく理解しておくことが発生音に対する対策上大切である。

(1) 丸鋸盤

　丸鋸盤に発生する主な音は、丸鋸の回転による風切音と、鋸に発生する振動に起因する音である。円板状の丸鋸の外周に切刃があり、これが回転することによって切刃による空気の乱れを発生させている。この乱れが風切音の原因となっている。
　さらに、丸鋸は厚さが薄く高速度で回転する。それに切断する時の切削抵抗が作用して丸鋸が振動し音を発生する。一般に用いている丸鋸の周速度は40〜90 m/sの範囲でかなり高速度であり、切断時の損失を少なくするため丸

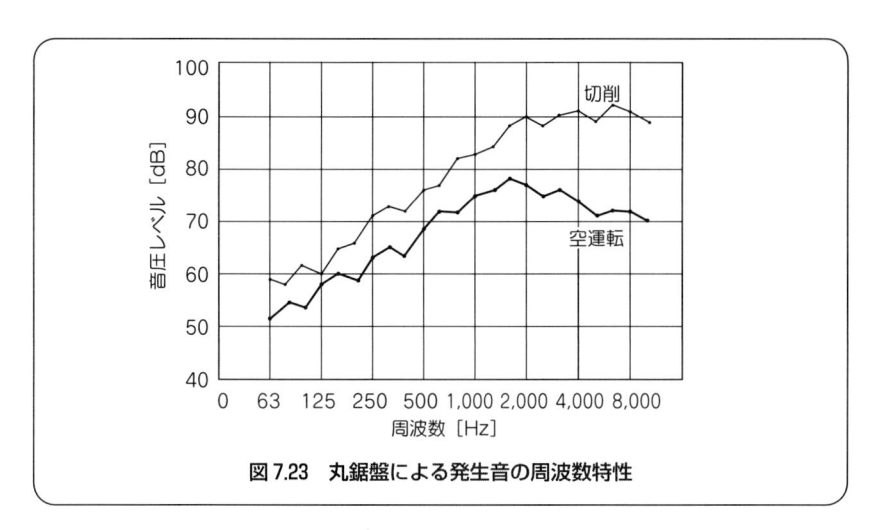

図 7.23　丸鋸盤による発生音の周波数特性

鋸は薄く，そのため振動しやすい．さらに，鋸外周の刃数も多いことなどから発生する音は周波数の大きい領域で高い音圧レベルを示している．

図 7.23 は，丸鋸盤から出る音を 1/3 オクターブ周波数分析した例で，丸鋸盤を空運転した場合と切削した場合を示した．1 kHz 以上の周波数範囲において高い音圧レベルを示しており，切削すると全周波数範囲にわたり音圧レベルが高くなっていることがわかる．

発生する音の音圧レベルは丸鋸の回転数が大きいほど，切刃の高さが高いほど，また切刃の数が多いほど（切刃と切刃の間の距離が小さいほど）大きくなることがわかっている．発生する音圧レベルは大きい場合で 120 dB に達する場合もある．

（2）帯鋸盤

帯鋸盤には 2 つの鋸車があり，両者にエンドレスの帯鋸を掛けて高速度で回転させ木材を切削する．このときに発生する主な音は刃先が木材に接するときの衝撃音，木材を切削するときに発生するせん断音，切りくずが刃先を摩擦する摩擦音，刃先周辺や帯鋸の動きによって発生する空気の乱れによる風切音，鋸車と帯鋸の接触音，切りくずが帯鋸と接触したり，帯鋸と鋸車と

の間に入ることにより発生する音などである。

丸鋸の場合と同様に発生する音の周波数が1,000 Hz以上において高い音圧レベルを示しており，作業者の難聴への影響を考慮することが大切である。

帯鋸盤に発生する音は，回転数（切削速度）が大きいほど，帯鋸の幅が大きいほど，単位長さ当たりの刃数が多いほど，刃高が高いほど発生音の音圧レベルは大きくなる。

（3）かんな盤

かんな盤は，複数刃をもつカッタヘッドが回転して木材の平面を切削する機構になっている。これは金属切削におけるフライス切削と同様の切削原理である。カッタヘッドが回転し，それに取り付けられた刃物が回転して木材表面を切削する。刃先が木材に接触するときに衝撃力が作用し，刃物や木材が振動する。カッタヘッドに取り付けられた刃先は複数あるため，カッタヘッドの回転数と刃数の積から求まる周波数の衝撃が作用する。これにより発生する音や風切音は，その周波数およびその倍音において大きな音圧レベルを示している。

カッタヘッドの回転数が大きくなるほど，刃先の木材に及ぼす衝撃力が大きくなり発生音も大きくなる。木材のみならず刃先も衝撃力で振動するため，刃先がヘッドの固定部から長い場合や，刃口金の位置がヘッドに近い場合には音が大きくなる。

さらに，刃先の衝撃力によって木材も振動するため，木材の比重，大きさ，加工幅などによって決まる固有振動数における音圧レベルも高くなる。

かんな盤に発生する音は，カッタヘッドの回転数が大きく，加工幅が広く，木材の硬さが大きく，切り込み（削り代）が大きいほど，さらに送りが大きいほど音圧レベルが大きくなる。

かんな盤に発生する音は，空転時においては一般に周波数の低い領域において大きい音圧レベルを示しているが，切削が始まると1,000 Hz以上の高い周波数において音圧レベルが高くなる。機械は作業上の安全も考慮して，回転部のみならずほとんど全体がカバーされているため，機械の機構上からの

音よりも，加工時に発生する音が大きな音圧レベルを示している。

(4) その他

木材加工機械には圧縮空気を利用したエアツールや回転振動を利用するものが多くなってきた。これらには釘打機，ビス締機，エアカッタなどがある。そのためコンプレッサやモータが作動しており，これからも音を出している。さらに作業時に瞬間的に圧縮空気が漏れる音がする。

静音化設計

① 木材を切削するときの丸鋸は制振鋼板を用い，鋸の振動を小さくし発生する音を小さくする。
② 丸鋸の平面に細いスリットを入れ鋸の振動を低減し，音を小さくすることができる。
③ 木材を切削するときの帯鋸は，帯鋸と鋸車とのゆるみを少なく，鋸の幅を小さく，単位長さ当たりの刃数を少なく，刃高を低くする。
④ かんな盤は刃先をヘッドの固定部に近づけ，刃口金を刃先に近くして刃の剛性を高くする。
⑤ 木材切削時には木材の振動によって発生する音も大きいので，木材を十分に固定して振動を防止したうえで送りをかける。
⑥ 高速度で木材を切削する場合に切りくずが音を発生させる原因になることがあるので，切りくずを速やかに吸込口から外へ出す。
⑦ 木材加工機械本体の表面へ振動が伝わり，表面から音が放射されているので振動源で防振を施すとともに，本体の表面へ振動が伝わらないようにその取付部に防振材を用いる。

7.7 塑性加工機械

塑性加工は，素材に外部から力を加えたときに力が一定値を越えると，材

```
         ┌ 鍛  造 … ハンマで打撃を与えて成形 …………………… クランク軸，刃物
         │ プレス … 工具の垂直運動による加圧・成形 …………… 板の変形
         │ せん断 … 一対の工具の往復運動による切断 …………… 穴あけ，切断
         │ 圧  延 … ロール間の加圧による成形 ………………… 薄板
塑性加工 ┤ 製  管 … 素材を変形させて管を製作 ………………… 管
         │ 引抜き … ダイスを通して素材を引張り成形 …………… 細線（電線），細管
         │ 押出し … コンテナ内の素材に加圧しダイスから押し出す … サッシ，継手，部材
         │ 転  造 … 移動するダイスを素材に押し付け回転させ成形 … ボルト，歯車
         └ 曲  げ … 素材に加圧して曲げる ……………………… 板，棒，管などの曲げ
```

図 7.24　塑性加工の種類

料は永久変形となり，力を除いても元の状態に戻らない性質を利用した加工である。たとえば，回転するロールで素材に外力を加えて厚さを薄くしたり，太い丸棒に引張力を加えて細くして線状にしたり，打撃を与えて変形させるなどのように切りくずを出さない加工である。その種類を**図7.24**に示す。

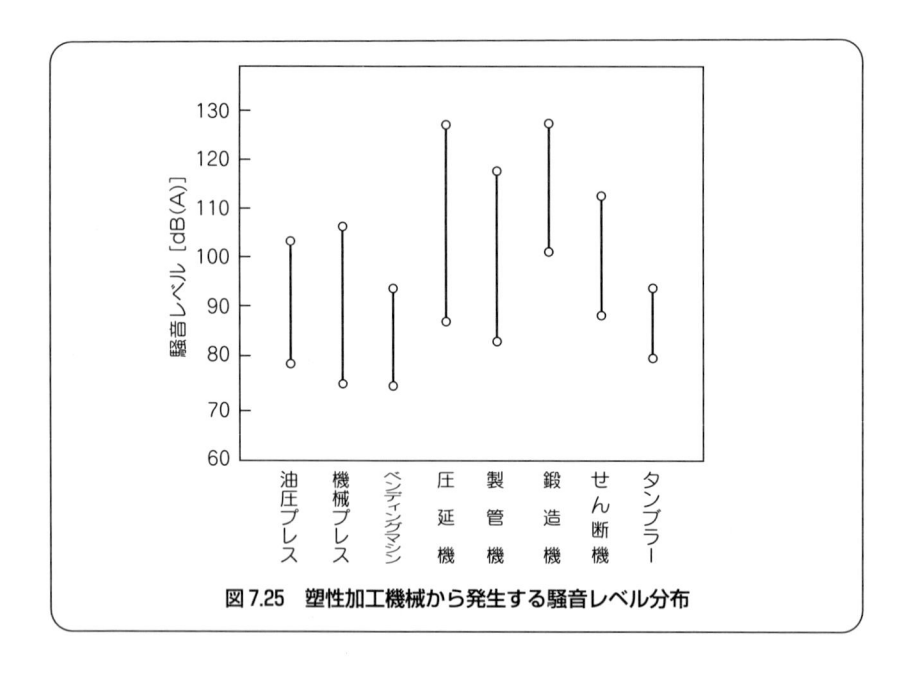

図 7.25　塑性加工機械から発生する騒音レベル分布

（横軸：油圧プレス，機械プレス，ベンディングマシン，圧延機，製管機，鍛造機，せん断機，タンブラー／縦軸：騒音レベル [dB(A)]）

このように塑性加工は，大きな外力を加えて材料を変形させるためにその機構上振動や音が発生しやすい。とくに，きわめて短時間に大きな力を加えて変形させると衝撃音が発生する。しかし，大きな力を加えても長い時間かけて変形させると大きな衝撃音にはならない。したがって，塑性加工の方法や外力の加え方を十分に知って音の対策を立てることが大切となる。

塑性加工として用いている機械から発生する騒音レベルの分布を図7.25に示した。鍛造，圧延，製管，せん断などの塑性加工から発生している騒音レベルが高いことがわかる。

（1） 鍛 造

鍛造は外部から材料に力を加えて成形し，材料の機械的性質も改善する加工法である。この方法には金型を用いる型鍛造と，金型を用いない自由鍛造とがある。材料は炉で加熱して成形させる場合が多いので，音，振動，粉塵が発生し，高温度のもとで作業するので労働環境は良くない。

鍛造工場において発生する音や振動源は，鍛造に用いる機械から発生している。その主なものはハンマ（空気ハンマ，蒸気ハンマ，ばねハンマ，板ドロップハンマなど），鍛造プレス機，空気圧縮機，ショットブラスト，切断機，加熱炉などである。これらの中で広く用いられていて大きい音や振動を発生させているのはハンマとプレスである。

ハンマは，動力の与え方によって種々の形式があり，空気ハンマや蒸気ハンマは動力として蒸気や圧縮空気を用いるもので，ハンマに連結したピストンに蒸気や高圧の空気を送ってハンマを持ち上げて落下させて材料を変形させ，弁を切り替えて落下速度やストロークを調節している。

ばねハンマはモータにクランク軸を連結し，その動きを板ばねの一端に伝え，他端の動きをハンマに伝えてばねのエネルギーを利用してハンマで打撃を与える。また板ドロップハンマはラムの付いた板を2つのロールで挟んでロールを回転させ板を持ち上げ，板を離してラムを落下させ鍛造する方法である。

鍛造機械に発生する振動や音の特徴は，ハンマを落下させるために大きな衝撃力が作用するので音圧レベルの大きな衝撃音が周期的に発生する。鍛造

により発生する音はハンマ，加工物，アンビル，鍛造機本体などが振動することによるもので，この振動が床を通って建物や近接の機械などへ伝わり，それらから音を出している場合も多い。

　圧縮空気や高圧の蒸気を用いてハンマを作動させる鍛造機械は，空気や蒸気が抜ける時の排気音や，ブロワからの音，バルブを切り替えるときの音などが発生する。高圧の空気や蒸気が大気圧の状態へ吐き出されるために，空気が振動する気体音が発生する。

（2）プレス

　プレスは一般に直線往復運動するピストンに工具のポンチを取り付け，ダイスに沿って加工物を成形（曲げ，絞りなど）する塑性加工で，せん断（打ち抜き）加工をこれに含めることもある。主として金型，ダイス，ロールなどを用いて板状の金属材料を変形させて製品を造る加工またはその機械で，自動車，製缶，電気などの分野では多く使用されている。

　成形加工においては板を曲率の大きな形状に曲げる場合には，曲げロール，成形ロールなどと呼ばれる回転しているロールの間に材料を入れて変形させる。この方法では瞬間的に大きな力を与えるのでなく，時間をかけて変形させているので，比較的小さい音圧レベルの音が発生している。

　上下一対の金型を用い鉄板をその間に入れて，油圧で金型を移動し変形させている。プレス機械は自動車，電気製品，ファンヒータなどの製造において多く使用されているが，金属板をせん断加工で切断し，それを金型で変形させるときの振動音，素材が移動するときの音，成形した製品を金型から取り出し移動する時の音などが発生する。

　空気圧や油圧を利用したプレス機械においては，このような作動流体が流動したり，管内やバルブなどから吐出する時に流れが乱れたり，急激な圧力変動を生ずることによっても音が発生する。

（3）せん断機械

　せん断作業は，鉄板などの加工物を対になっている刃（ダイス）に力を加

図 7.26 シャー角付きせん断

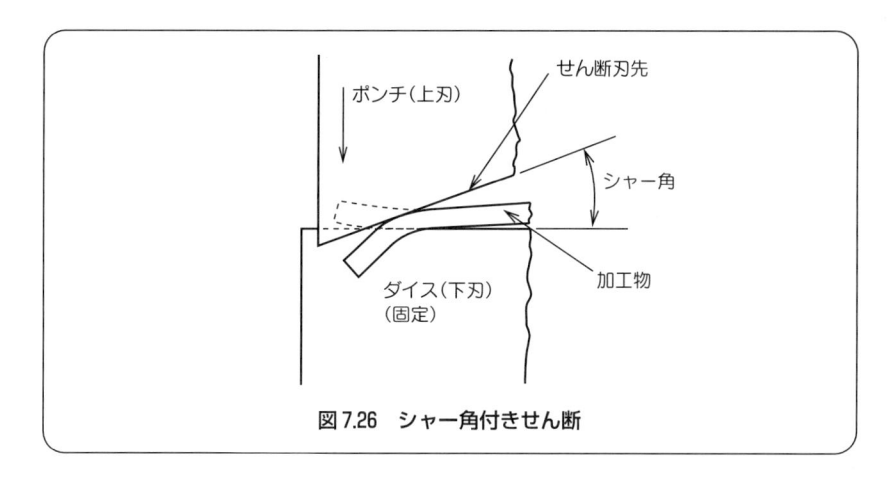

えることによって，加工物にせん断を発生させて切断する作業である。きわめて短時間に大きな力を加えるため，衝撃的な大きな音が発生する。さらに，せん断された材料が落下したり，搬送する音も発生する。

小さい穴や寸法のせん断は動力が小さくて加工できるが，瞬時にせん断するため衝撃的なせん断音が発生する。しかし，大きなせん断加工をするときは，一度に大きなせん断力が作用するのを避けるために，**図 7.26**に示すように，せん断刃先を傾斜させて（シャー角をつける）加工している。このような場合には衝撃的な短時間の音でなく，少し長く音が続くことになる。

せん断時に発生する音を測定すると，せん断機械から約 4 m の位置において音圧レベルが 80〜115 dB の間に分布しており，せん断機械のモータ出力が大きいと音圧レベルも大きく，せん断面積が大きいほど大きくなる。発生音の周波数は 250〜2,000 Hz の間に高い音圧レベルを示している。

せん断機械の運転によってモータ，軸受などに発生する定常的な音は他の機械に比べて大きいわけではない。

（4）圧延機械

圧延は一対の回転するロールの間に鋼塊や板材を入れて，その厚さや形状を変化させ塑性加工する機械である。圧延方法として最も簡単なのは回転する

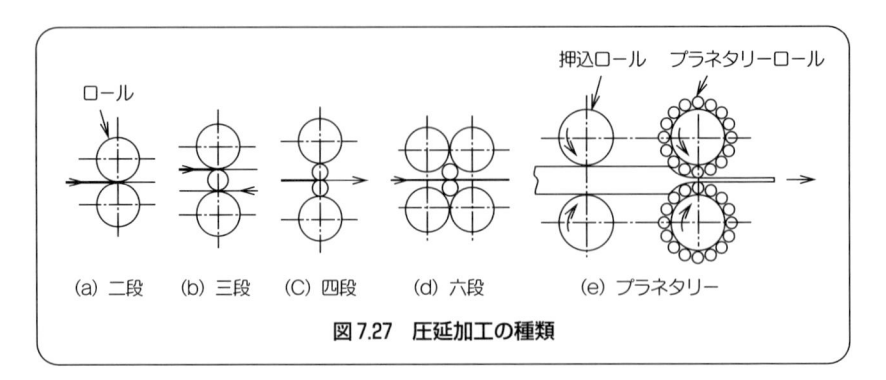

図7.27 圧延加工の種類
(a) 二段　(b) 三段　(C) 四段　(d) 六段　(e) プラネタリー

2つのロールを用いる方法であるが，この他にも図7.27に示すようにロールを二段，三段，……と複数用いて圧下率を高め，変形し難い材料に対応している。同図(e)に示すように，多数の小さいプラネタリーロールが大径の支えロールの周りを遊星運動する構造のものもある。

圧延工場では1台の圧延機で往復圧延する場合や，数台の圧延機を直列に配列して運転している場合が多い。小さい素材を圧延する場合や，製鉄会社のように広い工場に長い素材を直列に配列した圧延機で往復圧延する場合もあり音の発生も一様でない。

圧延機に発生する音は，素材がロールに接触し噛み込まれるときに発生する衝撃音である。これは圧延速度が大きいほど大きく，音圧レベルは80～110 dBの間にほとんど分布し，音の周波数は500～3,000 Hzの間に高い音圧レベルを示している。

素材がロールに噛み込まれると圧延抵抗が圧延機に作用し，圧延機の駆動機構部から発生する音が大きくなるほか，ロールから出た素材が搬送されるときに素材の流出速度が大きくなるため，搬送機と素材との間に衝突が発生してここにも衝突音や摩擦音が発生する。

さらに，製鉄会社の圧延作業の多くは高圧の冷却水を圧延中に鉄板に注ぐため，冷却水が鉄板に衝突するとき流体音が発生し音圧レベルはきわめて大きくなり，120 dBを越える場合もある。さらに，製品を巻き取るときに発生する音も大きく，この音だけで100 dBを越えることもある。さらに，圧

延された板を巻き取る最後に大きな衝撃音が発生している。

圧延には熱間圧延と冷間圧延があるが，一般に熱間圧延は大物の圧延をするため，発生音の音圧レベルも大きい。冷間圧延の場合には音の周波数が高い領域において大きい音圧レベルを示すことが多い。圧延速度が大きくなるほど発生音の周波数も高い領域において大きい音圧レベルを示している。

このように圧延機械は一般に大物が多く，運転時に大きな動力を必要としている。圧延時に発生する音のほかに多くの音を発生しているため，圧延工場においては音圧レベルが他の塑性加工の工場におけるものよりきわめて大きい傾向を示している。

（5） 製管機械

製管時に発生する音を理解するためには，製管の方法とそれに用いる機械をよく知ることである。一般に，管の製造方法は管の材料，大きさ，用途などによって決まってくる。

細い管の場合は，細長い板をロールへ通すことによって板の幅方向へ次第に曲げて塑性変形させ，接合部を溶接か鍛造によって管を造る方法が多く用いられている。この他にも**図7.28**に示すように，一対の回転するロールの

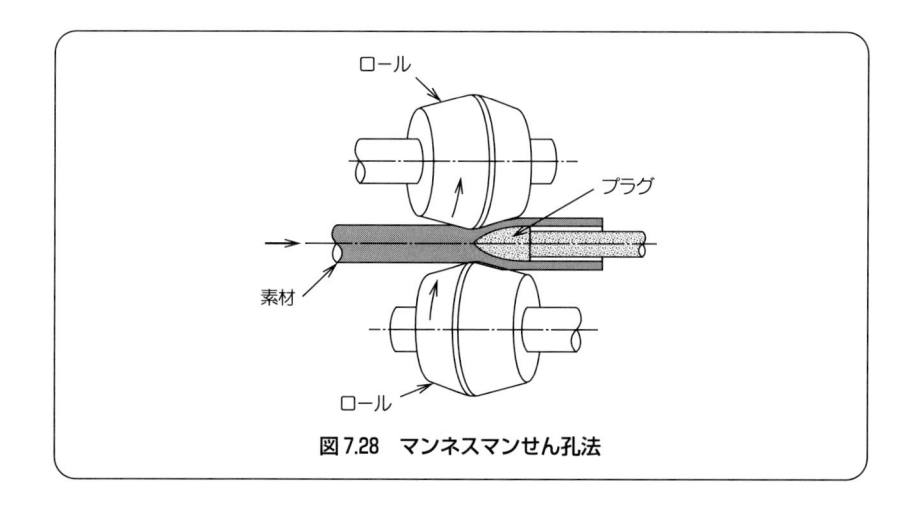

図7.28 マンネスマンせん孔法

間に丸棒を入れ回転させ，せん孔用のプラグを入れて穴をあけながら管状に仕上げるマンネスマンせん孔法もある。この方法では図からわかるようにロールの回転に伴う音や，ロールと管との間の摩擦に伴う音，回転・圧縮を受ける材料の中心部にできる亀裂に伴う音，プラグの先端と穴内面との摩擦に伴う音などが発生する。

太い管の場合は，長い板を管の円周方向に沿って螺旋状に曲げて板の幅になる端部を接合して管を造る方法がある。

製管工場においては，板を曲げて管にするときに大きな音が発生する。とくに鍛接による場合に音が発生しやすい。さらに，モータや軸の回転による音，加熱炉の燃焼音，板や管を搬送する音，管の冷却時の音，管の切断音，管の衝突音や落下音，管の内部洗浄音などがあり，音圧レベルは 115 dB を越える場合もある。

このようにかなり大きな音が発生しているので，騒音規制法の特定施設に指定されている。

> 静音化設計

① 塑性加工の機械や付属設備から発生する音や振動は衝撃的で連続している場合が多く，工場内に留まらないで地面や壁を伝わって外部へ影響を及ぼすので複合した対策を施すことが必要である。
② 塑性加工機械は全般的に衝撃力が大きいので，本体の下に空気ばねなどの防振装置を設けて基礎へ振動が伝わるのを防止する。
③ 塑性加工時に加工物と工具やハンマなどが接触する時の速度を調整して，衝撃音を低くする。
④ 機械本体には吸音材を付したカバーを施し，カバーの内部に発生する音を吸収する。
⑤ 大きな振動が発生しやすい場合が多いので，制振材や防振材を用いて振動の発生や音を小さくする。
⑥ 加工物が移動する時にも金属と金属との接触を避けるようにし，接触部に防振ゴム，樹脂などを取り付ける。

図7.29 工場内の懸垂型吸音材（Keller 社）

⑦ 塑性加工工場の建物そのものを防音建物とし，内壁や天井に吸音材を施して吸音し，屋外へ音が伝わらないようにする。図7.29は，工場内の天井に懸垂形吸音材を取り付けた例である。

7.8　印刷機械

　印刷機械は印刷物の色が黒一色の小型の商業用のものから，高速カラー印刷する大型の輪転機まで構造が多様であり，これらを一纏めにすることは困難である。印刷機械の傾向は高速化，カラー化，精密鮮明化，印刷物材質の多様化などであり，これらを実現しようとすると機械の複雑化，大型化，台数の増加，高価格化などとともに振動や音が大きくなり好ましくない傾向が現われてくる。
　新聞社に設置されている印刷機は通常大型のオフセット輪転機で，これを数セット所有している場合が多い。

(1) オフセット輪転機の構成

① 給紙部:製紙会社から送られてきた大きなロール状になった巻取り紙を次の印刷部へ供給する部分である。まず,巻取り紙を取り付ける装着装置,紙を送る自動紙継ぎ装置,紙に一定の張力を与える張力制御装置などがある。

② 印刷部:給紙部から送られてくる一定張力の作用している紙に連続的に印刷する部分である。これは輪転機のメイン部で版胴,インク練ローラ,インク着けローラ,湿し水着けローラなど多くのローラとそれらの駆動装置,制御装置で構成されている。カラー化に伴って複数の輪転機がタワー状に設置され大型化している。

③ レールフレーム部:印刷部で印刷された連続したロール紙を種々のローラを通して部数に応じて分類し,次の折部へ送る部分である。

④ 折部:印刷された連続紙を新聞紙のように所定の寸法,形状に裁断して折りたたみ,所定の場所へ積み上げる部分である。

(2) 発生する音源と音の特徴

オフセット輪転機の各部分に発生する音は,ローラなどの駆動装置や変速装置などの固体音,ローラなどの回転体あるいはそれらが紙を挟んで接触することにより発生する音,紙が高速度で流れるときに発生する紙の接触音,紙の流出やローラの回転に伴って発生する空力音,紙を裁断するときのカッタと紙の衝撃音などが主な発生音である。

発生する音の騒音レベルは85〜100 dB(A)程度でかなりレベルが高い。しかも周波数分析すると500〜3,000 Hzの間の周波数におけるレベルが高くなっているので,作業者にとってはかなり煩わしい音である。

輪転機は多くの回転体で構成され,それらが高速度で回転するため振動が発生しやすい。さらに,インクシリンダは回転しながら軸方向にも動揺する機構になっているため振動が発生しやすい。その振動が伝わって広い音源となって音を出している。さらに,紙を巻き取ったロールは偏心している場合

が多く。回転すると不均一な遠心力が作用して振動する。

　その他，インクシリンダやガイドローラなど多くのローラ類が回転しており，ローラの不釣合いや，動力伝達装置や回転数を変える装置などによって振動が発生しているため音が大きくなっている。

静音化設計

① ローラを高速度で回転させるために用いている駆動系のギアボックスや動力伝達装置をなくして，モータを直接ローラに直結させ，多数のモータを用いて駆動する方式に改める。

② 印刷機にはローラをはじめ回転体が多いので，少しの偏心やアンバランスによる遠心力で振動が発生するので，偏心やアンバランスをなくする。

③ 輪転機の印刷胴にある溝幅が大きいと衝撃音も大きくなるので，なるべく小さくする。

④ 紙を切断するときに広い切断幅を同時に切断すると，大きな衝撃力が作用し音も大きいので，切断用刃先に傾斜（シャー角）を付けて瞬時に切断しないようにする。

⑤ 音源になっている部分には吸音材の付いたカバーを取り付け吸音し，作業に支障のないよう考慮しながら外部へ出る音を小さくする。

⑥ 印刷機から発生する振動が基礎を通して他の部分へ伝わり，振動させて2次音源となっている場合がよくあるので，印刷機全体を同一基礎に取り付け，防振装置や防振材料を用いて振動を吸収する。

第8章

動力機関の静音化

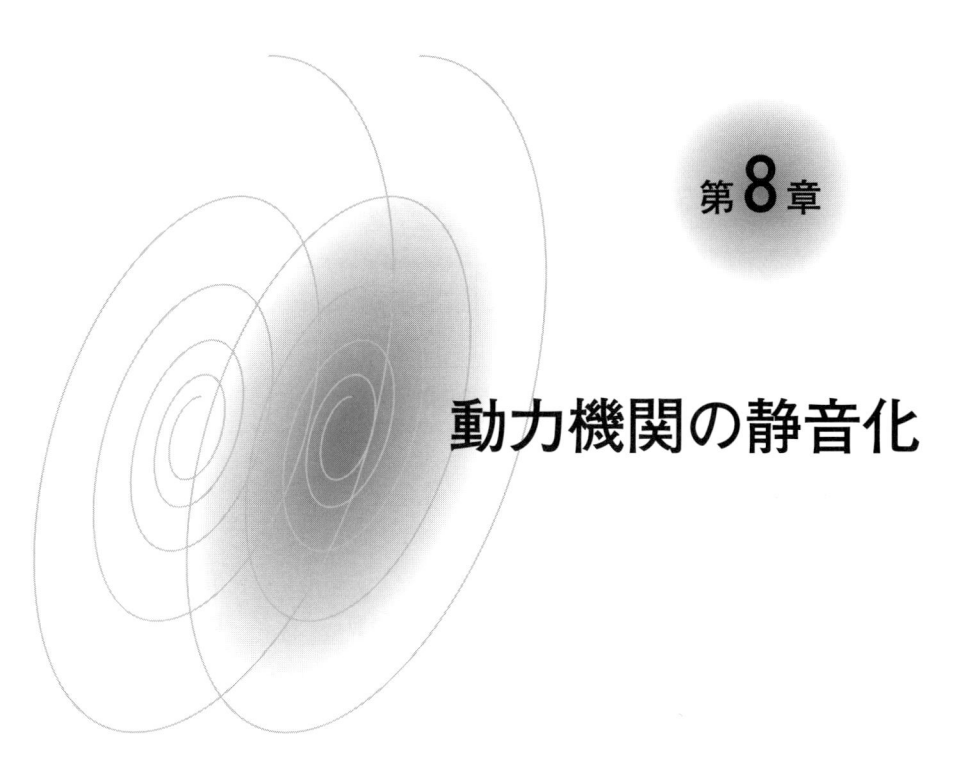

　石油や天然ガスなどを燃焼させ，そのエネルギーを利用している動力機関としては，ボイラ，タービン，ガソリンエンジン，ディーゼルエンジンなどがあり，これらは大型から小型まで多種類で，工場，高層建物，病院，商店などにも使用されている。とくに大型のものは多くの付属装置があり，これらも音源となって大きな音を出している。動力機関の静音化はその音源を正確に把握するとともに，発生している音の特性に適した最適な方法を選択することが大切である。

8.1　ボイラ

　火力発電所や大工場のみならず小さい食品工場などでも，温水や蒸気を得

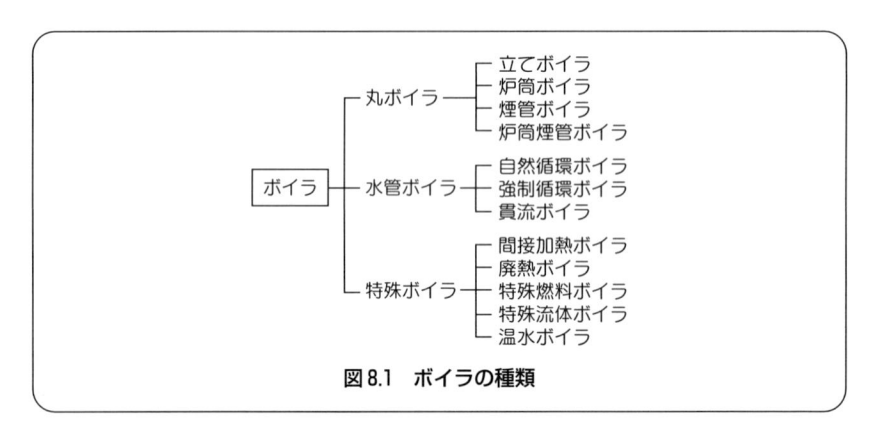

```
                    ┌─ 立てボイラ
          ┌─ 丸ボイラ ─┼─ 炉筒ボイラ
          │         ├─ 煙管ボイラ
          │         └─ 炉筒煙管ボイラ
          │         ┌─ 自然循環ボイラ
  ボイラ ─┼─ 水管ボイラ ─┼─ 強制循環ボイラ
          │         └─ 貫流ボイラ
          │         ┌─ 間接加熱ボイラ
          │         ├─ 廃熱ボイラ
          └─ 特殊ボイラ ─┼─ 特殊燃料ボイラ
                    ├─ 特殊流体ボイラ
                    └─ 温水ボイラ
```

図8.1 ボイラの種類

るためにボイラは広く用いられている。火力発電所では重油を燃料としボイラで高温・高圧の蒸気を発生させ発電機を稼働するのに用いるし，工場においては製造装置の作動，製品の品質維持，暖房など広い用途に使用されている。また，町の小さい食品工場では主として食品の製造，保存，殺菌などの目的で小型ボイラが用いられている。

ボイラは本体の構成方式，水の循環方法，加熱方法，燃料の種類などによって分類されている。図8.1にボイラの種類を示した。

ボイラは正常に運転し，所定の能力を得るために本体の他に多くの付属装置を備えている。これらを図8.2に示した。図からわかるように大型のボイラは多くの付属装置が稼働するために，多くの音源をもつことになる。したがって，これらの音源からの個々の音圧レベルの総和がボイラプラント全体の発生音となるため音圧レベルが大きくなる。そのため個々の音源に対する静音化を実施することはもちろん，全般的な構成要素と音の伝搬の関係など総合的な静音化対策が必要である。

ボイラが稼働したときに発生する音源は，次の通りである。

(1) 燃焼室

燃焼室では燃料が燃焼するため燃焼音が発生する。この燃焼音は用いる燃料の種類や燃焼方法によって異なるが，燃料が空気と混合して燃焼するとき

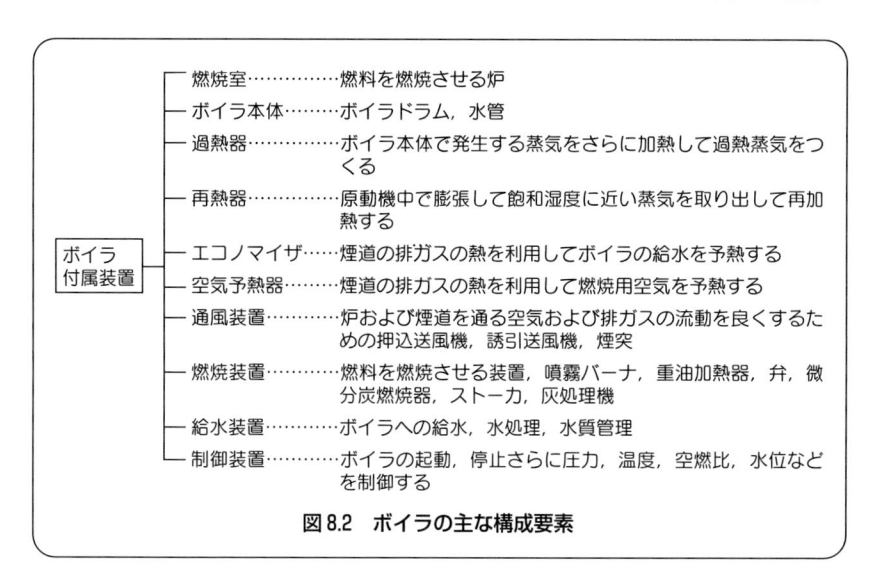

```
                    ┌ 燃焼室…………燃料を燃焼させる炉
                    ├ ボイラ本体………ボイラドラム，水管
                    ├ 過熱器…………ボイラ本体で発生する蒸気をさらに加熱して過熱蒸気をつ
                    │           くる
                    ├ 再熱器…………原動機中で膨張して飽和湿度に近い蒸気を取り出して再加
                    │           熱する
  ボイラ ┤ エコノマイザ……煙道の排ガスの熱を利用してボイラの給水を予熱する
  付属装置├ 空気予熱器………煙道の排ガスの熱を利用して燃焼用空気を予熱する
                    ├ 通風装置…………炉および煙道を通る空気および排ガスの流動を良くするた
                    │           めの押込送風機，誘引送風機，煙突
                    ├ 燃焼装置…………燃料を燃焼させる装置，噴霧バーナ，重油加熱器，弁，微
                    │           分炭燃焼器，ストーカ，灰処理機
                    ├ 給水装置…………ボイラへの給水，水処理，水質管理
                    └ 制御装置…………ボイラの起動，停止さらに圧力，温度，空燃比，水位など
                                を制御する
```

図 8.2 ボイラの主な構成要素

乱流が発生し，燃焼が不規則に変動することによって燃焼したガスに圧力変動が発生し大きな音となる。したがって，発生する音の音圧レベルは短い時間間隔で変動している。

さらに，燃料の燃焼が時間的に変化して生ずる燃焼ガスの圧力変動が，燃焼室の燃焼率を変化させて自励振動をおこし，これが燃焼振動を発生させている。

また，燃料を燃焼室へ供給するときにポンプから送られる燃料が一様な流れをしないで脈動流が発生することがある。このような場合には脈動燃焼が発生し，ほぼ一定の周波数をもつ音が発生する。

このように，燃焼室内では種々の要因で圧力変動が発生し振動をおこしており，これが燃焼室の壁面，管などに伝わり，それらが振動して2次音を発生する。

燃焼室は，ボイラの容量によって決まる一定の体積をもっている。これに燃焼室ガスが通る煙道と空気を送る空気口が結ばれている。燃焼室はその形状と大きさで決まる固有振動数がある。さらに煙道はその形状から管状とみなすと煙道の燃焼ガスは気体柱であり，固有振動数をもっている。このよ

うに，それぞれの場所において気体は固有振動数の共鳴音を発生することになる。

（2） 制御弁

発生した蒸気や温水を適当な圧力や流量に制御するため，配管に制御弁を設けてある。この制御弁を作動することによって，絞り機構に発生する圧力変動が管内に乱流を発生させる。とくに，急激な弁の作動によって圧力の時間的変化が大きくなり，弁の下流において管壁への衝突，乱流などによって大きな振動を発生し，それが管を伝わって長い管の表面からも音を放射する。

このような管の振動は，配管支持部を介して架構部へ伝わり，架台の広い面積を振動させて固体音を発生することがある。

（3） 過熱器

ボイラで発生した蒸気の温度を高め，圧力を高くするために，蒸気を加熱する過熱器が燃焼室内に設けてある。過熱器は細い多数の管群からなり，管と管との間を燃焼ガスが流れて管を加熱する。このとき燃焼ガスは，**図8.3**に示すように，管の長さ方向に直角に管と衝突して流れる。したがって，管に衝突した燃焼ガスの粘性によって管表面に摩擦が発生し，管後方へ巻き込まれるように二対の渦が交互に発生するカルマン渦となる。このカルマン渦による振動周波数と過熱器の燃焼ガスの気柱の共鳴周波数が一致すると音が

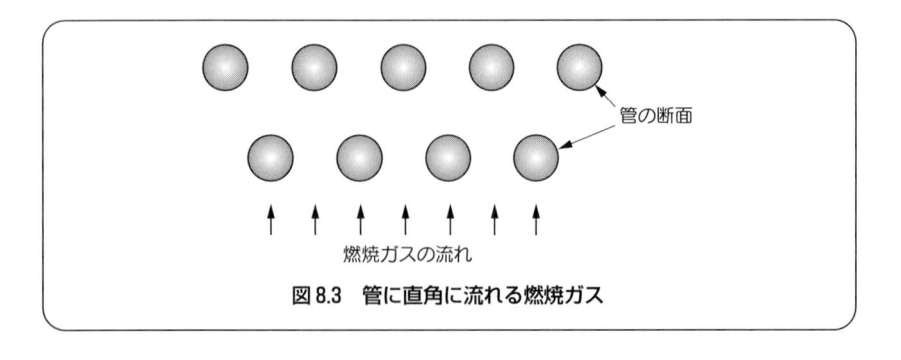

図8.3 管に直角に流れる燃焼ガス

大きくなる。

（4） 送風機

ボイラには，燃料の燃焼に必要な空気を送るための送風機のほかに，脱硫送風機，排ガス混合送風機など，ボイラの大型化とともに送風機の数も多くなっている。これらの送風機の音の発生機構は互いに共通しており，共通の対策を施すことができる。

送風機は主としてターボ形と容積形があり，ターボ形が多く使用されているが，その中でも遠心式が多い。いずれもモータに接続して送風機を回転させ空気を強制的に送るため，羽根やケーシングによる空気の乱れが生じて風切音を発生している。さらに，モータや送風機の回転に伴う機械的振動が発生し，この振動がダクトにも伝わって音を発生している。

空気の吐出圧力や吐出量が大きくなるほど回転数も大きくなり，多翼やターボ形になるため発生する音も大きくなる。送風機は羽根とケーシング舌部との隙間を大きくすることによって音圧レベルを5〜8 dB程度下げることができる。

（5） 給水ポンプ，燃料油ポンプ

ボイラ内へ給水するために，給水ポンプや燃料油を送るポンプが用いられている。ポンプについては7章に述べたので参照されたい。

（6） 配　管

ボイラプラントには多くの配管があり，この管内には水や蒸気が流れているので管内の流れを制御するため弁を用いている。管内の水や蒸気の流れを急停止するとウオータハンマが発生して大きな振動が管を伝わる。管内の流速の時間的変化を大きくすると振動も大きくなる。管はそれに接続した装置に発生する振動も伝わり，その振動を遠くへ伝えて，遠くで音を発生させる。このように管は振動の運び屋のような役割を果たすとともに，管自体も音を出している。

> **静音化設計**

① 大型ボイラプラントは多くの音源があるので，各音源に対策を施すとともに全体を防音建物へ収納し，さらに防音壁を用いてしゃ音する。
② 蒸気や温水の流れる管の制御弁の作動は急激に行わないで，時間的にゆっくりと行う。
③ 吸気および排気口は大きな流体音を出しているので，これらにサイレンサを取り付ける。
④ 空気予熱器を設けて燃焼室へ送る空気をあらかじめ余熱することによって，燃焼室における空気の膨張割合を小さくすることができ，燃焼時に発生する音を小さくできる。
⑤ 燃焼炉における燃焼条件を変化させたり，燃焼ガスの通路に仕切りを入れるなどして，共鳴現象が発生しないように配慮する。
⑥ 燃焼ガスの排出途中で分岐路を作り，絞りを設けて調整することにより，燃焼ガスの排出途中における音を小さくできる。
⑦ 配管や弁の振動を防止するため表面にラギングを施したり，管の支持部で防振したりして架台へ振動が伝わらないようにする。
⑧ 再熱器の煙管群にリブを設けて管の振動を防止するとともに，燃焼ガスが当たる管の反対側に突起を設けて渦の発生を防止する。

8.2　タービン

　総合的なエネルギー対策の1つとして，エネルギーを有効に利用するために，コジェネシステム（熱・電併給施設）が広く採用されるようになった。さらに，電力の自由化による売電，電力の安全な確保，経済性などの観点から，工場はもちろん高層建築物，病院，ホテルなどでも自家発電が普及してきた。それに伴って居住環境においても音に対する配慮が必要となっている。
　タービンに関連する技術をターボ動力工学とよんでいる。ターボ（Turbo）

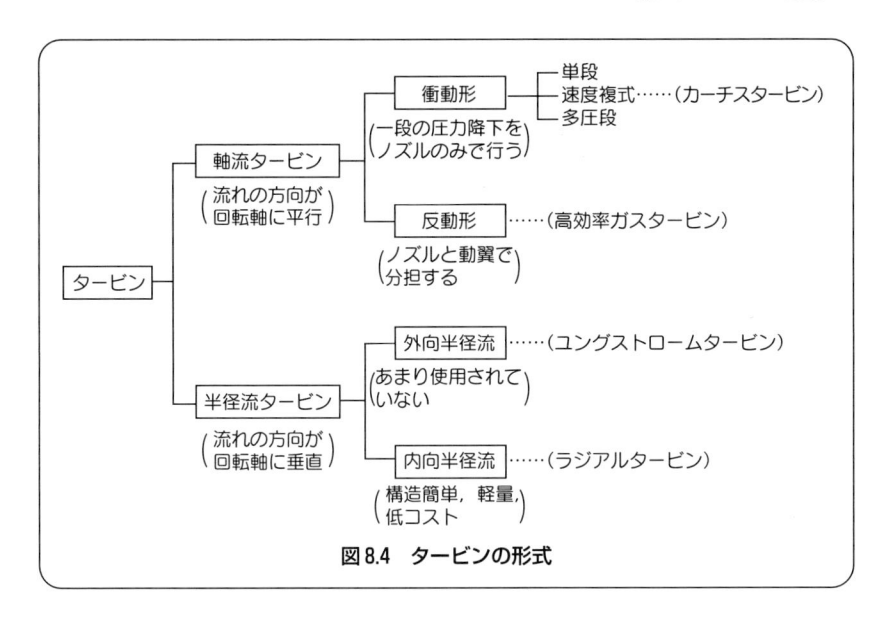

```
                                    ┌─ 単段
                     ┌─ 衝動形 ──────┼─ 速度複式……(カーチスタービン)
                     │  (一段の圧力降下を)└─ 多圧段
        ┌─ 軸流タービン ─┤  (ノズルのみで行う)
        │ (流れの方向が)  │
        │ (回転軸に平行)  └─ 反動形 ……(高効率ガスタービン)
        │                  (ノズルと動翼で)
タービン ─┤                  (分担する    )
        │
        │                ┌─ 外向半径流 ……(ユングストロームタービン)
        │                │  (あまり使用されて)
        └─ 半径流タービン ─┤  (いない        )
          (流れの方向が)    │
          (回転軸に垂直)    └─ 内向半径流 ……(ラジアルタービン)
                            (構造簡単, 軽量,)
                            (低コスト      )
```

図 8.4　タービンの形式

はタービンからきた言葉で「タービンによって運転される」という意味である。ターボジェット機, ターボコプタ（ガスタービンを動力源とするヘリコプタ）など, 名詞の前に付けて用いている。

　タービンは, 高温高圧の蒸気を用いると蒸気タービンとなり, 燃焼ガスを用いるとガスタービンとなる。タービンをその形式から分類すると**図 8.4** となる。

　ガスタービンは, **図 8.5** に示すように, 圧縮機で空気を圧縮し, 熱交換器で高温度になった空気を燃料と混合させて燃焼室で燃焼させ, その燃焼ガスをタービンの動翼に当てて回転エネルギーを得るものである。一方, 蒸気タービンはボイラで高温高圧の蒸気を発生させそれを動翼に当てて回転させる。

　工場においてはボイラを用いて蒸気を発生させ, その蒸気でタービンを回転させ, 発電機を稼働して発電するとともに, 復水や温水を製造過程や暖房などに使用するなど, 複合的な利用を図っている。

　ボイラで発生する高温高圧の蒸気は, 体積が小さいため最初の動翼は小さく, 圧力が降下するにつれて動翼が大きくなるので, 大きさによって高圧用,

図8.5 ガスタービンの基本形式

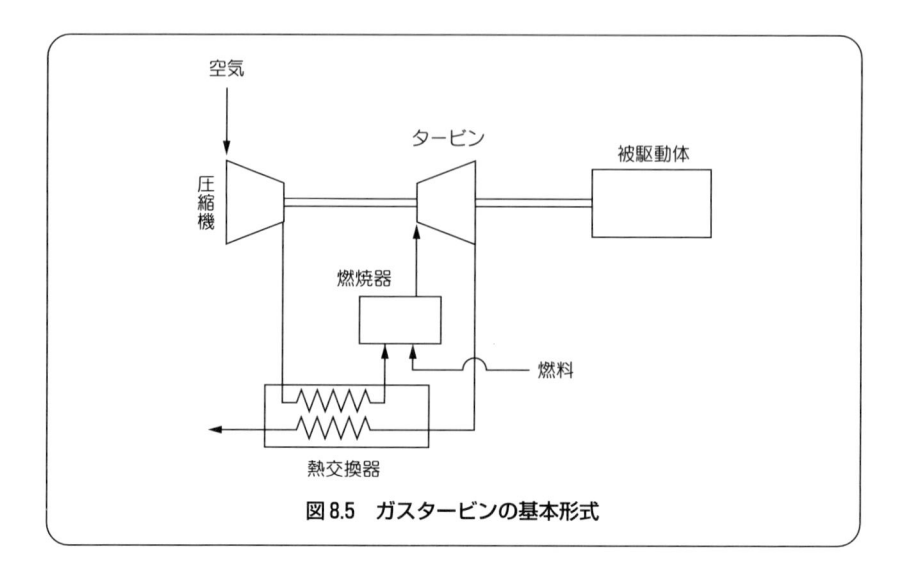

中圧用，低圧用タービンと分けている場合もある．また，高圧用の蒸気を増すためタービン内で膨張の途中に蒸気を取り出しボイラへ送る再生タービンもあり，音の発生はそのタービンの構造をよく見極めて音源を判断することが大切である．

一方，高層建築物，病院，ホテルなどではガスタービンを用いて発電し，電力の確保や冷房に用いている．ガスタービンはLNGなどのガスを圧縮機で圧縮した空気とともに燃焼室で燃焼させ，高温度の燃焼ガスを羽根に当てて回転させている．

ガスタービンは，高速度で回転するため発生する音圧レベルはきわめて大きい．その発生音は圧縮空気や蒸気が流入する吸気音，ガスが燃焼するときの燃焼ガスや蒸気が動翼を回転させて流出する排気音，回転に伴う機械的振動がケーシングなどに伝わり発生する音が主なものである．

通常の稼働状態のタービンプラントから出る音の音圧レベルはきわめて大きく，最大で130～135 dB程度になるため，作業者にとっては好ましくない音圧レベルである．

さらに，吸気音の周波数は2,000～5,000 Hzと高く，キーンといった耳障

りな音である。しかし、排気音の周波数は低く1,000 Hz以下であり、排気ダクトから透過することが多い。また、機械的振動に伴う音は振動が広い範囲に伝わって音を発生しているため、音の周波数も広帯域に広がっているのが特徴である。

　タービンプラントのなかで空気圧縮機は、燃焼に必要な空気を圧縮して高圧力を得るためのもので、多段軸流形圧縮機が多く使用されている。そのため羽根の枚数と回転数の積で決まる2,000～5,000 Hzの羽根通過周波数音が大きく、防音装置を施さないと大きな音圧レベルとなる。

　図8.6に、蒸気タービンの運転に関係する種々の装置を示した。蒸気タービンの運転時にはつねにこれらの装置も運転しており、それに伴う音が発生しているので、これらに対する音の静音化対策など総合的な配慮が必要である。

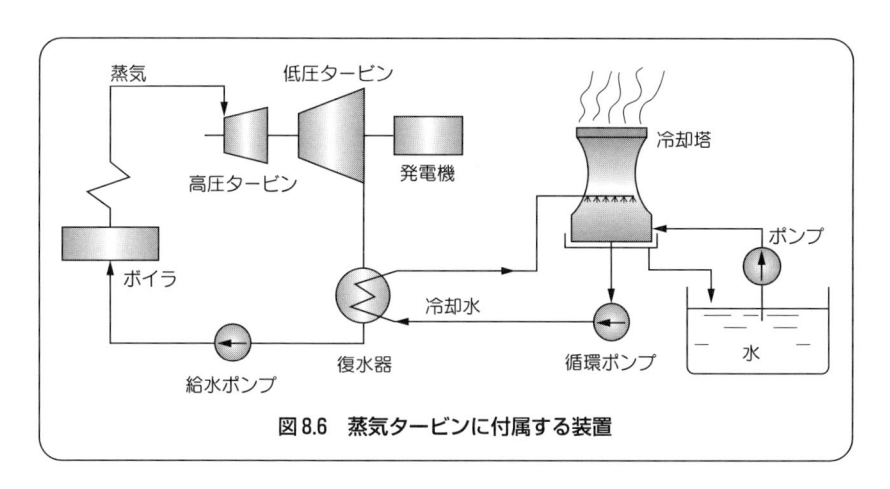

図8.6　蒸気タービンに付属する装置

静音化設計

① ガスタービンの吸音対策として、吸音材を内貼りしたダクト吸音口に消音器を用いる。

② ガスタービンから出す燃焼ガスの排気音に対しては、排気口にも消音器を用いる。1次と2次消音器を直列配置すると有効である。

③ 排気ダクトの途中に逆位相を利用して静音化するためのスピーカをアクティブサイレンサとして取り付ける。
④ 空気層を設けて吸音材を内貼りした防音カバーをタービン本体に施して，タービンを防音室に設置する。
⑤ タービンケーシングの振動が大きく，ケーシングからの音の放射を小さくするためケーシングに制振材を用いる。
⑥ 機械的振動に伴う音に対処するため，タービンに偏心がないよう製造加工精度や取り付け精度を高める。
⑦ タービン本体の下面部に振動を防止するための防振装置を取り付けるほか，接続部には防振材を用いる。
⑧ タービンを設置する防音室は厚いコンクリート造りとし，壁の質量を大きくして透過損失を大きくする。さらに，地下室に設置できれば好ましい。

8.3　発電所（機）

　発電所は，用いる燃料やエネルギーの種類によって図8.7に示すように分類されている。燃料が異なるとそれを燃焼させる手法も異なるので，種々の付属設備が必要になることがあり音源も変化してくる。

　発電所で音が問題となるのは主として火力発電所である。原子力発電所の場合，原子炉本体は厚いコンクリートの格納容器内にあり，さらに付属設備もコンクリートの屋内にあり自動制御されて稼働しているので発生する音が問題になることは少ない。

　さらに，水力発電所は山中のダムから水を導いているので，一般に山間部に建設され，設備は地下に設置されることが多いので周辺への音の影響は少なく，発電所で作業する人が音の影響を受ける。

　風力発電所は，風の強い海岸や山間部に建設場所が選ばれており，羽根の形状に対する配慮も進み，回転数も大きくないので大きな騒音問題になるこ

種類	燃料・エネルギー	主な固有音源	主な共通音源
石油火力発電所	重油，軽油，ナフサなど	燃料ポンプ，送風機，電気集塵機，脱硫装置	ボイラ関連設備 タービン関連設備 電気関連設備
LNG火力発電所	LNG	LNG気化器	
石炭火力発電所	石炭	石炭運搬設備，微粉炭機，電気集塵機，灰処理機，脱硫装置	
水力発電所	水の落下エネルギー	導水管，制御弁，電気機器	タービン関連設備
原子力発電所	核燃料	弁，ポンプ，ファン，水処理装置，電気機器	
風力発電所	風力エネルギー	ファン，軸受，電気機器	
太陽光発電所	太陽光，太陽熱		
コンバインドサイクル発電所	組み合わせ	ガスタービンと蒸気タービン関連設備	
その他	波のエネルギー，電磁流体，燃料電池，地熱	波(水)，ボイラ，タービン，熱交換器	

図8.7 発電所の種類と音源

とは少なく，むしろ景観に対する配慮が必要となっている。

そこで，多くの音源がある火力発電所についてその構成を**図8.8**に示した。主なものは，発電機を稼働して発電するためのタービン，それを回転させる蒸気を発生させるボイラ，給水ポンプ，循環水ポンプ，燃料ポンプ，送風機，空気予熱器，脱硝装置，電気集塵機，排煙脱硫装置，変圧器などである。

発電所におけるボイラとタービンを除く主な音源は，送風機，バーナ，脱硫装置にあるポンプ，集塵機，排気ダクト，給水・循環用ポンプ，復水器，電気機器などである。電気機器では，発電機，変圧器，しゃ断機，電気集塵

図8.8 石油火力発電所の構成図

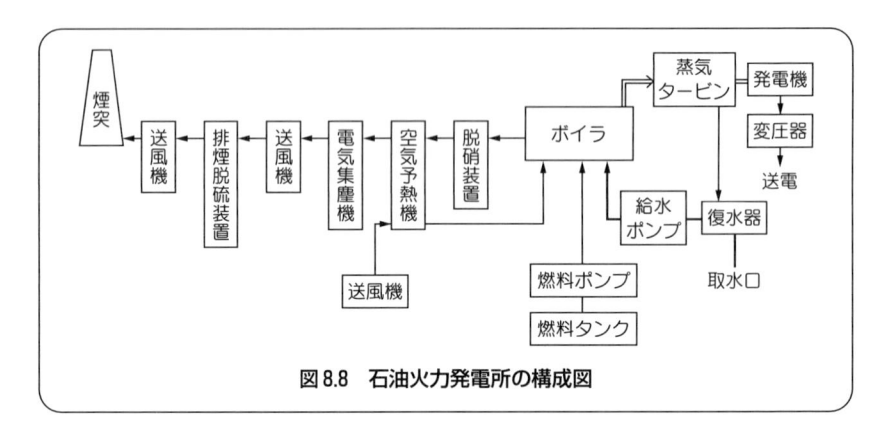

機などから音を発生している。

　LNGを燃料とする火力発電所では，受入れタンクから送られる低温のLNGを常温のガスへ変換する気化器が音源となる。しかし，LNGには硫黄化合物を含まないので脱硫装置が必要なくなり，石油火力発電所に比べて音圧レベルは小さい。

発電機に発生する音

（A）電磁音
　発電機が回転して生じる電磁力が固定鉄心，回転子，ファン，カバーなどを励振して発生する音である。

（B）通風音
　発電機を冷却するため軸流ファンか遠心ファンが付属しており，ファンの回転に伴う流体音やファンの振動によって発生する固体音である。

（C）機械音
　タービンからの高速度の回転が発電機を回転させるために，発電機に遠心力が作用するほか，軸受にも摩擦力が作用して振動がカバーや架台へ伝わり固体音を発生させている。

　発電機はタービンに接続して稼働し，同じ室内に設置されることが多いのでタービンに発生する音と発電機に発生する音とが和の形になって聞こえる

ことが多い。

　発電所には大型の変圧器が複数設置されている。そこに発生する音は変圧器の鉄心を造っている鋼材が交番磁界で磁歪振動を発生する。この磁歪は交番する磁化の半周期ごとに最大となるので，電源周波数の整数倍の周波数をもつ振動が大きくなる。さらに，空冷用ファンが付いているのでファンの回転に伴う音もある。

静音化設計

① 発電機はタービンとともに二重壁の防音材を施したコンクリート建物内に設置することにより，30 dB 程度の減音を期待できる。
② 発電機は回転数が大きいので，回転精度を高め，偏心をなくして回転に伴う振動を小さくし，機械音を小さくする。
③ 振動が小さくならない場合には，防振装置や防振材を用いて振動エネルギーを吸収する。
④ 発電機には送風機が付属しており，送風機からの音を小さくするため，羽根の寸法を大きくし，回転数を下げることによって機能は維持しながら発生する音を小さくする。
⑤ 変圧器に発生する音も冷却用のファンによる場合が多いので低音ファンを用いるほか，しゃ音性能の高い防音囲いを施す。

8.4　ディーゼルエンジン

　ディーゼルエンジンは，軽油または重油と空気との混合気体を高い圧縮率で燃焼させ，そのエネルギーでシリンダ内のピストンを動かし，クランク軸により往復運動を回転運度に変換し，回転運動を利用して大型トラック，鉄道車両，船舶，発電機などの動力源として広く利用されている。

　ディーゼルエンジンで燃料を完全燃焼させるには，燃料を小さい噴霧状にした液滴を高温高圧の圧縮空気中へ均一に混合・分布させて燃焼しなくては

ならない。この混合・分布が不十分であると燃焼ガスにすすが発生し，黒鉛となって排出される。そのため燃焼室の形状にいろいろな工夫がされている。

ディーゼルエンジンの燃焼方式としては，燃料と空気の混合の仕方によって直接噴射式および渦流室式がある。噴射された燃料の小さい液滴はまず蒸発を始めるが，噴霧ジェットの外周部に高温高圧の空気が流入し，着火に適した混合比が形成されると自己着火し火炎核となる。この火炎核の発達状態は燃焼室内の空気流動，燃料の噴射の条件などによって異なるが，火炎核ができた後に噴射された燃料液滴はつぎつぎと燃焼する。このとき燃焼音が発生する。この燃焼音を理解するには燃焼方法を知ることである。

燃焼の方法として図8.9（a）はピストンのくび部にくぼみを設け，シリンダヘッドとの間で燃焼室を構成し，直接燃料をノズルから燃焼室へ噴射して燃焼させる方法である。この方法の特徴は燃焼室やシリンダヘッドの形状が簡単で，予熱装置も必要ないが，空気の渦流が弱いので燃料噴射圧力を高くしなくてはならない。

図8.9（b）はシリンダヘッド内に渦流室を設け，圧縮行程中に室内に空気の渦流を発生させ，これにノズルから燃料を噴射して渦流室内で燃焼させ，さらに通気口を通って主燃焼室へ流して再燃焼させる。この方法の特徴は渦

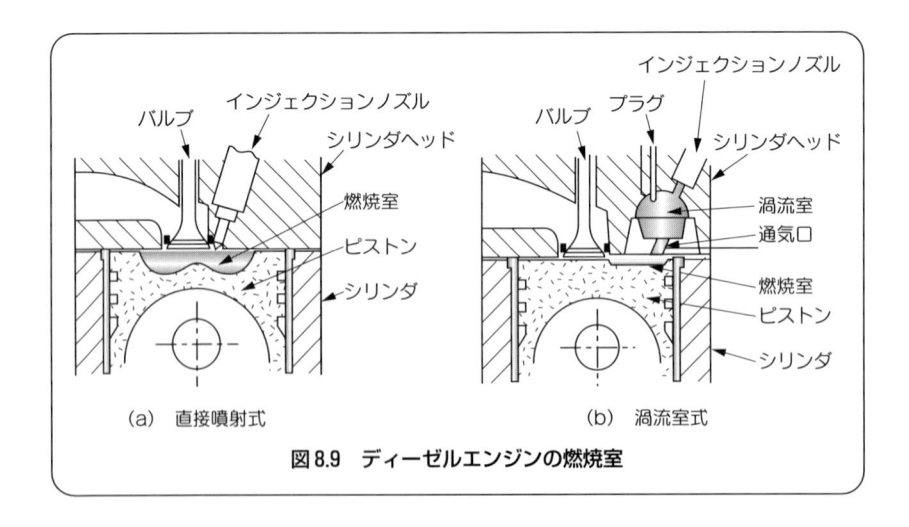

図8.9 ディーゼルエンジンの燃焼室

流を利用するので空気と燃料がよく混合する。高速回転に適し，回転数の範囲も広い，シリンダヘッドの構造が複雑で予熱装置が必要となる。

　噴霧状にした燃料液滴と空気が混合し，燃焼室内で着火燃焼すると混合気は膨張しピストンを往復運動させる。混合気が燃焼するときに爆発的な大きなエネルギーとともに振動が発生し，さらにピストンが往復運動するときに発生する加振力によっても振動が発生し，これらの振動による固体音が大きくなる。

　このような振動によって発生する固体音の周波数は，エンジンのシリンダ数と回転数の積によって決まる基本周波数と，その倍数の周波数において大きなピーク音が発生する。その周波数 f は次の式となる。

$$f = \frac{nrm}{60S} \quad [\text{Hz}] \tag{8・1}$$

ここで，$n = 1, 2, 3, \cdots$
　　　　r：エンジンの回転数　［rpm］
　　　　m：シリンダ数
　　　　$S = 2$（4サイクルの場合），$S = 1$（2サイクルの場合）

　(8.1)式からわかるように，エンジンのシリンダ数が多くなるほど周波数は大きくなる。しかし現在多く使用されているディーゼルエンジンの範囲内では，(8.1)式を計算するとわかるように，低い周波数範囲において運転に伴う音が発生することになる。したがって，エンジンの運転に伴う回転音を低減させるには，低い周波数域に発生しているいくつかの周波数におけるピーク音を小さくするような対策を施すことが必要となる。

　さらに，(8.1)式からエンジンの回転数が大きくなるほど音の周波数は大きくなることがわかる。したがって，回転数が大きくなるほど音圧レベルは大きくなり，回転数が100 rpm増加するごとに約1 dB程度音圧レベルが増加しているので，回転数の選択に留意が必要となる。

　エンジンに発生する振動は回転エネルギーを発生させるために必然的に発生するものであるが，その振動が音の発生原因になっているので，振動の低減や伝搬の防止には十分な対策が大切である。

　エンジンの回転に伴う固体音のほかに，大きな音源としては燃料を含んだ

圧縮混合気体が燃焼するときに発生する燃焼ガスの圧力変化がある。

圧力の高い空気と混合した燃料が燃焼するときに瞬間的に大きな圧力波が発生する。この燃焼ガスの圧力波が排気ダクトを通って外部へ放出される。エンジンのシリンダから燃焼ガスが排出するときに大きな流体音が発生する。

エンジンの出力が大きいほど，シリンダ内における燃料と空気の混合気体の爆発燃焼エネルギーが大きく，大きな圧力波が発生し，排ガスダクト内において大きな音が発生する。エンジンの出力馬力数の増加とともに音圧レベルも増大する。

エンジンの吸気側には，圧縮率を変化させるため過給機を設けている。この過給機に発生する音は大きく，その音の周波数も 2,000～4,000 Hz と高い周波数において音圧レベルがピークを示している。したがって，エンジンの吸気側に対する静音化対策も必要である。

エンジンの排気側に発生する音は吸気側よりかなり大きい音であるから，マフラ（消音機）で消音しようとするとマフラの吸音側の断面積とマフラ本体内部の断面積の比を大きくする必要がある。そのため大きな容積のマフラとなり，設置場所に困難を生じる場合があるので，複数の手法によって音圧レベルを下げることを考慮しなくてはならない。

エンジンの燃焼室の一端にノズルがあり，送られてきた高圧の燃料をノズルで噴霧して噴射している。燃料を加圧するために燃料噴射ポンプがある。このポンプは一般にエンジンのクランク軸により駆動されるカムとばねによりプランジャの往復運動を行わせ，下降行程で燃料を吸入し，上昇行程で圧縮，圧送を行う。したがって，このポンプにおいても振動が発生し，固体音となっている。

さらに，このポンプから噴射ノズルへ加圧した燃料を送るための管が用いられている。この管内の燃料の流れにキャビテーションが発生しやすく，キャビテーションエロージョンとともに流体音が発生している。

静音化設計

①エンジンの吸気側に発生する音は過給器に発生する高い周波数であり，

その周波数に適した吸気消音器を設ける。

② エンジンの排気口における音圧レベルがきわめて高いので，排気マフラを設ける。周波数の低い音に対しては１次マフラを，周波数の高い音に対しては２次マフラを用いて消音し，それぞれ周波数に適した寸法のマフラを用いて消音効率を高める。

③ エンジン表面から放射される音を吸収し，外部へ伝わるのを防止するため，吸音材を内貼りしたエンクロージャでエンジンを包み込む。

④ エンクロージャ自体が振動すると表面から音を出すので，エンクロージャの取付部に振動絶縁を施す。

⑤ エンジンから発生する固体音対策としてエンジンの振動が近隣へ伝わらないように，エンジン設置部の基礎を建物などの基礎と分離絶縁し防振基礎とする。

⑥ エンジンの回転数の増加は音圧レベルを上昇させるので，必要以上に回転数を上げないようにし，動力需要に応じた適切な回転数を選ぶ。

⑦ 排気音を小さくするために１次と２次のマフラだけではマフラが大型化するので，排気管の途中にスピーカから逆位相の音を出すアクティブ消音器を併用する。

⑧ エンジンブロックの剛性を高め振動を低減させるとともに，カバー類も防振支持し，振動が広い面積に伝わらないようにする。

⑨ 吸・排気管，送油管などの管にフレキシブル継手を複数箇所に用いて振動が伝わらないようにする。

⑩ エンジン出力の回転数を変えるため変速機を用いる場合には，歯車のように大きい音を発生する方法は避ける。

8.5 ガソリンエンジン

ガソリンエンジンは主として自動車に広く使用されているが，このほかにも小型航空機や二輪車，さらには小型チェーンソー，携帯式草刈機など建設，

農業をはじめとする産業用小型作業機としても用いられている。ガソリンエンジンに発生する音を理解するにはエンジンの構造や燃焼をよく知ることである。

ガソリンエンジンは，ガソリンと圧縮空気を混合させて燃焼室で燃焼させる。燃焼室はくさび形や半球形になっており，燃費を改善し排気浄化のため副室付き燃焼室となっている。往復運動するガソリンエンジン（レシプロエンジン）本体の主要部はシリンダヘッド，シリンダブロック，ピストン，クランクシャフト，カムシャフト，バルブ，スパークプラグなどである。

自動車に用いるガソリンエンジンは，シリンダの行程容積によって大きさが決められており，エンジンのシリンダは小型軽自動車で2シリンダのエンジンもあるが，普通車では直列4シリンダが主である。大型車になると6シリンダ，8シリンダもある。

エンジンを作動方式によって分類すると，4サイクルエンジン，2サイクルエンジンおよびロータリエンジンである。これらの特徴は次の通りである。

（A）4サイクルエンジン

4サイクルエンジンはクランクシャフトの2回転ごとに燃焼室で燃焼がおこり，燃焼するときに大きな動力が発生し振動や音の原因となる。そこでこの回転力の変動を質量の大きいフライホイールを用いて小さくしている。エンジンは吸入，圧縮，爆発，排気の4行程を繰り返すためバルブ構造が必要となるが，安定した燃焼ができ，排ガス中のCO，HC濃度も低い特徴がある。

（B）2サイクルエンジン

2サイクルエンジンはクランクシャフトの1回転ごとに燃焼がおこるために，回転力の変動が少なく，そのためフライホイールも小さく，バルブ機構を省略できるので軽量化できる。しかし，構造上ガソリンとの混合気が排気側へ流れることがあり，そのため燃焼の安定性が低く，排ガス中のCO，HC濃度も高い。

（C）ロータリエンジン

ロータリエンジンはその構造が前者と全く異なり，ロータ，ロータハウジング，サイドハウジング，エキセントリックシャフトなどで構成されている。

8.5 ガソリンエンジン **241**

図8.10　ロータリエンジン断面

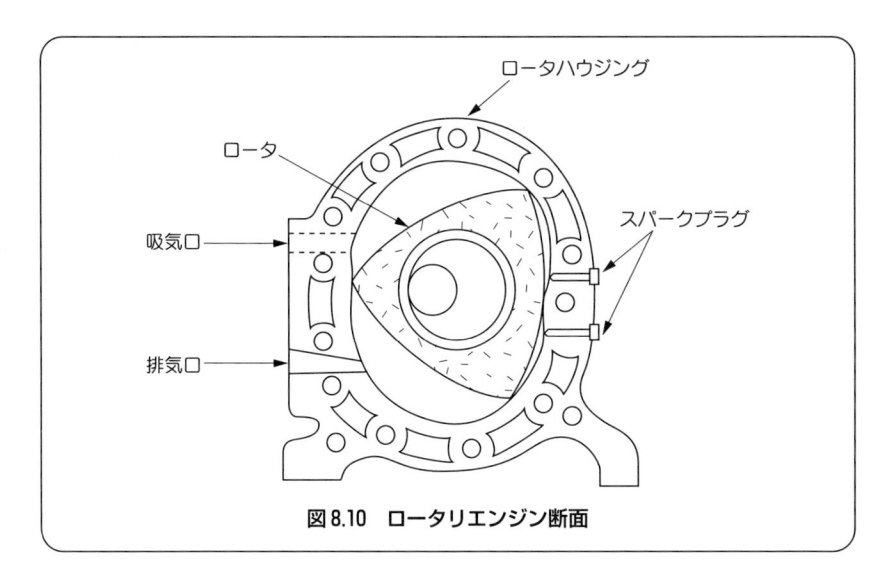

　ロータはロータハウジング内へ組み込まれ両面にサイドハウジングが取り付けられる。ロータとロータハウジングとの間の隙間において混合気が燃焼し，そのときのエネルギーでロータを回転させる。ロータの内側には歯車があり，サイドハウジングの歯車と噛み合いロータの偏心回転運動を保持している。この偏心回転運動が，エキセントリックシャフトの回転運動を発生させている。
　図8.10はロータリエンジンの断面図である。
　ロータリエンジンは，レシプロエンジンと比較して弁機構が不要で，ピストンの往復運動がないので構造が簡単であり，回転域が広く，回転の変化もスムーズで，小型軽量にできるため振動も小さく，発生する音圧レベルも小さい。しかし，ロータの内部に内歯歯車があり，それがサイドハウジングに固定された外歯歯車と噛み合って回転するので，潤滑油に不適があると噛み合い音が大きくなる。
　レシプロエンジンは，シリンダヘッド部に燃焼室があり，その形状はくさび形，多球形，屋根形などがあり，その形状が燃焼にも影響し，ノッキングや振動の原因になることもある。シリンダ内をピストンが高温高圧下で往復運動する。その際ピストンとシリンダとの間から漏れないように機密を保た

図8.11 ピストンに作用する力

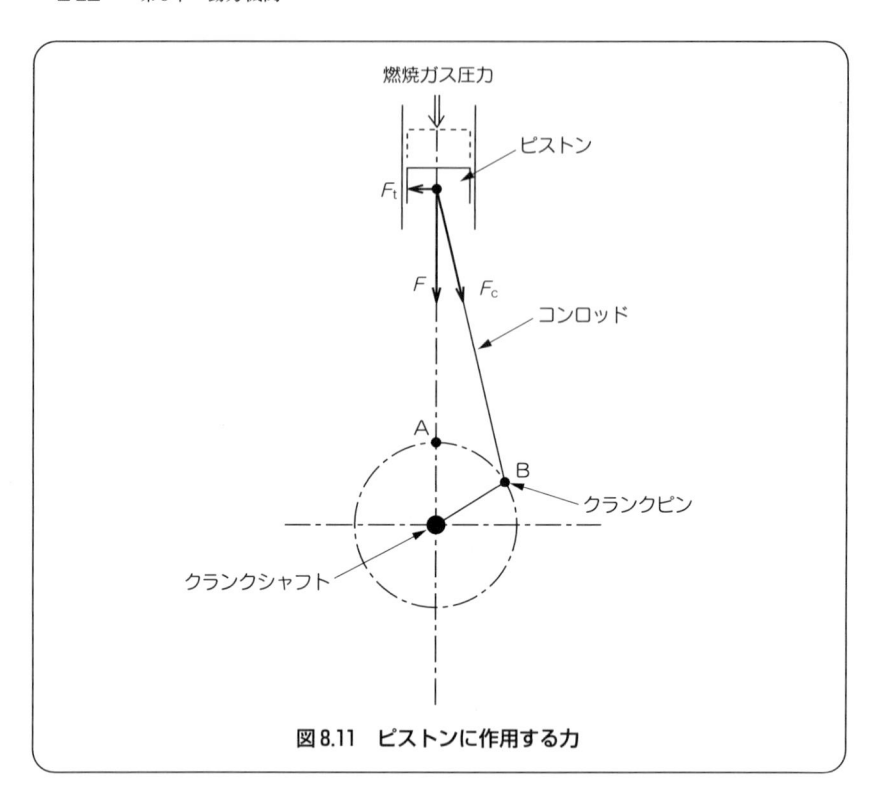

なくてはならないので，シリンダの内面は精密に加工仕上げされ，さらにピストンにはピストンリングを用いている。

シリンダとピストンリングとの間にはオイル膜を介して往復運動が発生しているので，オイル不良や過度の負荷が加わると油膜が切れてシリンダ内面を損傷し，振動による音を発生する。

ピストンが往復運動するときには，図8.11に示すように，燃料の燃焼によって生じる圧力と往復運動する部分の慣性力とによって，クランクピンがAの位置にあるときにはコネクティングロッドにはこのFの力のみが作用するが，クランクピンは回転するので，図のようにBの位置にくると，力Fはコネクティングロッド方向の力F_cとFに直角方向の力F_tに分けることができる。このF_tは横方向に垂直に作用するのでサイドスラストであり，ピストン

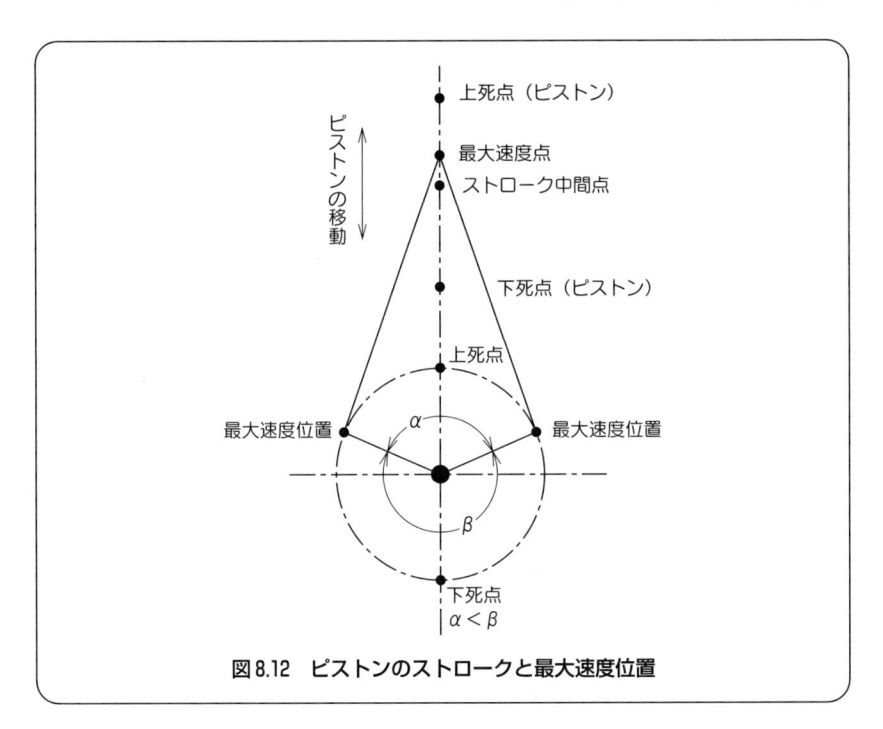

図8.12 ピストンのストロークと最大速度位置

からシリンダに作用し振動や音を発生する原因となる。

　コネクティングロッドの上下運動はクランクシャフトを回転させる。コネクティングロッドやピストンの運動は，クランクシャフトの回転機構から**図8.12**を見るとわかるように，最大速度到達点から上死点側を通って次の最大速度到達点までの距離が，下死点側を通る距離よりも短い。つまりピストンの最大速度はストロークの中間より上死点側に近い位置にあるので，1サイクル中に発生する慣性力は，**図8.13**に示すように，ピストンの正方向の慣性力が負方向の慣性力より大きくなることがわかる。これはクランク角度によって4つのピストン（4シリンダの場合）に作用する慣性力の合力に差が生じていることになり，これがエンジンを振動させて音を発生している原因の1つである。

　さらに，クランクシャフト自体が質量に偏心を生じているので回転するこ

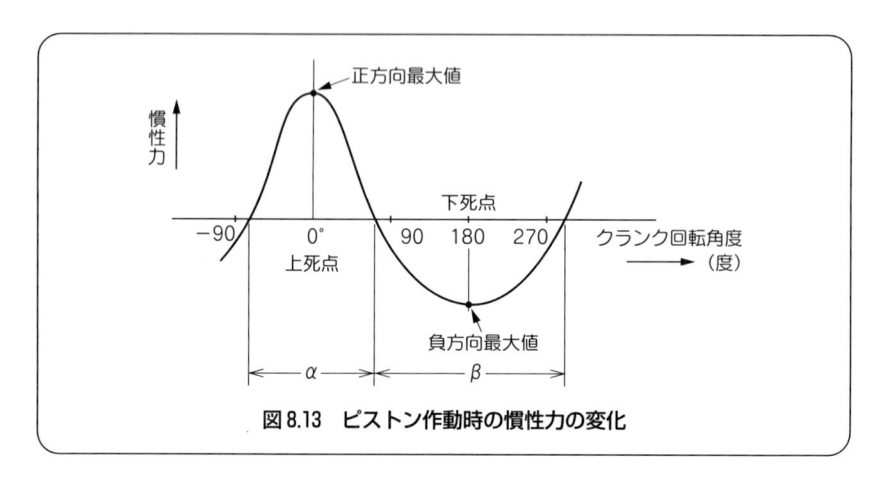

図8.13 ピストン作動時の慣性力の変化

とによって遠心力が不均一となり，軸受に作用する力がクランクシャフトの回転角によって変化するので軸受にも振動が発生し，固体音を出す原因となっている。

レシプロエンジンでは燃焼時に発生する大きな駆動力によりエンジンが回転し，それに伴って発生する振動の周波数は（8.1）式に示す式となる。この振動は動力発生機構上必然的に発生するものであるが，この振動をできるだけ発生源の近くで吸収することが大切である。

静音化設計

① シリンダとピストンとの間における潤滑をよくし，オイル不良や過度の荷重が加わらないようにしオーバーヒートによる損傷を避ける。
② ピストンリングがリング溝から離れ浮き上がると（フラッタ現象），燃焼ガス漏れとなり振動と音が発生しやすくなるので，フラッタ現象が発生しないように最適なリングを選ぶ。
③ 急激な加速や高負荷が発生しないようにし，ノッキング現象の発生を避ける。ノッキングが発生すると火炎伝播速度が大きくなり，大きな圧力波が発生して大きな振動とともに発生する音が大きくなる。
④ エンジンの冷却能力を高くして，未燃焼ガスの過熱を防止する。

⑤ 排ガスの音が大きいので，体積膨張形マフラを用いて音響エネルギーを吸収する。
⑥ 排ガスの音を周波数分析し，音圧レベルの大きなピークを示す周波数の音を低減することが大切で，低減する目的音に適合した寸法のマフラを選択する。
⑦ 排ガスの音圧レベルの大きなピークを示す周波数が複数ある場合には，複数のマフラを用いる。
⑧ エンジンに発生する振動が架台などへ伝わると音源の面積を広くすることになるので，振動が外部へ伝わらないように防振する。
⑨ エンジンに吸音カバーを取り付け，音源を包み込み，外部へ音が伝わらないようにする。

8.6 ごみ焼却場

廃棄物の再利用が進んでいるが，ごみ処理の1つの方法として，大型ごみ焼却場を設けごみを焼却するとともに，そのとき発生するエネルギーを利用して地域の暖房や発電の一部を担う複合システムが普及してきている。焼却場を大型化して排ガスに含まれるダイオキシンの減少など大気汚染対策も考慮されている。したがって，焼却場に使用される機器は大型化，多様化し，それに伴って焼却場に発生する音も大きくなる傾向がある。

図8.14にごみ焼却場の設備とフローシートの一例を示した。

ごみ焼却場設置に当たっては地域の環境アセスメントが必要で，悪臭も含めた大気汚染とともに音の発生を予測し，騒音レベルが所定の値以下になるようあらかじめ対策を施すことが大切である。そこで，ごみ焼却場の流れと音を発生する個々の設備について知ることが必要である。それらを以下に示す。

(1) ごみ受入・移動・破砕設備

ごみが焼却場へ運び込まれると，計量器で計量した後ごみピットへ投入す

246 第8章 動力機関

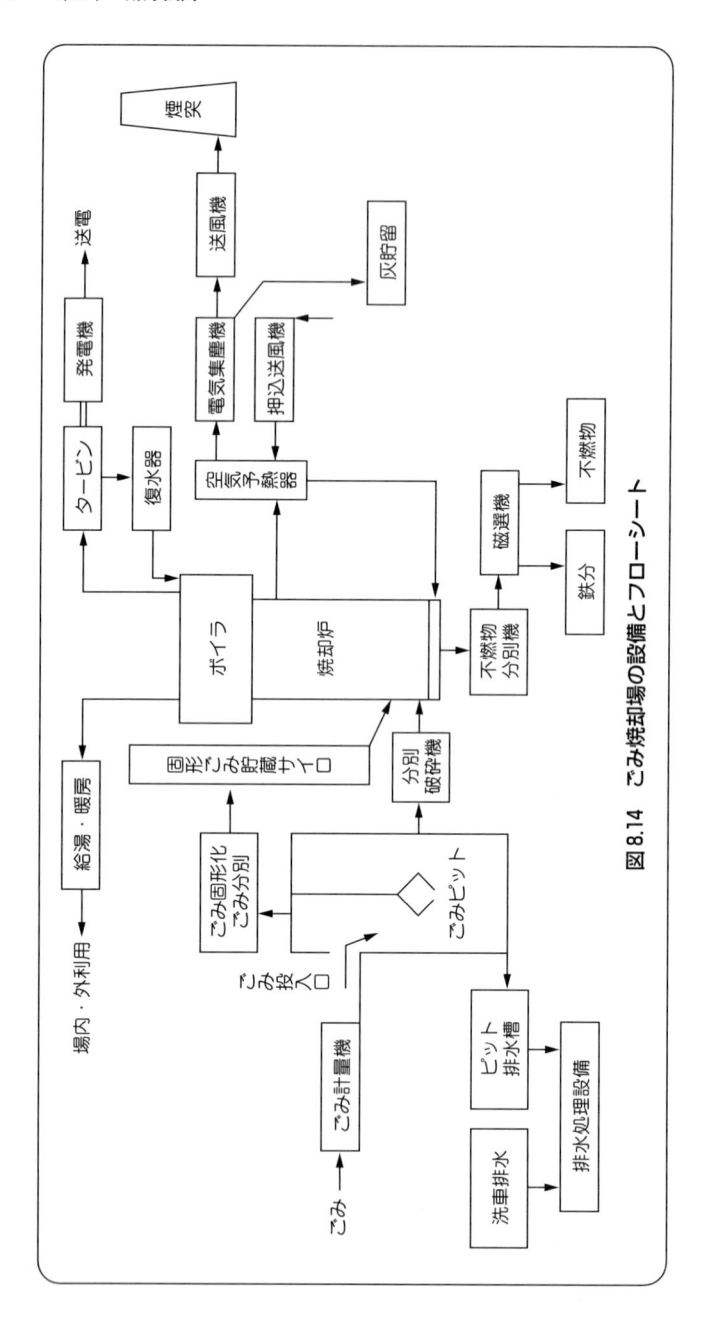

図 8.14 ごみ焼却場の設備とフローシート

る。ごみは脱水され不燃物を選別した後，破砕機で細かくしコンベアで運ばれて定量を炉へ送る方法と，細かくしたごみを固形化し，固形燃料として炉へ送り燃焼させる方法とがある。

このような行程において機械類の稼動，とくに破砕機の稼動時に発生する音の音圧レベルは 90 dB を越えることもあり，周波数は 300～2,000 Hz の間で大きな音圧レベルを示している。このほかコンベア運転音や不燃物選別機の音も大きい。

（2） 燃焼設備

ごみ燃料は焼却炉へ入り，押込送風機から空気予熱器で熱交換して高温度になった空気と混ざり燃焼する。そのとき燃焼音が発生する。燃焼炉の燃焼方式として，火格子焼却式（ストーカ炉），流動床式，回転式などがある。

火格子焼却式は，火格子上にごみを置き焼却させるものであるから，ごみの形状や大きさの制約は少なく，時間をかけて焼却させるもので残灰は多い。

流動床式は，600℃程度に加熱した流動砂の上にごみを投入し，短時間の間に燃焼させるもので，ごみの大きさは小さく形状もそろっているのが好ましい。小さい金属や陶器のような不燃物は流動床の下部から排出する。残灰は少なく，灰の粒子が小さいので煙道の電気集塵機で集める。

ごみを固形化した固形燃料になると処理しやすく，燃焼温度も高くなってエネルギーの利用には好都合である。

炉本体は耐火煉瓦などの耐火材料と鋼板で包まれているので，炉内部の発生音は 15～20 dB 程度しゃ音されている。

（3） 排ガス処理設備

炉内で燃焼したごみは，空気とともに燃焼ガスとしてボイラを加熱し，熱交換した後，煙道へ向かうが，小さい灰などを含んでいるため電気集塵機で灰などを分離し，送風機によって煙突へ送られる。したがって，電気集塵機と送風機に音が発生する。

(4) 燃焼熱利用設備

燃焼するごみの発熱量を利用するためボイラで加熱された水蒸気がタービンへ送られ，タービンを回転し，それが発電機を回転して発電する。さらに，ボイラで加熱された温水は暖房にも利用されている。したがって，ボイラおよびタービンに付属した設備，すなわち給水ポンプ，送風機，復水器，冷却塔，制御弁，安全弁なども音源となっている。

(5) 排水処理設備

ごみ焼却場においては，ごみに含まれる水はごみを燃焼させるためには好ましくないので，水を除く必要がある。さらに焼却場内部を清掃するときに生ずる水や，ごみ運搬車の洗車に用いた水などは処理して排水したり，再利用するため排水処理設備を備えたりしている。そのためモータ，ポンプ，コンベヤなどがあり，これらが音源となっている。

(6) その他

ごみ焼却場の内部を換気するため換気装置があり常時稼動している。さらに停電時においても停止しないよう非常用の発電機を備えている。これはディーゼルエンジンを用いるものやガスタービンを用いて発電するものがある。そのため，これらが稼動するとかなり大きな音圧レベルの音を発生する。しかし，非常時以外は稼動しないし，コンクリート建物の内部か，地下室に設置する場合が多いので，非常時の設備はつねに音が問題になるものではない。

ごみ焼却場は焼却することによってエネルギーが発生しそれを利用できる点では好ましいが，ダイオキシンをはじめ排ガス問題や騒音・振動もあり好ましくない点も多い。そこで，ごみを焼却しないで処分する種々の方法も考案されている。したがって，処分する方法によって発生する音源も異なってくるが，将来どのような方法になっても基本的には機器の振動に伴って発生する固体音と，流体の流動に伴う流体音が発生することには変わりない。

> 静音化設計

① ごみ焼却場の内部に発生する音が屋外へ出る最も大きな開口部は，ごみ運搬車が出入りするプラットフォームおよび投入口である。プラットフォームを長くして長い通路を運搬車が通る間で吸音する。
② 焼却場に多い換気口から音が外部へ伝搬するのを防止するため，吸音材を内貼りした消音器を換気口の室内側へ設ける。
③ 排気ガスを煙突へ送る送風機に発生した音が煙突からも外部へ伝わるので，ダクト途中で吸音形の消音器を設置し消音する。
④ 不燃物や灰などの選別用に振動ふるい機や，移送用に振動コンベヤなどを用いているが，これらに発生している振動は架台，床，などを通して広く伝わっている場合があるので，採用しない方がよい。もし採用するなら必ず防振する。
⑤ ごみ焼却場には空気を利用したり排気することが多いので流体音が発生している。気体の流れに配慮し，急激な流れの方向変化や流速の変化もなくする。これを施した後においてもまだ流体音の大きいところにはサイレンサを設ける。
⑥ ボイラへ出入りする水や蒸気の管に設けた弁の急激な作動を避ける。とくに急速に流れを停止させると大きな振動が発生し管を伝わって音が広がる。
⑦ 大きいごみを小さくする破砕機は振動が大きく，音も大きいので，破砕機の内部でごみと接するところや外壁には制振材を用いる。
⑧ 破砕機の振動が建物に伝わって外壁から音を出すことにならないよう，破砕機は防振装置上に設け，破砕したごみを送るダクトとの間に防振材を施して振動が伝わらないようにする。
⑨ 排ガスを煙突へ送る送風機から発生しているダクト内の低い周波数音を低減するため，逆位相の音を出すアクティブ制御によって，5～8dB程度音圧レベルのピーク値を下げることができる。

第9章

社会生活における静音化

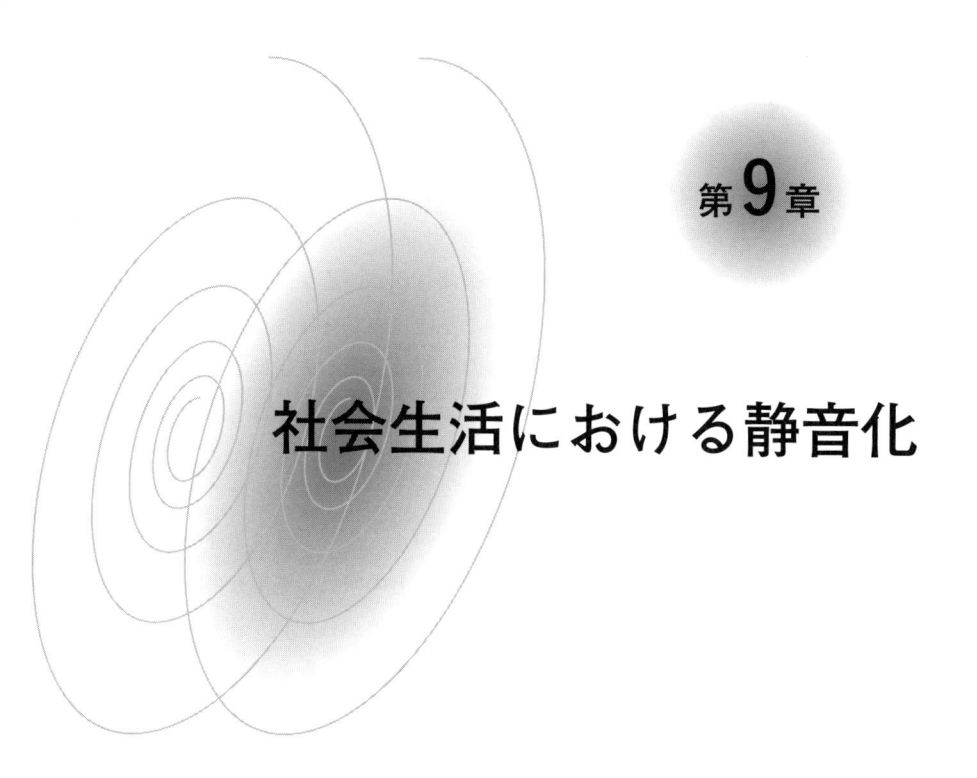

　人々が生活する環境にはつねに音が存在し，人は音によって囲まれているともいえる。風が吹くと木の枝や高層建物に当たって音を出している。山野を歩いても動物の声を耳にするし，さまざまな自然現象によっても音が発生している。

　スポーツやレクリエーションを楽しむ場においても，大きな音が発生すると周辺の人々に騒音として悪影響を及ぼす。種々の社会生活を楽しむ場がいろいろな目的に利用され複合建物となっている場合が多くなった。そのため建物内における発生音が及ぼす影響は大きくなっている。複合施設や公共空間における静音化の必要性が高くなっている。

9.1 強風

　音を発生する自然現象の1つに風がある。風の強さや向きは刻々と変化するため正確にそれらを予測することは困難である。台風などのような大きな低気圧の接近のときはおよその風速の予報はされているが，通常時における風の速度や向きをあらかじめ正確に知ることは困難である。

　風は空気の流れであるから，晴天の日の昼間は地面が太陽によって加熱されその上の空気の温度も高くなり，軽くなって上昇する。これに対して海面は，温度が急に上昇しにくいので，空気の温度も上昇しにくいため，空気は海上から陸上へ向かって流れる。

　これに対して，夜になると地面の温度は下がり，空気の温度も下がる。一方，海水の温度は急には下がらないので，海面上の空気の温度が相対的に高くなり，空気は上昇し，そのため海上へ向けて陸地から空気が流れる。このように，1日における温度変化によって風の向きが変わることは経験によって知っている。

　風の発生は空気の粒子を動かすことになるので，音を発生させることになるが，強い風になると，木の葉，枝，電線，ガラス戸などを振動させることになり，それによって固体音が発生する。したがって，強い風は固体音を発生させるエネルギー源となる。

　空気の流れは速度が大きくなるにしたがって層流から乱流へ移る。そのため風の速さが大きくなるほど，空気粒子の波は大きくなって大きな音圧レベルを示すことになる。さらに，速度の大きな風が樹木，電線，電柱，煙突，鉄塔，高層建物などに当たると，主としてその反対側で渦ができ音を発生することになる。

　このように渦の発生をできるだけ防止することが，風によって発生する音を小さくする1つの方法である。風の当たる物体表面の反対側に渦が発生しないような形状の処置を施すことによって，渦をある程度防止することができるが，これは風の流れの方向がつねに一定であれば効果はある。しかし風

の流れる方向がつねに変化している状態では効果を期待するのは困難である。

風の流れる方向が変化しても，ある程度は音を小さくできるような形状を考えることが必要である。たとえば，煙突に当たる風の音を小さくするために，煙突の外周に上から下へ向かってらせん状に突起を設けたものがある。

高層建物が増加するにしたがって，建物と建物との間を通る風の速度が大きくなり，それによって発生する音が問題となっている。狭い空間に高層建物が多く建つと風の通る断面積が小さくなるので，当然風の速度は大きくなる。さらに個々の建物には壁面の凹凸，手すり，換気用ルーバ窓，ガラリ，非常階段，窓のくぼみなどがあるため，風がこれらに当たると流れが乱れて音が発生する。発生音の大きさや周波数は，これらの形状や大きさによって異なるが，通常はこれらの音の周波数は250 Hz以下の低音域において大きい音圧レベルを示す。風の速度が大きくなるほど大きい音圧レベルは高い周波数域へ移ってゆく。

高層建物はその断面が長方形をしたものが多い。長方形の建物はこれに風が当たると最初は建物の表面に沿って風が流れるが，隅角部において風が建物と剥離する。この剥離は隅角部に渦を発生させるので好ましくないが，その剥離状態は隅角部の形状によって大きく変化する。この渦が小さくなるように形状の配慮をすると発生する音は小さくなる。

図9.1に建物の隅角部の形状を示した。同図(a)は一般に多く見られる断面が長方形の建物で，隅角部が90°であるため剥離が発生し渦ができている。

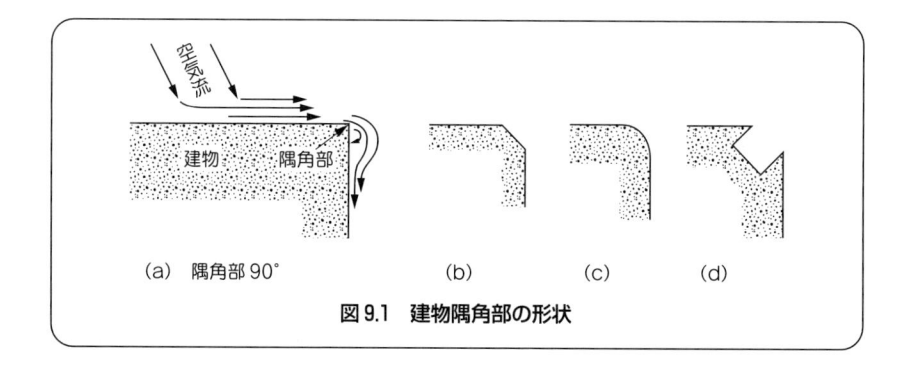

図9.1 建物隅角部の形状

同図(a)よりは(b)および(c)の場合が渦が発生しにくく，音の発生を小さくするには好ましい。しかし，(d)の形状のように隅角部に大きなくぼみがあると，このくぼみの角や内部で渦が発生し音が大きくなるので好ましくない。

さらに，多くの高い建物が周辺に接近していると，まわりの建物からの空気の流れが互いに干渉しあって複雑な流れとなるので異様な音を発生することがある。

風の速度が建物に発生する音の音圧レベルに及ぼす影響は非常に大きい。風の速度が10 m/sのときの建物に発生する音圧レベルが50 dBの場合，風の速度が2倍の20 m/sになると音圧レベルは約20 dB増加して70 dB程度となる。このように音圧レベルに及ぼす影響で最も大きいのは風の速度である。風の速度は自然現象によるものであるから低減することは困難であるが，周辺の建物の大きさ，配置，形状などを考慮することによって発生する風の速度の増加を小さくすることができ，発生する音圧レベルを低くできるので地域における都市計画において，建物の建設プランニングにはいわゆる「ビル風」に対する検討が必要である。

[静音化設計]

① 強風によって物体が振動しないようにし，1次的な固体音を発生させないようにする。
② 強風が建造物などに当たったときに，渦が発生しにくいような形状や配置にする。
③ 高い建物になるほど互いに接近させないように，十分な間隔を保って建設する。
④ 音圧レベルを低くするには風の速度を下げることである。したがって，地形上から風の速度の低い場所を選ぶ。
⑤ 煙突に当たる風の音を小さくするには，煙突の外周に螺旋状の突起を設ける。
⑥ 高い塔の建設においては，鉄骨の状態では風により発生する音が大きい

ので外周を囲むとよい。外周の形状はなるべく丸みをもたせるとよい。

9.2 動物の鳴き声

　人々が生活する周辺にはいろいろな動物も生活し共存している。小鳥のさえずりは人の心を和らげてくれるし，季節の到来を教えてくれる。鳥類は多様な環境に対応して複雑な変化に富んだ音声を出している。この音声は多くの情報を含んでいて，お互いのコンミュニケーションに役立っている。とくに小鳥は人に危害を与えないし，かわいらしさもあって，その鳴き声はむしろ喜ばれている。

　しかし，動物の中でも犬，猫，養豚場の豚，養鶏場の鶏などは，その数が多いために騒音として問題になることがある。養豚場，養鶏場，動物園などは，人里離れたところにある場合が多いので騒音が問題となるのは限られた地域が多い。

　養鶏場は鶏卵を得る目的が多く，そのため雌鶏が多い。雌鶏はつねに声を出しているがその音圧レベルは低い。一方，雄鶏は時間的に午前3時から5時頃に集中して声を出している。養鶏場で騒音が問題となるのは，きわめてたくさんの鶏を飼育している場合であり，それ以外は音圧レベルは小さい。むしろ，悪臭や排水など他の要因によって問題となることが多い。

　人々が生活するなかで動物の声が騒音として問題になるのは犬である。生活様式の変化や生活にゆとりができるとともに，ペット動物に対する関心が高まり，ペット動物を単なるペットとしてだけでなく，パートナとして，また人々の警備や安全を要求するようにもなり，それに適した動物として犬が比較的その条件を満たしており，犬を飼う家庭が多くなってきた。

　犬が人間と共存するためには，騒音，つまり「吠える」問題を解決することが必要であり，住宅密集地で飼育するためには避けて通れないことである。そのためには飼育する人が犬の性質や習性をよく理解して，犬に対する教育訓練をすることである。犬は人の言葉を発することは困難であるが，教育訓

練することによって単語や言葉の意味がある程度理解できるので，生後1年程度の幼児と似ているといわれている。幼児も言葉は話せないが相手が話す単語の意味をある程度理解しているからである。

　犬も人間と類似しているところがある。環境条件やしつけ方が悪いと欲求不満になりストレスが蓄積する。ストレスが強くなると吠える回数が多くなる。

　犬の耳の構造や機能は人間と類似しているが，その発達の程度にはかなりの差がある。犬の聴力はかなりよく，人間と比べて小さい音を聴く能力は優れているという報告がある。人間より数倍も遠くの音を聴くことのできる聴力がある。さらに音の周波数の違いや音圧レベルの差も聞き分けができるそうである。

　また，犬の可聴周波数は20～70,000 Hzといわれており，人間の可聴周波数20～20,000 Hzと比べてかなり周波数範囲は広く，超音波を聴くことができる。

　音源の位置を知るには，一般に両耳に達する音の時間差を感知しその大きさから理解するのであるが，犬は人間が音源を感知できる範囲よりもかなり遠いところの音源も正確に知ることができる。これは犬の種類や，耳介の大きさ，形状などによっても差異があるが，聴力においては人間よりもかなり優れているところが多い。

　犬の吠える声が騒音公害の原因となっているので，犬を飼育する場合には家族全員がその目的をはっきりと定め，犬の習性や性格をよく理解し，居住環境に適した犬種を選ぶことである。住宅密集地では吠えない犬種を選ぶことであり，小さい住宅にはそれに応じた大きさの犬を選ぶことが，人間と犬の双方にとって好ましいことである。

　犬は聴覚と臭覚が人間よりもむしろ優れている。したがって，これを利用して人が感知する前に犬が感知して吠えることによって人々に知らせてくれる。知らない人の侵入，人の話し声，火災などを速やかに感知して警報を発してくれる。これらは人間にとってありがたいことである。しかし，犬が吠えるのを観察していると多くはこのような警報でなく「むだ吠え」である。

　「むだ吠え」を少なくするには，飼主が犬が何をいいたいのか，何をして欲しいのか，何の意思表示なのかを正確に把握することである。犬は訓練に

よってある程度吠える回数を減らすことができる。しかし，むだ吠えをなくすることはかなり困難である。むだ吠えの大きな原因は犬のストレスであるから，刺激の多い環境に繋がれていたり，躾が悪かったり，高温高湿度の狭い小屋に閉じ込められて運動や散歩をしないなどの状態に置かれるとストレスがたまるので，むだ吠えが多くなる。

　犬をペットとして人間生活の中にどのように調和させてゆくか，どのように人間と共存してゆくか，犬の飼育管理を人間の住む住宅環境の中でどのように行ってゆくか，飼育する前によく考えておくべきことである。

　騒音問題もなく動物をペットとして共存してゆくためには，人間が動物の声を理解でき，また動物も人間の声をある程度理解できるような環境を整えることである。このような研究が進みつつあるので，将来には夢でなくなることを期待したい。

静音化設計

① 犬を飼う前にその目的をはっきりと定め，飼主の居住環境に適した犬種を選ぶこと。
② 犬を飼うと決めたときは，最初に犬に対する教育訓練を十分に行うこと。
③ 犬を飼うときは，犬にストレスを与えないようにし，犬小屋の大きさ，適度の運動，食事など，犬の環境に配慮し，むだ吠えを少なくする。
④ 大規模な養鶏，養豚などを行うときは，あらかじめその場所に対して十分に配慮し環境アセスメントを行うこと。
⑤ 音が問題となる動物を飼育する場合には，十分な対策が可能であることをあらかじめ確認しておくことが必要である。それが不明確な場合は飼育をあきらめること。

9.3　複合建物

　土地の有効利用，経済性，利用の便利さ，趣味の多様化，地域活性化など

の要求とともに，交通の便利な場所の1つの建物のなかに，スポーツ，コミュニケーション，カルチャー，ミーティング，レクリエーションなど，多用途の複合の空間を設置する場合が多くなってきた．このような建物を複合建物とよんでいる．

複合建物には，種々の用途とその目的を果すための設備を備えなくてはならない．この建物の用途は，静音化を要求される住宅，会議室，ホテルの宿泊室，読書室がある反面，大きな音や振動を発生するディスコ，カラオケ，スポーツ施設などのほか，それ自体から音を出すが外からの音や振動の伝搬を好まない音楽ホール，放送スタジオ，映画館，講演会場など，さまざまである．そこで，複合建物はこのようなそれぞれの目的が十分に果たせるような音響条件を満たしていなくてはならない．

複合建物は多用途の部屋が多く，音や振動源が多種類であるため，計画・設計の段階で音や振動の発生とその伝搬を予測し，それに対する十分な対策を施すことが大切である．しかし，複合建物の内部においては，建設後に新しい機能や役割を求めることもあり，それに伴って新しい設備や装置が設置されることもある．そのため建設当初予測しなかった新しい音源や振動源が発生することも十分にありうることを考えておかなくてはならない．

図9.2は複合建物の音や振動の伝搬を示したものである．

ホテルは宿泊と宴会を行う複合建物である．しかしこのホテルも経営合理化から次第にスポーツ施設，カルチャーセンター，レクリエーション，式場などを備えるものが増えている．このようになると，建物内の音源，振動源および発生時刻は多岐にわたり，その継続時間も長くなっている．

最近はホテルのみならず，公共施設や商業施設においても交通の便利さや繁華街にあることなど人々が集まりやすいことから，住居も含めた高層複合建物として建設されるものが多くなっている．

(1) 音 源

複合建物の音源にはまず外部から伝わる音がある．複合建物は駅の近くや繁華街にある場合が多いので，乗用車やトラックのような道路交通騒音や鉄

図 9.2　複合建物の音源，振動源

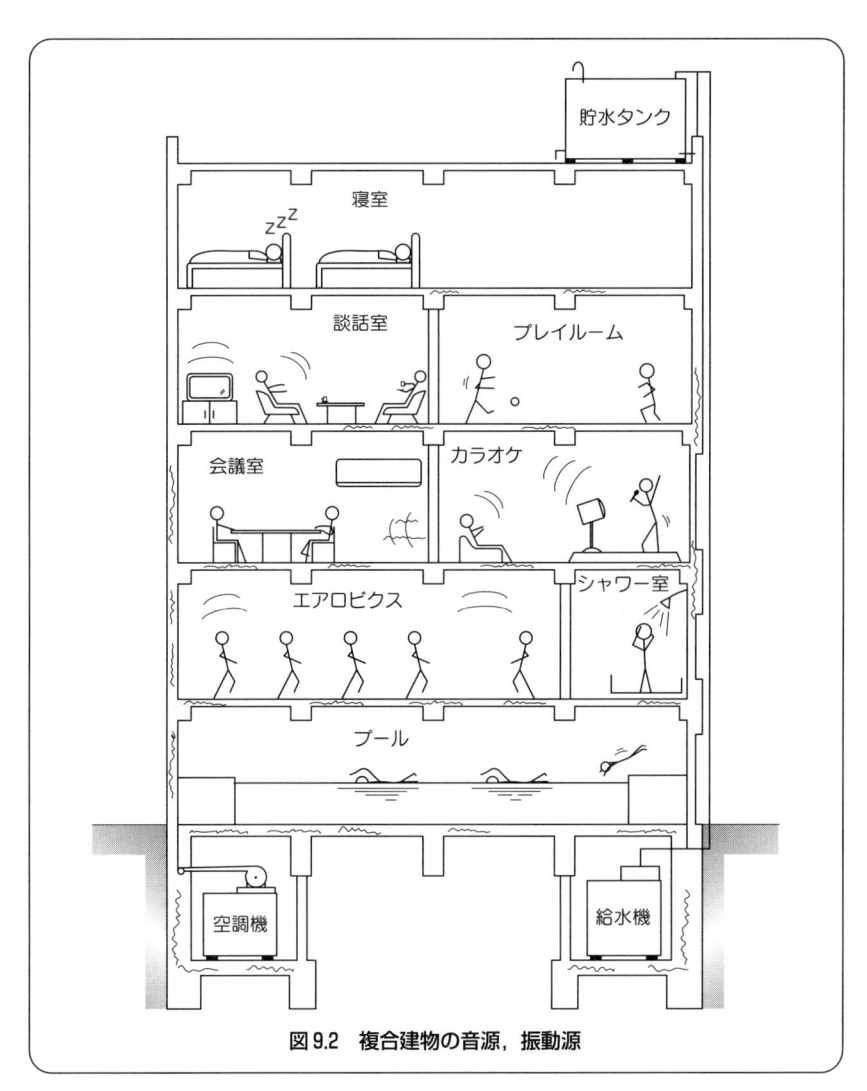

道，地下鉄などの軌道騒音が考えられる。
　さらに，建物の内部にも多くの音源がある。
　主として振動を発生するものとして，テニスコート，エアロビクス，アスレチックス，プール，ディスコなど，人々の行動を伴うものがある。

主として音を発生するものとして，音楽ホール，録音スタジオ，映画館，会議室，カラオケ，宴会場など，音響設備を備えているものがある。

（2）防　音

複合建物の内外にある音源や振動源から伝わる音や振動を防止する方法として次のものがある。

（A）外壁でのしゃ音

外部からの音をしゃ断するために外壁にしゃ音材を用いる。複合建物はほとんど鉄筋，鉄骨構造で外壁に軽量気泡コンクリート成形板，パネルなどが使われている。板材によるしゃ音はその板の質量が大きいほど大きいので，単位面積当たりの質量が大きい板ほどしゃ音の効果は大きいことになる。建物の外壁はしゃ音の他に断熱，運搬，取付け，価格なども考慮してその材質を決めているので気泡や空気膜のある板を用いている。

（B）内壁でのしゃ音

室の内壁はしゃ音と吸音の両方の役目を果たすことが望まれる。一般に内壁には軽量構造のボードが用いられていることが多いが，これだけではコン

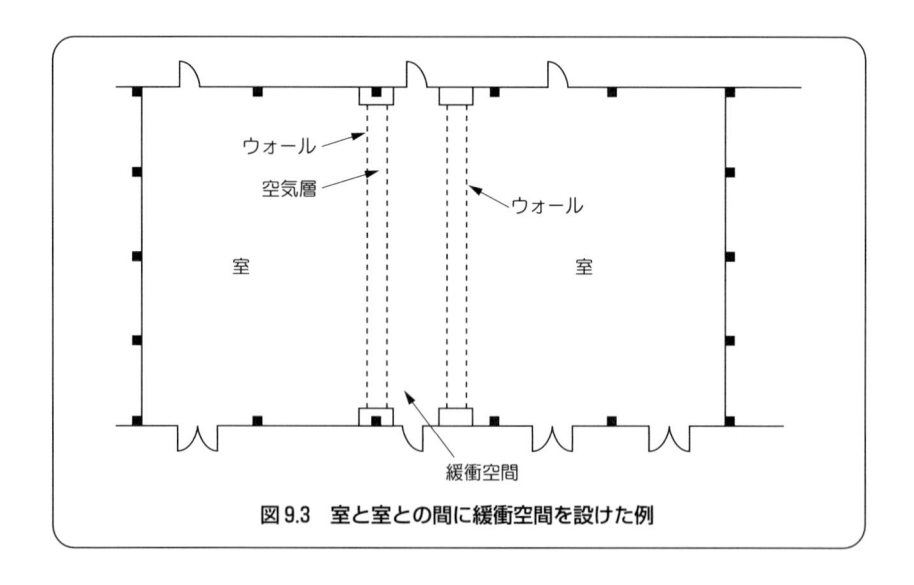

図9.3　室と室との間に緩衝空間を設けた例

クリート構造に比べてしゃ音性能ではかなり低下する。そのため隣室で大きな音を出す場合には，吸音材や空気層を設けたしゃ音壁を施す必要がある。

同一階の隣室からの音が大きい場合には，一重の壁だけでなく，複数の壁を用いたり，図9.3に示すような緩衝空間を設けることも考えればよい。

（C）床でのしゃ音

複合建物のなかに振動を発生するスポーツ施設を上階に設けると床，かべ，柱などを通して振動が広く室へ伝わる。複合建物の床はプレートを用いその上にコンクリートを打設して造っている。運動する室では衝撃荷重が作用すると床が揺れるのを感じることがある。このような振動は直下の室や隣室のみならず，かなり上下の階へも伝わっている。スポーツなど床振動を発生する室や振動する設備機器を設置する室は，上階よりも1階または地階がある場合は地階に設けるのが好ましい。

> **静音化設計**

① 複合建物は計画・設計の段階で，内部に発生すると予測される音源と振動源の特徴をよく把握し，音の伝搬を計算し建設時に防音を施すこと。
② 音や振動は建物内を伝わる時に処置するのでなく，発生源で音響エネルギーや振動エネルギーを十分に吸収する防音，防振を行う。
③ 外部からの音や振動が伝わるのを好まない室に隣接して，音源や振動源を有する室を設けない。
④ つねに大きい音を発生している室はまとめて配置し，総合したしゃ音，吸音対策を施す。
⑤ 隣室で音を発生するようになった場合には，隣室との間に緩衝空間やしゃ断した空気層を設ける。
⑥ 同一階の隣室に対する対策のみならず，直下および直上で隣接する室に対しても配慮する。
⑦ 天井および壁に防音を施しても十分でない場合には，図9.4に示すように，床，天井および壁のすべてを浮き構造にし，建物を防振装置や防振材を介して浮かす。

図 9.4　浮き構造の室

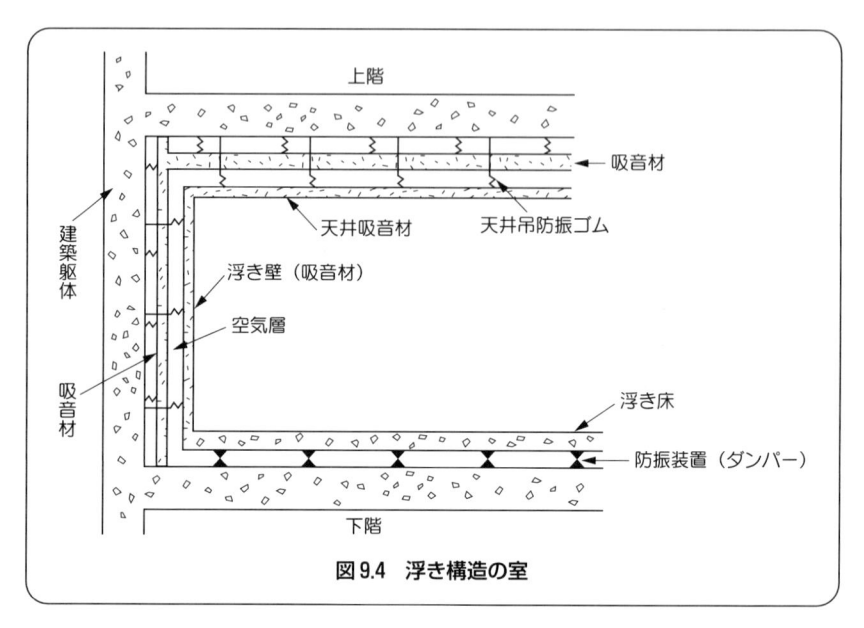

⑧室内のしゃ音で最も不十分なのは扉である。とくに扉の下部と床面との間には隙間があるので，扉下部に舌状の隙間閉塞材，シール材などを取り付ける。

9.4　スポーツ施設

　陸上競技，球技，運動機器利用など，スポーツ施設における屋内活動には振動を伴うものがきわめて多い。ボールの落下，衝突，人の走行，跳躍，運動機器の稼動など振動を伴う行動が多いほか，エアロビクススタジオやライブハウススタジオでは電気音響設備による大音量の音楽やリズムを流しているので，拡声音によって室の内装材が振動し，その振動が伝播してゆく。

（1）陸上競技，球技，マシンジムなど主として振動を発生するもの

　スポーツ施設の屋内において，走行，歩行，跳躍などの運動をすると床に

衝撃を与える。陸上競技は選手が床に加える力の反発力を利用して競技するものであるから，加える力が大きいほど床から大きな力が作用するので，速く走ったり高く跳ぶことができる。したがって，床に対する振動が大きくなる。その振動が壁や天井へ伝わり隣室へも広がり音を発生している。

そこで，振動が床に伝わった段階で他へ伝わらないように，床を浮き構造にし壁と床との接合部にパッキンや防振材を用い，壁は躯体から離し防振ゴムを用い空気層を設ける。天井は防振ハンガを用いて吊り下げる。このよう

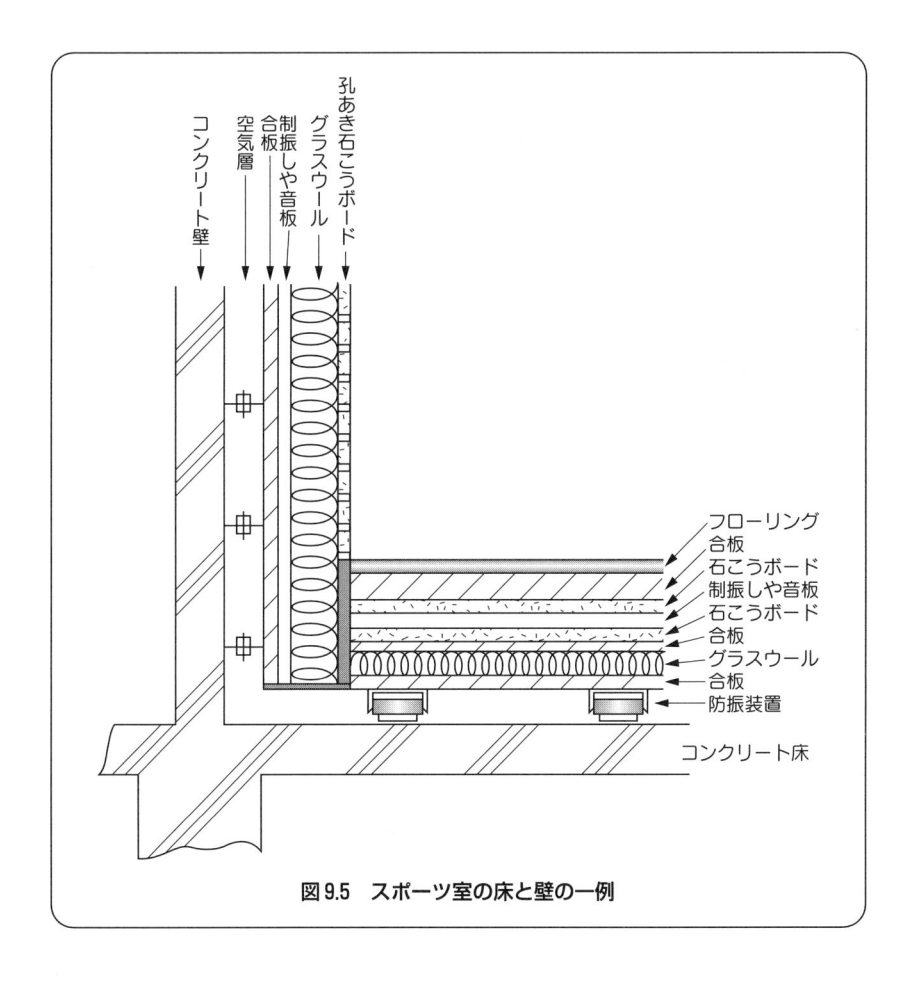

図9.5　スポーツ室の床と壁の一例

な浮き構造の原理は前節の図9.4に示したが，その室の使用特性をよく見極めて構造を決める必要がある。

スポーツに用いる室はとくに床に対する配慮がされており，図9.5はその一例である。図のように合板，石膏ボード，制振しゃ音材，グラスウールなどを多層にした床を設け，さらにその下に防振装置を設け，壁には穴あき石膏ボードに厚いグラスウールを張って吸音し，振動もコンクリート壁に伝わらないようにする。これによって隣室での音圧レベルが施工前に比べて10～15 dB低くなる。

室内での陸上競技は，大きい振動を伴うものであるから振動エネルギーを吸収し，他へ伝搬しないようにする処置が必要であり，そのために適切な防振材を選定することである。防振材は種類によって防振効果が異なるので，必要減衰量に応じて防振材を選ぶことである。振動の周波数特性を調べてどの周波数において大きい振動を発生しているのかを知って，その周波数のレベルを下げることである。

大きいレベルを示す振動の周波数が1つであればそれに対策を施せばよいが，その周波数が複数になったり，低い周波数の広帯域にわたってレベルが高くなったとすると，複数の低減方法を採用することが必要となる。高い周波数の音は一般に吸収しやすいが低い周波数の音は吸収しにくい。低い周波数域の音圧レベルが高い場合は，多孔質材料（グラスウール，ロックウール，穴あき板など）を直張りしても効果は小さく，背後に空気層を設けることによって低い周波数の音に対する吸音率を高めることができる。

図9.6に吸音材の取付け条件による吸音率の変化を示した。図は木毛セメント板（厚さ25 mm）を剛壁に密着したときと，その間に空気層を設けたときの吸音率の変化を示した。空気層の厚さが厚くなるほど低周波数域において高い吸音率を示している。

図9.7はグラスウール吸音ボードで（密度×厚さ）が一定になるようにし，3種類について吸音率を測定した結果である。グラスウールの密度を大きくするよりも厚さを厚くしたほうが吸音率は大きく，周波数の低い範囲で効果があることがわかる。このような吸音材の特性を知って吸音材の選定，取付

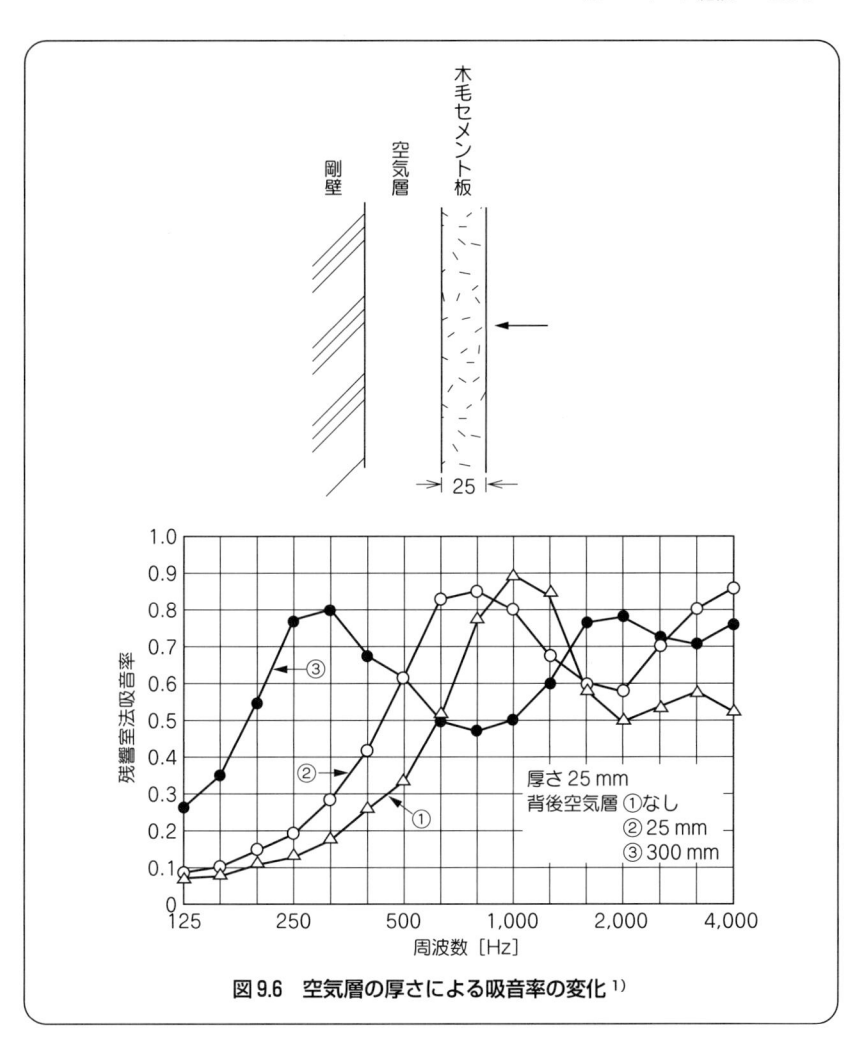

図9.6 空気層の厚さによる吸音率の変化[1)]

け方法，構造などを決めるとよい。

（2） エアロビクススタジオ，ディスコなど主として振動と音響を発生するもの

　エアロビクススタジオやディスコは，電気音響機器による大きな音量の音楽を流すとともに，それに合せて人々が運動するので，振動と音が同時に発

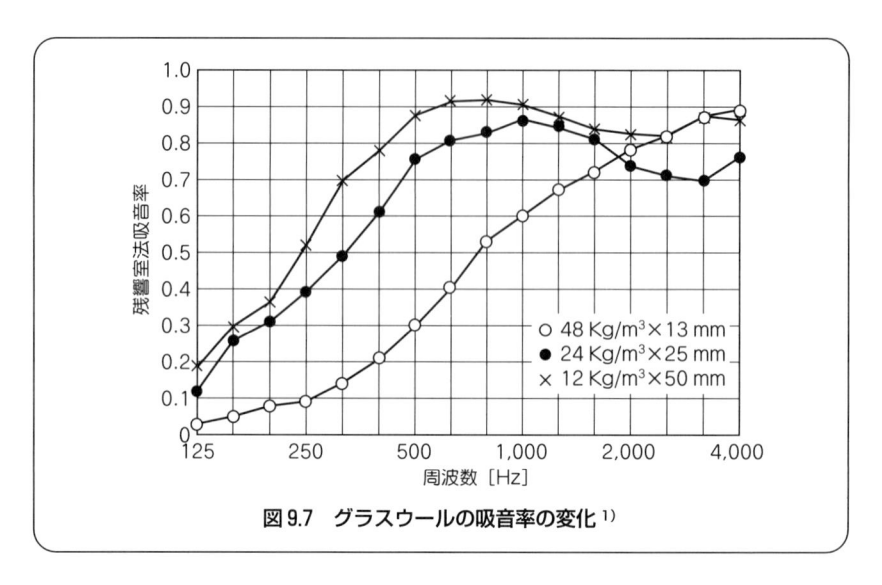

図 9.7　グラスウールの吸音率の変化[1]

凡例:
○ 48 Kg/m³×13 mm
● 24 Kg/m³×25 mm
× 12 Kg/m³×50 mm

縦軸: 残響室法吸音率
横軸: 周波数 [Hz]

生源をもつことになる。

　振動については前述の陸上競技場に類すると考えて対策を立てればよいが，それに加えてスピーカから大きな音が流れるので，この音について対策が必要となる。

　スピーカは薄い膜の振動によって音を発生しているため，スピーカ本体も振動している。したがって，床の上に置くと床を振動させるため，ゴムなどの防振材料を床との間に用いるか，天井から吊り下げて使用する。音量を大きくして使用するためその音波が壁を振動させている場合もある。さらに，音が室の隙間から漏れないような対策が必要となる。たとえば，室の出入り口のドアと壁や床との間の隙間，換気口などからの音のもれがある。ドアと壁との間にはゴムを用いたり，ドアの下にベローを付して隙間をなくしたり，音楽を流している間は換気口を閉じるなどの配慮が必要となる。

静音化設計

① 大きな振動を伴うスポーツ施設では，床，壁および天井を浮き構造にし，振動エネルギーが他へ伝わらないようにする。

②人々が跳躍をするような運動は，床にマット，じゅうたん，布などを敷くだけでも効果がある。

③スポーツ施設の床は合板，石こうボード，制振しゃ音板などを多層にした床を設け，さらにその下に防振装置を置く。

④防振材料や吸音材料を用いて振動や音を吸収する。そのときにそれぞれの振動や音の特性にあった材料を用いる。

⑤剛壁と吸音材との間に空気層を設けることによって，低い周波数域の吸音率を上げることができる。

⑥空気層の厚さを調節すれば発生している音の周波数特性から，音圧レベルのピークを示す周波数近辺における音圧レベルを減衰させることができる。

9.5 公共空間

個人が居住用として利用する建物のほかに，鉄道の駅コンコース，空港ロビー，イベントやスポーツなどに利用するドーム，アトリウム，地下広場や通路など，不特定多数の人々が利用する公共的な空間が建物の内部や地下に多く見受けられる。これらの場所においては防災上の安全性，機能性，快適性，利便性，衛生などに対する配慮が優先しており，音響的な配慮が十分とはいえない場合が多い。

一方，コンサートホール，劇場などでは，音響に対する配慮が建築の重要な要件となっており，室内の形状，建築材料，吸音，反射，透過，残響などについて，あらかじめ十分な計算と実験を行って設計され施工されている。また，住宅，事務室，教室などにおいても，ある程度静音化に対する対策が施されている。

これに対して，上記の公共空間においては多くの人々が利用するため，必然的に音源が多くなって音圧レベルが大きくなり，発生する音の残響も大きく，放送の声が聞き取りにくく，喧騒感があり，落ち着いた安らぎの場とな

っていないところもある。

（1）駅コンコース

駅コンコースは多くの人が朝から夜まで行き来しており，建築設計者は人々の歩行や災害上の安全とともに，長く美観を保ちたい考えが優先しがちで，壁や天井には汚染防止と清掃上から金属薄板を用いている場合が多い。

駅コンコースの規模の大小はあるが，多くの人々が歩行することに伴って多くの音源が発生している。そのため音圧レベルが大きい。このような音が壁や天井で反射するので残響時間も長い。残響時間は音を停止させ音圧レベルが60 dB低下するまでの時間を秒で示したもので，室の容積に比例し，吸音力に反比例する。すなわち，空間の容積が大きいほど残響時間は長く，室の吸音を高めるほど残響時間は短くなる。したがって，広い空間ほど広い面積に吸音材を用いて吸音することが必要となる。

残響時間が長いと音を明瞭に聞き取りにくくなり，人々にとっては音環境の面でよいとはいえなくなる。

駅によっては残響時間が8〜10秒以上にも達するところもあるが，これは長すぎるので吸音処置を施して2秒以下にする必要がある。

駅コンコースはたくさんの人々が歩行するので，床は耐摩耗性を高めるためコンクリート，タイル，石材が多い。そのため音が反射しやすく，鉄道からの音も加わって，音圧レベルが80 dBに達するところもある。そのため放送音と暗騒音との差はきわめて小さくなってしまうので，さらに聞き取りにくくなる。

対策としては，吸音材を用い，壁との間に空気層を設けるなどの施工方法を選び，広い周波数範囲にわたって吸音率を高める。さらに，壁面のみならず天井や空間にも吸音材を用いて吸音面積を広く確保する。

（2）空港ロビー

大きな国際空港では，チェックインカウンタ近くに多くの人々の行き来がある。図9.8は，多くの人々が行き来する広い空港ロビーを示したもので，

図9.8　空港ロビーの天井吸音板

天井全面に穴あき吸音板を用いて吸音し，反射音を低減している。

しかし，空港ロビーでも特定の時刻以外は人の数が少ないときもある。室外からの音，とくに離着陸する航空機からの音への対策も必要である。最近の旅客ターミナルビルは美観を良くするためガラス窓が多くなっている。このガラス窓は金属に比べると質量も小さいので質量法則からもわかるように，しゃ音性は良くない。さらに，空調の排気口からも音が伝搬している。

さらに留意すべき点は場内放送設備である。天井の高い吹抜けと長い距離のゲートをもつ旅客ターミナルビルでは，一般に分散型のスピーカを採用するが，距離が長いので音声が伝わるのに時間を要するため，同時にスピーカが作動すると音が聞き取りにくくなる。そのため距離に応じて遅延させて音

を出すようにすることが必要となる．さらに，乗客の多少によって暗騒音が大きく変化するので，暗騒音の大きさを感知して放送する音量を変化させると，乗客には耳障りにならず気持ち良く聞けるものである．

（3） アトリウム

高層建築ではゆとりある居住性と公共性のある場を確保するために，アトリウムを設けている場合が多い．このアトリウムには大きいもので高さが100 mを超え，広さも1,000 m^2を超えるものもあり，その大きさは多種である．

このような広い場所で展示会や集会，ショー，発表会などが開催され多くの人々が集まっている．そのためスピーカを仮設して音を出す場合が多い．

高層建築には防災上いろいろな制約がある．構造のみならず使用する材料に可燃物を避ける必要がある．内装材についても外壁と同じ仕様が要求される場合もあり，そのなかでいかに吸音効率を高めるかが大切である．

アトリウムには金属板やコンクリート壁のように，剛体に近い平滑な平行面の壁によって囲まれている場合がある．このような場合には発生した音が2つの平行な壁に当たると多くは反射して両者の間を行き来し，音波が重なり合って異様な響きを発生するようになる．そのためスピーカの音が聞き取りにくくなる．

天井の高さが100 mを超えるようになると，人の話し声程度では広い天井の空間の空気を励振させて残響を感じるほどにはならないが，スピーカを用いてボリュームを高めるとコンクリートやガラスをはじめ減衰しにくい壁面材料が多いので残響時間が長くなって，スピーカの音が聞き取りにくくなる．そのため，吸音材を用いることが必要であるが，防災上や吸音材表面を保護するため薄い穴あき金属板を表面に用いてもよい．

[静音化設計]

① 広い空間における残響時間を短くするには，吸音材の厚さを厚くするとともに，背後に空気層を設けて低い周波数においても吸音率を高める．

②広い面積に吸音材を採用して吸音面積を広くする。
③窓ガラスの広い建物では窓からの音の透過量が大きいので，空気層を設けた複層ガラス窓を採用する。
④天井や壁に対する吸音対策のほかに，床にカーペットを敷くなど床への対策も考慮する。
⑤コンクリート建物内の公共空間においては，音が往復反射する平行な壁やガラス窓を避け，両者の間に少し傾斜を設けたり，壁の表面に突起物を置くなどの処置をする。

参考文献

〔1章〕
1) 日本産業衛生協会，許容濃度等委員会勧告の騒音の許容基準について，産業医学，11巻，11号，533.
2) A.Glorig, D.Wheeler, R.Quiggle, W.Grings and A.Summerfield,"1954Wisconsin State Fair Hearing Survey : Statistical Treatment of Clinical and Audiometric Data." American Academic Ophthalmology and Otolaryngology and Research Center Subcommittee on Noise in Industry, Los Angels, California, 1957.

〔2章〕
1) ISO Recommendation 226-1961, Normal equal-loudness contours for pure tones and normal threshold of hearing under free field listening conditins(1961).
2) D.W.Robinson and R.S.Dadson, Threshold of hearing and equal-loudness relation for pure tones and loudness function, J. Acoust. Soc. Am., 29(1957), 1284.
3) 一宮：わかりやすい静音化技術，工業調査会，(1999).
4) 一宮：機械系の音響工学，コロナ社，(1992).
5) A.H.Benade, Measured end correction for woodwind toneholes, JASA, 41-6(1967) 1609.

〔3章〕
1) T.Corke らによる写真.
2) K.D.Kryter, The effects of noise on man, (1970) Academic press.

〔7章〕
1) JIS B0102, 歯車用語　1983年。
2) 佐藤，一宮，精機学会秋期大会学術講演会前刷，(1977)，365.
3) H.K.Tonshoff, G.Rohr & H.D.Raschke, Gerauschentstehung und Larmminderung beim Schleifen von Blech, Ann.CIRP, 25,1,(1976), 301.

〔9章〕
1) JIS A6301, 吸音材料の特性　2003年.

索　引

〈あ，ア〉

アクティブサイレンサ ……………………232
アクティブ制御法 …………………………161
アクティブ騒音制御 ………………………156
アスファルト路面 …………………………157
圧延機械 ……………………………………215
圧縮機 ………………………144, 147, 173, 188
圧力比 ………………………………………196
アトリウム …………………………………270
穴あき板 ……………………………………101
アルミニウム板 ……………………………109
暗騒音 ……………………………………73, 74
位相 …………………………………………118
位相差 ………………………………………120
1次音源 ………………………………………88
一時性難聴（TTS）……………………………26
一過性聴音喪失 ………………………………26
移動音源 ………………………………………81
犬 ……………………………………………255
印刷機械 ……………………………………219
ウオータハンマ ………………………………72
浮き構造 ……………………………………261
浮き構造の室 ………………………………262
渦 ……………………………………………112
薄板・薄膜形吸音材 …………………………99
エアークリーナ ……………………………152
エアロビクススタジオ ……………………265
永久性聴力損失 ………………………………26
永久性難聴（PTS）……………………………26
駅コンコース ………………………………268
A特性 ……………………………………34, 35
塩化ビニール板 ……………………………109
エンクロージャ ……………………………239
エンジン ……………………………………151
円筒研削 ……………………………………205
円筒波 …………………………………………57
大きい音 ………………………………………76
帯鋸盤 ………………………………………209
音の大きさ ………………………………31, 75

音の大きさのレベル ……………………31, 75
音の減衰 …………………………………89, 119
音の減衰量 …………………………………122
音の強さ ………………………………38, 57, 73
音の強さの基準値 ……………………………39
音の強さのレベル ……………………………39
音の発生 ………………………………………9
音の速さ …………………………………15, 23
オフセット輪転機 …………………………220
音圧 ………………………………………18, 29
音圧の基準値 …………………………………30
音圧レベル ……………………………………30
音響出力 ………………………………………36
音響出力の基準値 ……………………………36
音響パワーレベル ……………………………36
音源の対策 ……………………………………68

〈か，カ〉

開口端補正 …………………………………43, 100
回折 …………………………………45, 49, 50, 161
角周波数 ………………………………………17
角振動数 ………………………………………17
ガスタービン …………………………229, 230
ガスタービンエンジン ……………………171
風 ……………………………………………252
ガソリンエンジン …………………………239
可聴音 …………………………………………25
カッタヘッド ………………………………210
過熱器 ………………………………………226
噛み合い周波数 ……………………………183
火力発電所 …………………………………232
カルマン渦 ……………………………115, 226
管 ………………………………………………42
間欠音 …………………………………………81
緩衝空間 ……………………………………261
管内の空気の共鳴 ……………………………42
かんな盤 ……………………………………210
管の共鳴 …………………………………41, 113
管の振動 ……………………………………129
機械音 ………………………………………234

機械工場 …………………………181
機械要素 …………………………181
きしみ音 …………………………164
きしり音 ……………………185, 186
基本周波数 ……………………83, 143
キャビティノイズ …………………113
キャビテーション ……………72, 238
吸音材 ………………………………97
吸音しゃ音壁 ……………………158
吸音壁 ………………………………158
90％レンジ …………………………82
給水設備 …………………………128
給水バルブ ………………………140
球面波 …………………………54, 69
境界層 ………………………………115
境界層音 ……………………………115
共振 …………………………40, 151
共振周波数 ……………………40, 41
共鳴 …………………………39, 40, 43
共鳴吸音 …………………………123
共鳴現象 ……………………………41
共鳴構造形吸音材 …………………99
共鳴周波数 ……………40, 44, 78, 113
距離減衰 ………………55, 57, 59, 90
空気層 ………………………………264
空港ロビー …………………………269
空力音 ………………………………70
楔形吸音材 …………………………97
屈折 ……………………………45, 51, 52
グラスウール吸音ボード ……………264
クラック部 …………………………140
クラッチ …………………………153
研削加工機械 ……………………205
懸垂形吸音材 ……………………219
減衰量 ………………………………50
弦の共鳴 ……………………………40
コインシデンス効果 ………………110
公共空間 …………………………267
航空機 ……………………………171
工作機械 ……………………93, 199
構造物音 …………………………165
広帯域音 ……………………………81
交通機関 …………………………149
合板 ………………………………109

極超音波 ……………………………25
固体音 ………………70, 234, 237, 248
固体振動 ……………………………94
ごみ消却場 ………………………245
ころがり軸受 ……………………184
コンクリート舗装 ………………156
コンプレッサ ……………………189

〈さ，サ〉

最小可聴音圧 …………………25, 30
最大可聴音圧 ………………………25
残響時間 …………………………268
産業性難聴 …………………………26
ジェット音 ………………………174
ジェット機 ………………………171
軸受 ………………………………182
シーク音 …………………………134
指向性 ………………………61, 62, 79
実効値 ………………………………22
質量則 ……………………………108
質量法則 …………………………160
自動車 ……………………………149
C特性 ………………………………35
しゃ音 …………………105, 106, 260
しゃ音壁 …………………………159
シャー角 …………………………215
蛇口 ………………………………128
シャーシ …………………………134
ジャーナル軸受 …………………184
車両本体音 ………………………164
車両流体音 ………………………167
周期 …………………………………17
自由空間 ………………………15, 38, 54
摺動音 ……………………………165
周波数 …………………………16, 77
周波数分析 ……………41, 43, 78, 83, 201
縮流 ………………………………112
純音 ………………………………19
消音器（マフラ）…………………151
蒸気タービン ………………229, 231
衝撃音 ………………………81, 216
衝撃波 ………………………………70
障壁 …………………………………50
磁歪振動 …………………………234

索引 **275**

真空層	91
振動の加速度レベル	93
振幅	19
推進器	178
すきま率	198
スキュー	198
スパーク音	165, 170
すべり軸受	184
スポーツ施設	262
スラスト軸受	184
スリット形吸音	103
スリット板	101
製管機械	217
制御弁	226
成形加工	214
正弦波	16
制振合金	96
制振材料	96
石膏ボード	109
切削加工機械	200
線音源	57, 58, 69
せん断機械	214
船舶	176
旋盤	200, 201
騒音	13, 34
騒音規制基準	86
騒音規制値	176
騒音許容基準値	27
騒音計	80
騒音レベル	34
送風機	143, 144, 189, 196, 227
層流	11, 71
塑性加工	211
塑性加工機械	212
疎密波	13
ソーン[sone]	33

〈た, タ〉

タイヤ	153
高い音	77
多孔質形吸音材	98
多孔質材料	264
多刃切削工具	202
縦波	14

タービン	173, 177, 228
ターボ	228
ターボジェットエンジン	171
ターボシャフトエンジン	172
ターボファンエンジン	171, 172
ターボプロップエンジン	172
単一空洞	122
単一パネル	106
単一板	106
鍛造	213
小さい音	76
中央演算処理装置	133
中央値	82
超音波	25
聴力保護	85
直接駆動方式	138
ツイストドリル	204
通風音	234
低周波音	25
定常音	80
ディスコ	265
ディーゼル	177
ディーゼルエンジン	235
ディファレンシャル	153
鉄道車両	163
点音源	54
電気洗濯機	137
電気掃除機	135
電気冷蔵庫	145
電源ユニット	132
電磁音	234
転動音	163, 165, 170
砥石	205
等音圧レベル線	69
透過損失	106, 108, 110
透過率	47, 48, 106
等感曲線	31
透光性しゃ音壁	161
銅板	109
動物の泣き声	255
等ラウドネス曲線	31
道路	156
道路交通騒音	149
道路騒音	81

ドライブシャフト ……………………153
トランスミッション …………………153
トレッド溝 ……………………………153

〈な，ナ〉

内面研削 ………………………………206
鳴き音 …………………………………154
2サイクルエンジン …………………240
2次音源 …………………………………88
2重板 …………………………………110
1/2自由空間 ………………………54, 56
ねじ ……………………………………187
熱交換機 ………………………………144
燃焼音 …………………………………224
燃焼室 ……………………………173, 224
燃焼設備 ………………………………247
燃焼熱利用設備 ………………………247

〈は，ハ〉

倍音………………………………………78
排ガス処理設備 ………………………247
排気管 …………………………………151
配水管 …………………………………130
排水処理設備 …………………………248
排水性アスファルト …………………157
排水設備 ………………………………130
バイト …………………………………204
バイパス比 ……………………………173
剥離 ……………………………………112
歯車 ……………………………………182
波数 ………………………………………61
パーソナルコンピュータ ……………131
80％レンジ ………………………………82
波長 ………………………………………17
発電機 …………………………………178
発電所 …………………………………232
ハードディスク駆動装置 ……………134
ハニカム防音材 ………………………156
パネル …………………………………106
反射 ………………………………………45
反射しゃ音壁 …………………………160
反射壁 ……………………………159, 160
反射率 …………………………………47, 48
パンタグラフ …………………………165

ハンマ …………………………………213
低い音 ……………………………………77
ピーク値 …………………………………21
非定常音 …………………………………80
ヒートシンク …………………………132
p-p（peak to peak）値 ……………………21
ビル風 …………………………………254
ファイナルギヤ ………………………153
ファン ……………………132, 148, 152, 173, 197
風力発電所 ……………………………232
複合建物 ………………………………258
フライス ………………………………202
フラッタ現象 …………………………244
フーリエ変換 ……………………………19
フーリエ変換器 …………………………19
ブレーキ ………………………………154
ブレーキ音 ……………………………140
プレス …………………………………214
ブロワ …………………………………197
平坦特性 …………………………………35
平面研削 ………………………………206
平面波 ……………………………………60
ヘリコプタ ………………………171, 174
ベルト …………………………………139
ヘルムホルツ共鳴器 ……………………99
変動音 ……………………………………81
ボイラ …………………………………224
ホテル …………………………………258
ポーラスアスファルト ………………157
ボリュート ……………………………194
ポンプ …………………………………192

〈ま，マ〉

巻きはじめ ……………………………193
マスキング効果 ………………………120
マスキング量 …………………………121
マスク …………………………………120
マフラ（消音機）………………………238
丸鋸盤 …………………………………208
マンネンスマンせん孔法 ……………218
面音源 ……………………………………60
木材加工機械 …………………………208
木毛セメント板 ………………………264
モータ …………………………………139

索引 **277**

〈や，ヤ〉

横波……………………………………14
4サイクルエンジン …………………240
1/4自由空間 ………………………55, 56

〈ら，ラ〉

ラウドネス……………………………31
ラギング ……………………………131
ラジエータ …………………………152
乱反射…………………………………45
乱流 ……………………………11, 71
乱流音 ………………………………190
離散周波数成分 ……………………143
粒子速度………………………………27
流体音 ………70, 151, 170, 234, 238, 248
ルームエアコン ……………………141
冷媒 …………………………………143
レース音 …………………………185, 186
レベル値の差…………………………73
レベル値の和…………………………63
ロータリエンジン …………………240

本書は，2004年7月に工業調査会より出版された同名書籍を再出版したものです。

一宮　亮一（いちみや・りょういち）
1958年　京都大学大学院工学研究科修士課程修了
1960年　徳島大学工学部・講師
　　　　工作機械，切削加工，研削加工などの研究に従事
1964～66年　米国ペンシルバニア州立大学・研究員
1967年　工学博士（京都大学）
　　　　徳島大学工学部・助教授
1970年　新潟大学工学部・教授
　　　　工作機械の騒音解析，騒音防止，音響信号を利用した変位，長さなどの計測技術の開発研究に従事
1975,76年　ドイツ・ベルリン工業大学客員教授。工作機械の共同研究に従事。その後，オーストラリア，ドイツなどの大学で，騒音防止，音響信号による計測などの研究に参加。
1998年　福山大学工学部・教授
主として日本機械学会に騒音・音響に関する多くの研究論文を発表。主な著書に，『機械系の音響工学』（コロナ社），『わかりやすい静音化技術』（工業調査会）など。

これでわかる静音化対策
騒音に応じて最適方法を学ぶ

平成23年5月25日　発　行

著作者　　一　宮　亮　一

発行者　　吉　田　明　彦

発行所　　丸善出版株式会社

〒140-0002　東京都品川区東品川四丁目13番14号
編　集：電話（03）6367-6034／FAX（03）6367-6156
営　業：電話（03）6367-6038／FAX（03）6367-6158
http://pub.maruzen.co.jp/

© Ryoichi Ichimiya, 2011

印刷／製本　中央印刷株式会社

ISBN 978-4-621-08374-1 C 3053　　　　Printed in Japan

JCOPY 〈（社）出版者著作権管理機構 委託出版物〉
本書の無断複写は著作権法上での例外を除き禁じられています。複写される場合は，そのつど事前に，（社）出版者著作権管理機構（電話03-3513-6969，FAX 03-3513-6979，e-mail: info@jcopy.co.jp）の許諾を得てください。